现代数学基础丛书·典藏版 25

代数体函数与常微分方程

何育赞　萧修治　著

科学出版社

北　京

内 容 简 介

本书系统地介绍了亚纯函数、代数体函数 Nevanlinna 理论和整函数 Wiman-valiron 理论，以及它们与复域的常微分方程理论相结合的基本内容和若干新研究.本书可供大学数学系高年级学生、研究生、数学和其他科技工作者阅读和参考.

图书在版编目(CIP)数据

代数体函数与常微分方程/何育赞，萧修治著. —北京：科学出版社，1988.2（2016.6 重印）

(现代数学基础丛书・典藏版；25)

ISBN 978-7-03-000149-8

I.①代… II.①何… ②萧… III.①代数函数②常微分方程 IV.①O174.53

中国版本图书馆 CIP 数据核字(2016) 第 113120 号

责任编辑：张 扬／责任校对：林青梅

责任印制：徐晓晨／封面设计：王 浩

科学出版社 出版

北京东黄城根北街 16 号

邮政编码：100717

http://www.sciencep.com

北京厚诚则铭印刷科技有限公司印刷

科学出版社发行 各地新华书店经销

*

1988 年 2 月第 一 版 开本：B5(720×1000)

2016 年 6 月印 刷 印张：19 3/4

字数：255 000

定价：138.00 元

(如有印装质量问题，我社负责调换)

序　　言

早在十八世纪数学家们已经发现，用已知初等函数的有限组合来表示大范围通解的常微分方程非常罕见．但是，A. Cauchy曾证明，在极为广泛的假设下，复域中常微分方程的解是复变数的解析函数．因此，把微分方程的解视为由方程定义的一类解析函数，应用复变函数的一般理论直接从微分方程出发研究解的性质，或者对解的性质提出某些要求后研究相应微分方程的性状，便成为复域中微分方程理论的基本内容，亦称为常微分方程解析理论．它与复变函数的一般理论的发展互相平行、密切相关，常常是其中一个理论的发展影响着另一个理论的发展．

本世纪二十年代由著名芬兰数学家 R. Nevanlinna 创立的亚纯函数值分布理论是本世纪最重大的数学成就之一，它是现代亚纯函数论的基础，它对数学的其它分支产生重大的影响，如今已不仅仅停留在单个变数亚纯函数的研究上．值得指出的是，在 1930 年前后，G. Valiron, E. Ullrich 和 H. Selberg 等人分别用不同的方法对代数体函数建立了相当于亚纯函数的 Nevanlinna 基本定理．代数体函数是一类多值解析函数．在 H. Poincaré 最初引入时，G. Darboux 即认为它是一类重要函数，后 P. Painlevé 在研究常微分方程时也遇到这一函数，其理论至今仍为许多人所研究．Nevanlinna 理论对常微分方程解析理论的发展亦产生了重大的影响．在亚纯函数与代数体函数 Nevanlinna 理论建立的初期，日本数学家吉田耕作便应用此理论于一类非线性微分方程的研究，他对于 J. Malmquist 提出的重要定理给出了一个简明的证明，并大大推广了原先的结果．这一研究引起了广泛的注意．本世纪五十年代联邦德国数学家 H. Wittich 及其学生系统地研究了 Nevanlinna 理论对常微分方程理论的意义，使得这一理论成为研究复域中常微分方程大范围解析解的重要工具．其后，苏联、美国、芬兰、联邦德国和日本等国的数学家进一步发展了这个方向的研究，取得一系列重要的进展．五十年代末以来，作者在老师熊庆来教授的指导下开展亚纯函数与代数体函数 Nevanlinna 理论及其在常微分方程中的应用研究，并得到若干较为理想的结果．

本书仅就亚纯函数、代数体函数 Nevanlinna 理论和整函数 Wiman-Valiron 理论以及它们与常微分方程相结合的基本内容和若干新研究作一系统介绍． 本书共五章． 第一章介绍 Wiman-Valiron 理论，它在常微分方程的研究中有重要的作用，应用它常能得到精细的结果．第二章介绍 Nevanlinna 理论，着重介绍代数体函数值分布理论的基本内容和某些进一步的结果，其中包括熊庆来、何育赞关于第二基本定理的推广以及重值和唯一性定理的结果；亚纯函数值分布理论将作为特殊情形作一概述． 第三章讲述常微分方程解析理论的初步内容．第四、五章介绍 Nevanlinna 理论在常微分方程中的应用，内容有 Malmquist-Yosida-Wittich 定理及其推广，常微分方程大范围解析解某些性质的研究，其中还有作者得到的对于一般高阶代数微分方程亚纯解和代数体解的精确形式的 Malmquist 型定理和解的增长性估计、值分布性质等结果．

本书前三章的内容都自成系统，读者可以独立进行阅读． 此外，如果读者只要求了解亚纯函数理论和微分方程单值解的内容，则可跳过代数体函数理论和方程多值解析解的部分．凡具有大学复变函数和常微分方程课程知识的读者都能够阅读本书．

本书的主要内容曾分别由何育赞在华东师范大学、北京大学和福建师范大学数学系，以及萧修治在武汉大学数学系为高年级学生、研究生和青年教师讲授过． 本书是在这些讲义的基础上写成的，其中第一、二、四章和第五章第六节由何育赞撰写，第三、五章由萧修治撰写．

本书的编写曾得到北京大学庄圻泰教授的亲切关怀、鼓励和指导，作者在此表示衷心的感谢． 福建师范大学谢晖春教授仔细审阅了本书的初稿，并提出许多宝贵的意见，作者也在此表示衷心的感谢．

目　　录

第一章 Wiman-Valiron 理论

整函数是整个复平面 C 内的全纯函数. 根据 Weierstrass 的观点, 一个这样的函数能表为全平面内收敛的幂级数 $w(z)=\sum_{n=0}^{\infty}a_nz^n$,它在全平面代表此函数而无须进行解析开拓. 若此幂级数仅具有限多项,则 $w(z)$ 为一多项式;若有无穷多项,则 $w(z)$ 称为超越整函数. 本章我们主要从整函数的幂级数表示式出发,概述整函数的若干基本性质,着重论述 Wiman-Valiron 理论,后者描述整函数 $w(z)$ 在其达到最大模的点附近的性质. 此理论在复域的常微分方程研究中具有重要的作用.

§1.1 最大模

设 $w(z)=\sum_{n=0}^{\infty}a_nz^n$ 为一整函数,令 $M(r,w)=\operatorname*{Max}_{|z|\leqslant r}\{|w(z)|\}$ 表示 $w(z)$ 在闭圆 $\overline{D}_r=\{z,|z|\leqslant r\}$ 上的最大模. 由于 $|w(z)|$ 在 $\overline{D}_r$ 上连续, 因此必在 $\overline{D}_r$ 的某些点处达到最大值. 最大模原理进一步断言: 这些点必在圆周 $\partial D_r=\{z,|z|=r\}$ 上,即 $M(r,w)=\operatorname*{Max}_{|z|=r}\{|w(z)|\}$. 最大模原理能由全纯函数实现的映照的几何性质得到直接的说明, 亦能用分析的方法加以证明. 由最大模原理立即导出 $M(r,w)$ 是 r 的增函数,并且容易得出 $M(r,w)$ 是 r 的连续函数. J. Hadamard[1] 更进一步指出, $\log M(r,w)$ 是 $\log r$ 的凸函数. 这一结果被称为 Hadamard 三圆定理, 叙述如下:

定理 1.1 设 $w(z)(\neq 0)$ 在 $|z|<R$ 内全纯, 则对于 $0<r_1<r<r_2<R$ 有

$$\log M(r,w)\leqslant\frac{\log r_2-\log r}{\log r_2-\log r_1}\log M(r_1,w)$$

$$+\frac{\log r-\log r_1}{\log r_2-\log r_1}\log M(r_2,w). \tag{1.1.1}$$

证明 设 p, q 为两整数,且 $q>0$. 令

$$h(z)=z^p\{w(z)\}^q.$$

此时,$h(z)$ 在 $r_1\leqslant|z|\leqslant r_2$ 上全纯. 由最大模原理,

$$\operatorname*{Max}_{|z|=r}\{|h(z)|\}\leqslant \operatorname{Max}\{\operatorname*{Max}_{|z|=r_1}\{|h(z)|\},\operatorname*{Max}_{|z|=r_2}\{|h(z)|\}\}.$$

由此

$$r^p\{M(r,w)\}^q\leqslant \operatorname{Max}\{r_1^p[M(r_1,w)]^q,r_2^p[M(r_2,w)]^q\}.$$

令

$$\alpha=\frac{\log M(r_2,w)-\log M(r_1,w)}{\log r_1-\log r_2}.$$

对任意给定的 $\varepsilon>0$,可选取 p 和 q, 使得

$$\left|\frac{p}{q}-\alpha\right|\leqslant\frac{\varepsilon}{\log r_2-\log r_1},$$

即有

$$\frac{p}{q}\leqslant\frac{\varepsilon}{\log r_2-\log r_1}+\alpha,$$

$$-\frac{p}{q}\leqslant\frac{\varepsilon}{\log r_2-\log r_1}-\alpha.$$

如果 $\operatorname*{Max}_{r_1\leqslant|z|\leqslant r_2}\{|h(z)|\}=r_1^p\{M(r_1,w)\}^q$,则有

$$\log M(r,w)\leqslant-\frac{p}{q}(\log r-\log r_1)+\log M(r_1,w)$$

$$\leqslant\log M(r_1,w)\frac{\log r_2-\log r}{\log r_2-\log r_1}+\log M(r_2,w)$$

$$\times\frac{\log r-\log r_1}{\log r_2-\log r_1}+\varepsilon.$$

如果 $\operatorname*{Max}_{r_1\leqslant|z|\leqslant r_2}\{|h(z)|\}=r_2^p\{M(r_2,w)\}^q$, 则同样可证明上式成立.
令 $\varepsilon\to0$ 即得所要求的不等式 (1.1.1).

定理 1.2 设 $P(z)=\sum_{n=0}^{p}a_nz^n$ 是 p 次多项式,则有

$$\lim_{r\to\infty}\frac{M(r,P)}{r^p}=|a_p|;\tag{1.1.2}$$

反之,对任一整函数 $w(z)$,若存在 $q\geqslant 0$,使得

$$\underline{\lim}_{r\to\infty}\frac{M(r,w)}{r^q}=a<\infty,\tag{1.1.3}$$

则 $w(z)$ 必为次数不大于 q 的多项式.

证明 首先,有

$$|P(z)|=|z|^p|\{a_p+R_p(z)\}|,$$

其中 $R_p(z)=\sum_{n=0}^{p-1}a_nz^{n-p}$. 于是对任意给定的 $\varepsilon>0$, 存在正数 r_0,使得当 $|z|=r\geqslant r_0$ 时,有

$$|R_p(z)|\leqslant\sum_{n=0}^{p-1}|a_n|r^{n-p}<\varepsilon.$$

因此,当 $r\geqslant r_0$ 时,有

$$|a_p|-\varepsilon<\frac{M(r,P)}{r^p}<|a_p|+\varepsilon,$$

由此即得 (1.1.2).

其次,若 (1.1.3) 成立,则存在 $r_j\to\infty$,使得

$$\frac{M(r_j,w)}{r_j^q}<a+1.$$

由 $w(z)=\sum_{n=0}^{\infty}a_nz^n$ 的系数的表式 $a_n=\frac{1}{2\pi i}\int_{|z|=r}\frac{w(z)dz}{z^{n+1}}$, 立即得到 Cauchy 不等式

$$|a_n|\leqslant\frac{M(r,w)}{r^n},\tag{1.1.4}$$

于是有

$$|a_n|<(a+1)r_j^{q-n}.$$

令 $j\to\infty$,便导出当 $n>q$ 时,有 $a_n=0$. 命题证毕.

推论 若 $w(z)$ 为超越整函数,则对任意 $q>0$,有

$$\lim_{r\to\infty}\frac{M(r,w)}{r^q}=\infty.$$

众所周知,一解析函数 $w(z)=u(z)+iv(z)$ 本质上为其实部 $u(z)$（或虚部 $v(z)$）所确定. 故由 Schwarz 公式

$$w(z)=\frac{1}{2\pi}\int_0^{2\pi}u(\zeta)\frac{\zeta+z}{\zeta-z}d\theta+iv(0),\ \zeta=Re^{i\theta}$$

立即可得 $M(r,w)$ 的估计，它能由 $u(\zeta)$ 在 $|\zeta|=R(>r)$ 上的最大模和 $|w(0)|$ 所界囿. 下面的定理将给出较精细的结果 .

设 $w(z)=\sum_{n=0}^{\infty}a_nz^n$ 为非常数整函数,$A(r,w)=\operatorname{Max}_{|z|\leqslant r}\{u(z)\}$. 由于 $M(r,e^{w(z)})=e^{A(r,w)}$ 是 r 的严格增函数，因此 $A(r,w)$ 也是 r 的严格增函数. 我们有

定理 1.3 (**Hadamard-Borel-Carathéodory**) 设 $w(z)$ 为非常数整函数,则对于 $0\leqslant r<R$,有

$$M(r,w)\leqslant\frac{2r}{R-r}A(R,w)+\frac{R+r}{R-r}|w(0)|,\quad(1.1.5)$$

并且对所有 n，有

$$|a_n|r^n\leqslant\operatorname{Max}\{4A(r,w),0\}-2\operatorname{Re}w(0).\qquad(1.1.6)$$

证明 令 $a_n=\alpha_n+i\beta_n,z=re^{i\theta}$,则

$$u(z)=\sum_{n=0}^{\infty}(\alpha_n\cos n\theta-\beta_n\sin n\theta)r^n.$$

由于 $\sum_{n=0}^{\infty}a_nr^n$ 收敛，故上述级数一致收敛. 分别乘上式两边以 $\cos n\theta$ 和 $\sin n\theta$ 并逐项积分便得

$$\left.\begin{aligned}\alpha_nr^n&=\frac{1}{\pi}\int_0^{2\pi}u(re^{i\theta})\cos n\theta d\theta,\\ \beta_nr^n&=\frac{-1}{\pi}\int_0^{2\pi}u(re^{i\theta})\sin n\theta d\theta,\end{aligned}\right\}\quad n\geqslant1$$

和

$$\alpha_0=\frac{1}{2\pi}\int_0^{2\pi}u(re^{i\theta})d\theta.$$

于是当 $n \geqslant 1$ 时，有

$$|a_n| r^n = \left|\frac{1}{\pi}\int_0^{2\pi} u(re^{i\theta})e^{-in\theta}d\theta\right| \leqslant \int_0^{2\pi} |u(re^{i\theta})|d\theta.$$

因此

$$|a_n|r^n + 2\alpha_0 \leqslant \frac{1}{\pi}\int_0^{2\pi}\{|u(re^{i\theta})| + u(re^{i\theta})\}d\theta. \quad (1.1.7)$$

现分两种情形加以讨论．若 $A(r,w) \leqslant 0$，则

$$|u(re^{i\theta})| + u(re^{i\theta}) = 0,$$

由 (1.1.7) 即得 (1.1.6)；若 $A(r,w) > 0$，则 (1.1.7) 成为

$$|a_n|r^n + 2\alpha_0 \leqslant \frac{1}{\pi}\int_0^{2\pi} 2A(r, w)d\theta = 4A(r, w),$$

由此亦得 (1.1.6).

下面证明 (1.1.5). 若 $w(0) = 0$，从而 $A(0,w) = 0$. 注意到 $A(r, w)$ 是 r 的严格增函数，因此当 $R > 0$ 时，$A(R, w) > 0$，于是由 (1.1.7) 可得

$$|a_n| \leqslant \frac{2A(R, w)}{R^n}, \quad (1.1.8)$$

由此得

$$M(r, w) \leqslant \sum_{n=0}^{\infty} |a_n|r^n \leqslant 2A(R, w) \cdot \sum_{n=1}^{\infty}\left(\frac{r}{R}\right)^n = \frac{2r}{R-r}A(R,w).$$

今若 $w(0) \neq 0$，则应用上式于 $w(z) - w(0)$ 便得

$$|w(z) - w(0)| \leqslant \frac{2r}{R-r}\max_{|\zeta|\leqslant R}\{\mathrm{Re}(w(\zeta) - w(0))\} = \frac{2r}{R-r}A(R,w) - \frac{2r}{R-r}\mathrm{Re}\,w(0).$$

注意到 $-\mathrm{Re}\,w(0) \leqslant |w(0)|$，即得 (1.1.5).

应用 (1.1.8)，类似于定理 1.2 的证明可得

推论 设 $w(z)$ 为一整函数，若存在 $q \geqslant 0$ 使得

$$\varliminf_{r\to\infty}\frac{A(r,w)}{r^q} = a < \infty,$$

则 $w(z)$ 为次数不大于 q 的多项式.

§1.2 增长级和收敛指数

增长性是函数的基本性质之一,它是函数的一个大范围性质,许多其它的性质都与它有关. 本节我们将讨论整函数增长级的概念. 首先对一般实函数给出如下的定义:

定义 1.1 设 $s(r)$ 是定义于正实轴 R^+ 上的非负增函数,则

$$\rho = \overline{\lim_{r\to\infty}} \frac{\log s(r)}{\log r}$$

和

$$\lambda = \underline{\lim_{r\to\infty}} \frac{\log s(r)}{\log r}$$

分别称为 $s(r)$ 的级和下级. 若 $0<\rho<+\infty$, 则称 $s(r)$ 为有穷正级;若 $\rho=0$ 和 $\rho=\infty$,则分别称为零级和无穷级.

定义 1.2 若 $s(r)$ 为有穷正级 ρ,则

$$\sigma = \overline{\lim_{r\to\infty}} \frac{s(r)}{r^{\rho}}$$

称为型. 并区分为下列的型类: 1° 若 $\sigma=\infty$, 则称 $s(r)$ 为 ρ 级最大型;2° 若 $0<\sigma<\infty$,则称为中型;3° 若 $\sigma=0$, 则称为最小型;4° 若积分 $\int_{r_0}^{\infty} \frac{s(r)dr}{r^{\rho}}$ 收敛(或发散), 则称为收敛类(或发散类).

例 设 $s(r)=r^{\rho}(\log r)^{\mu}$,其中 $0\leqslant\rho<\infty$, $\mu<\infty$. 由定义可知 $s(r)$ 为 ρ 级. 并且,当 $\mu>0$ 时为最大型, $\mu=0$ 时为中型, $\mu<0$ 时为最小型, $-1\leqslant\mu<0$ 时为发散类, $\mu<-1$ 时为收敛类.

定义 1.3 整函数 $w(z)$ 的增长级 ρ (或简称级) 和下级 λ 定义为

$$\rho = \overline{\lim_{r\to\infty}} \frac{\log\log M(r,w)}{\log r} \text{ 和}$$

$$\lambda = \underline{\lim_{r\to\infty}} \frac{\log\log M(r,w)}{\log r}.$$

若 $0<\rho<\infty$，则其型定义为

$$\sigma=\overline{\lim_{r\to\infty}}\frac{\log M(r,w)}{r^{\rho}}.$$

下面的定理表明整函数的级能由其 Taylor 展式的系数来确定.

定理 1.4 (Lindelöf, Pringsheim) 设 $w(z)=\sum_{n=0}^{\infty}a_n z^n$ 为 ρ 级整函数，则有

$$\overline{\lim_{n\to\infty}}\frac{n\log n}{\log\dfrac{1}{|a_n|}}=\rho. \tag{1.2.1}$$

证明 令上式左端极限为 $\hat{\rho}$，我们先证明 $\hat{\rho}\leqslant\rho$. 不妨设 $0<\hat{\rho}\leqslant\infty$，并任取 ε 合于 $0<\varepsilon<\hat{\rho}$，继而当 $\hat{\rho}<\infty$ 时，命 $k=\hat{\rho}-\varepsilon$；当 $\hat{\rho}=\infty$ 时，命 $k=1/\varepsilon$. 则由上极限定义存在无穷多个 n_j，使得

$$n_j\log n_j\geqslant k\log\frac{1}{|a_{n_j}|}.$$

根据 Cauchy 不等式，对于这些 n_j 和所有 r

$$\log M(r,w)\geqslant\log|a_{n_j}|+n_j\log r\geqslant n_j\left(\log r-\frac{\log n_j}{k}\right).$$

我们取 $r_j=(en_j)^{\frac{1}{k}}$，则对无穷多个 $\{r_j\}$ 有

$$\log M(r_j,w)\geqslant r_j^k/ke,$$

于是

$$\rho\geqslant\overline{\lim_{j\to\infty}}\frac{\log\log M(r_j,w)}{\log r_j}\geqslant k.$$

令 $\varepsilon\to0$，即得 $\rho\geqslant\hat{\rho}$.

下面将指出 $\rho\leqslant\hat{\rho}$. 不妨设 $\hat{\rho}<\infty$. 对任意 $\varepsilon>0$，当 $n\geqslant n_0$ 时

$$0\leqslant\frac{n\log n}{\log\dfrac{1}{|a_n|}}<\hat{\rho}+\varepsilon.$$

因此，当 $n\geqslant n_0$ 时

$$|a_n| \leqslant n^{-\frac{n}{\hat{\rho}+\varepsilon}}.$$

然则当 $r \geqslant r_0 \geqslant 1$ 时,

$$M(r,w) \leqslant \sum_{n=0}^{n_0-1} |a_n| r^n + \sum_{n=n_0}^{\infty} n^{-\frac{n}{\hat{\rho}+\varepsilon}} r^n$$

$$\leqslant c_1 r^{n_0-1} + \left(\sum_{n_0 \leqslant n < m(r)} + \sum_{m(r) \leqslant n} \right) n^{-\frac{n}{\hat{\rho}+\varepsilon}} r^n$$

$$= c_1 r^{n_0-1} + I_1 + I_2,$$

其中 $m(r) = (2r)^{\hat{\rho}+\varepsilon}$. 现进一步估计 I_1 和 I_2.

$$I_1 = \sum_{n_0 \leqslant n < m(r)} n^{-\frac{n}{\hat{\rho}+\varepsilon}} r^n \leqslant r^{(2r)^{\hat{\rho}+\varepsilon}} \sum_{n=1}^{\infty} n^{-\frac{n}{\hat{\rho}+\varepsilon}} = c_2 r^{(2r)^{\hat{\rho}+\varepsilon}},$$

其中 $c_2 = \sum_{n=1}^{\infty} n^{-\frac{n}{\hat{\rho}+\varepsilon}} < +\infty$. 在 I_2 中,由于 $r \leqslant \frac{1}{2} n^{\frac{1}{\hat{\rho}+\varepsilon}}$, 故有

$$I_2 = \sum_{n \geqslant m(r)} n^{-\frac{n}{\hat{\rho}+\varepsilon}} r^n \leqslant \sum_{n=0}^{\infty} \frac{1}{2^n} = 2.$$

综上各式便得当 $r \geqslant r_1$ 时

$$M(r,w) \leqslant c_1 r^{n_0-1} + c_2 r^{(2r)^{\hat{\rho}+\varepsilon}} + 2 \leqslant r^{r^{\hat{\rho}+2\varepsilon}},$$

由此 $\rho \leqslant \hat{\rho} + 2\varepsilon$,再令 $\varepsilon \to 0$,即有 $\rho \leqslant \hat{\rho}$.

O. P. Juneja[1] 指出,整函数的下级 λ 亦能通过 Taylor 级数的系数来确定. 他证明,若设 $w(z) = \sum_{n=0}^{\infty} a_n z^n$ 是下级为 λ 的整函数,则有

$$\lambda = \operatorname*{Max}_{\{n_j\}} \varliminf_{j \to \infty} \frac{n_j \log n_j}{\log \frac{1}{|a_{n_j}|}}.$$

整函数的型亦能通过 Taylor 展式的系数来表示.

定理 1.5 (Lindelöf, Pringshein 定理) 设 $w(z) = \sum_{n=0}^{\infty} a_n z^n$ 是有穷正级整函数,其级为 ρ 型为 σ, 则有

$$e\rho\sigma = \varlimsup_{n \to \infty} \left(n |a_n|^{\frac{\rho}{n}} \right). \tag{1.2.2}$$

证明 设上式右端极限为 l. 先证明 $l \geqslant e\rho\sigma$. 不妨设 $l <$

$+\infty$. 由定义，对任意给定的 $\varepsilon>0$，存在 n_0，当 $n\geqslant n_0$ 时

$$n|a_n|^{\frac{\rho}{n}}<l+\varepsilon,$$

从而

$$|a_n|<\left(\frac{l+\varepsilon}{n}\right)^{\frac{n}{\rho}}.$$

因此，当 $r\geqslant r_0$ 时

$$\begin{aligned}M(r,w)&\leqslant\left(\sum_{n=0}^{n_0-1}+\sum_{n\geqslant n_0}\right)|a_n|r^n\leqslant c_1r^{n_0-1}\\&+\sum_{n\geqslant n_0}\left(\frac{l+\varepsilon}{n}\right)^{\frac{n}{\rho}}r^n=c_1r^{n_0-1}\\&+\left(\sum_{n\leqslant(l+2\varepsilon)r^\rho}+\sum_{n>(l+2\varepsilon)r^\rho}\right)\left(\frac{l+\varepsilon}{n}r^\rho\right)^{\frac{n}{\rho}}\\&=c_1r^{n_0-1}+I_1+I_2.\end{aligned}$$

现分别估计 I_1 和 I_2. 由于 $\left(\frac{a}{x}\right)^{\frac{x}{b}}$ 在 $x=a/e$ 时达最大值，因此 I_1 中各求和项之值不超过当 $n=(l+\varepsilon)r^\rho/e$ 时的值，即

$$\left(\frac{l+\varepsilon}{n}r^\rho\right)^{\frac{n}{\rho}}\leqslant\exp\left\{\frac{(l+\varepsilon)r^\rho}{e\rho}\right\}.$$

但 I_1 至多有 $(l+2\varepsilon)r^\rho$ 项，因此

$$I_1\leqslant(l+2\varepsilon)r^\rho\exp\left\{\frac{(l+\varepsilon)r^\rho}{e\rho}\right\}.$$

对于 I_2，注意到 $n>(l+2\varepsilon)r^\rho$，便得

$$\begin{aligned}I_2&=\sum_{n>(l+2\varepsilon)r^\rho}\left(\frac{l+\varepsilon}{n}r^\rho\right)^{\frac{n}{\rho}}\\&<\sum_{n=0}^{\infty}\cdot\left(\frac{l+\varepsilon}{l+2\varepsilon}\right)^{n/\rho}=\frac{1}{1-\left(\frac{l+\varepsilon}{l+2\varepsilon}\right)^{1/\rho}}=c_2.\end{aligned}$$

综上各式得到，当 r 足够大时，

$$M(r,w)\leqslant c_1r^{n_0-1}+(l+2\varepsilon)r^\rho\exp\left\{\frac{(l+\varepsilon)r^\rho}{e\rho}\right\}$$

$$+c_2 < \exp\left(\frac{l+2\varepsilon}{e\rho} r^\rho\right),$$

于是

$$\sigma = \varlimsup_{r\to\infty} \frac{\log M(r, w)}{r^\rho} \leqslant \frac{l+2\varepsilon}{e\rho}.$$

令 $\varepsilon \to 0$,即得 $l \geqslant e\rho\sigma$.

今再证明 $l \leqslant e\rho\sigma$. 不妨设 $l > 0$. 对任意给定的 ε 合于 $0 < \varepsilon < l$ 者,有无穷多个 n_j 使得

$$n_j |a_{n_j}|^{\frac{\rho}{n_j}} > l - \varepsilon, \quad 或 \quad |a_{n_j}| > \left(\frac{l-\varepsilon}{n_j}\right)^{\frac{n_j}{\rho}}.$$

由 Cauchy 不等式

$$M(r, w) \geqslant |a_{n_j}| r^{n_j} > \left(\frac{l-\varepsilon}{n_j} r^\rho\right)^{\frac{n_j}{\rho}}.$$

特别地取 $r_j^\rho = \dfrac{n_j e}{l-\varepsilon}$,即得

$$M(r_j, w) > \exp\left\{\frac{(l-\varepsilon) r_j^\rho}{e\rho}\right\},$$

从而有

$$\sigma \geqslant \varlimsup_{j\to\infty} \frac{\log M(r_j, w)}{r_j^\rho} \geqslant \frac{l-\varepsilon}{e\rho}.$$

令 $\varepsilon \to 0$,便得 $l \leqslant e\rho\sigma$.

借助于上面的定理我们可以构造具有任意级和型的整函数.

例 1° 整函数 $w(z) = \sum_{n=0}^{\infty} \frac{1}{(n!)^2} z^n$ 的级 $\rho = \frac{1}{2}$,型 $\sigma = 2$.

例 2° $w(z) = \sum_{n=1}^{\infty} \left(\frac{\log n}{n}\right)^n z^n$ 的级 $\rho = 1$,型 $\sigma = \infty$.

例 3° 对于 $\rho > 0$, $w(z) = \sum_{n=2}^{\infty} \left(\frac{1}{n\log n}\right)^{\frac{n}{\rho}} z^n$ 的级为 ρ, 型 $\sigma = 0$.

定义 1.4 设 $w(z)$ 为一整函数, 令 $\{r_n\}$ 表示 $w(z)$ 的 a 值点的模序列且按非减次序排列者,则

$$\lambda_w(a) = \inf\left\{\alpha > 0, 使得 \sum_n \frac{1}{r_n^\alpha} < \infty\right\} \qquad (1.2.3)$$

称为 $w(z)$ 的 a 值点收敛指数,或简记为 $\lambda(a)$.

定理 1.6 设 $w(z)$ 为有穷级整函数,其级为 $\rho < \infty$, 则对任意 $a \in \mathbf{C}$, 有 $\lambda(a) \leqslant \rho$.

证明 不妨设 $w(0) \neq a$. 我们先证明以下 Jensen 公式

$$\int_0^r \frac{n(t, a)dt}{t} = \frac{1}{2\pi}\int_0^{2\pi} \log|w(re^{i\theta}) - a|d\theta - \log|w(0) - a|, \qquad (1.2.4)$$

其中 $n(t, a)$ 表示圆 $|z| < t$ 内 $w(z)$ 的 a 值点个数,且每一值点按其重级计算. 事实上,令 $\{a_k\}$ 表示 $w(z) - a$ 的零点,置

$$w_r(z) - a = \prod_{|a_k|<r} \frac{r(z - a_k)}{r^2 - \bar{a}_k z},$$

此时 $w_r(z) - a$ 和 $w(z) - a$ 在 $|z| < r$ 内有相同的零点, 且当 $|z| = r$ 时, $|w_r(z) - a| = 1$. 于是若设 $|z| = r$ 上无 $w(z) - a$ 的零点, 则 $W(z) = \dfrac{w(z) - a}{w_r(z) - a}$ 在 $|z| \leqslant r$ 上全纯且无零点, 因而 $\log|W(z)|$ 在 $|z| \leqslant r$ 上调和. 应用调和函数的中值公式便得

$$\log|W(0)| = \frac{1}{2\pi}\int_0^{2\pi} \log|W(re^{i\theta})|d\theta.$$

注意到 $W(z)$ 的定义,上式可写为

$$\sum_{|a_k|<r} \log\frac{r}{|a_k|} = \frac{1}{2\pi}\int_0^{2\pi} \log|w(re^{i\theta}) - a|d\theta - \log|w(0) - a|.$$

由 $n(t, a)$ 的定义并计及 $n(0, a) = 0$, 应用分部积分于上式左端有

$$\sum_{|a_k|<r} \log\frac{r}{|a_k|} = \int_0^r \log\frac{r}{t}\, d(n(t, a)) = \int_0^r \frac{n(t, a)}{t}\, dt,$$

由此即得 (1.2.4).

由(1.2.4)我们有

$$n(r,a)\log 2=n(r,a)\int_r^{2r}\frac{dt}{t}\leqslant\int_r^{2r}\frac{n(t,a)dt}{t}$$

$$\leqslant\int_0^{2r}\frac{n(t,a)dt}{t}=\frac{1}{2\pi}\int_0^{2\pi}\log|w(2re^{i\theta})-a|d\theta$$

$$-\log|w(0)-a|\leqslant\log M(2r,w)+c.$$

由假设 $w(z)$ 之级为 ρ,因此对任意 $\varepsilon>0$,存在正数 r_0,当 $r\geqslant r_0$ 时

$$\log M(2r,w)<(2r)^{\rho+\varepsilon},$$

从而存在 c_1 使得当 $r\geqslant r_0$ 时

$$n(r,a)\leqslant c_1r^{\rho+\varepsilon}.$$

特别地,如 $n\geqslant n_0$ 时有 $r_n\geqslant r_0$,则

$$n(r_n,a)\leqslant c_1r_n^{\rho+\varepsilon}.$$

不妨设 $\lambda(a)>0$,则对任意 $\varepsilon_1>0$ 合于 $\varepsilon_1<\lambda(a)$ 者

$$\left(\frac{1}{r_n}\right)^{\lambda(a)-\varepsilon_1}\leqslant c_2\{n(r_n,a)\}^{-\frac{\lambda(a)-\varepsilon_1}{\rho+\varepsilon}},$$

更有

$$\sum_{n=1}^{\infty}\left(\frac{1}{r_n}\right)^{\lambda(a)-\varepsilon_1}=\left(\sum_{n=1}^{n_0-1}+\sum_{n\geqslant n_0}\right)\left(\frac{1}{r_n}\right)^{\lambda(a)-\varepsilon_1}$$

$$\leqslant c_0+c_3\sum_{n\geqslant n_0}n^{-\frac{\lambda(a)-\varepsilon_1}{\varepsilon+\rho}}.$$

按照 $\lambda(a)$ 的定义,上式左端级数发散,因此右端级数亦然,这就导出必须 $\dfrac{\lambda(a)-\varepsilon_1}{\rho+\varepsilon}\leqslant 1$。令 ε_1 和 ε 趋于零便得 $\lambda(a)\leqslant\rho$。

定理 1.7 设 $w(z)$ 为有穷级整函数,若其级 ρ 为非整数,则 $\lambda(0)=\rho$。

证明 设 $w(z)$ 的零点为 $\{z_n\}$,由 Hadamard-Borel 定理,$w(z)$ 可表为

$$w(z)=e^{P(z)}z^m\prod(z),$$

其中 $P(z)$ 为多项式,其次数 $\deg P(z)\leqslant\rho$,$\prod(z)$ 是一整函数.

$$\prod(z)=\sum_{n=1}^{\infty}\left(1-\frac{z}{z_n}\right)\exp\left\{P_n\left(\frac{z}{z_n}\right)\right\},$$

其中 $P_n\left(\frac{z}{z_n}\right)=\sum_{k=1}^{g}\frac{1}{k}\left(\frac{z}{z_n}\right)^k$，$g$ 是使得 $\sum_{n=1}^{\infty}\frac{1}{|z_n|^{g+1}}<+\infty$ 的最小整数。$\prod(z)$ 亦称为格为 g 的 Weierstrass 典型乘积，其级记为 $\hat{\rho}$。由假设 ρ 为非整数，而 $e^{P(z)}$ 之级为 $\deg P(z)$，故 $\rho=\mathrm{Max}\{\deg P(z),\hat{\rho}\}=\hat{\rho}$。因此，只须证明 $\lambda(0)=\hat{\rho}$。由定理 1.6，$\lambda(0)\leqslant\hat{\rho}$，故只需证明 $\hat{\rho}\leqslant\lambda(0)$。

设 $\alpha>1$，则对于 $|z|\leqslant\frac{1}{\alpha}|z_n|$，有

$$\begin{aligned}\left|\left(1-\frac{z}{z_n}\right)\exp P_n\left(\frac{z}{z_n}\right)\right|&=\left|\exp\left\{-\sum_{k=g+1}^{\infty}\frac{1}{k}\left(\frac{z}{z_n}\right)^k\right\}\right|\\&\leqslant\exp\left(\sum_{k=g+1}^{\infty}\frac{1}{k}\left|\frac{z}{z_n}\right|^k\right)\leqslant\exp\left\{\left|\frac{z}{z_n}\right|^{g+1}\left(1+\frac{1}{\alpha}+\frac{1}{\alpha^2}+\cdots\right)\right\}\\&\leqslant\exp\left\{\frac{1}{\alpha-1}\left|\alpha\frac{z}{z_n}\right|^{g+1}\right\}\leqslant\exp\left\{\frac{1}{\alpha-1}\left|\alpha\frac{z}{z_n}\right|^{\lambda'}\right\},\end{aligned}$$

其中 λ' 是任一不超过 $g+1$ 的数。

对于 $|z|>\frac{1}{\alpha}|z_n|$，则有

$$\begin{aligned}\left|\left(1-\frac{z}{z_n}\right)\exp P_n\left(\frac{z}{z_n}\right)\right|&\leqslant\left(1+\left|\frac{z}{z_n}\right|\right)\\&\times\exp\left\{\frac{1}{\alpha-1}\left(\alpha\left|\frac{z}{z_n}\right|\right)^g\right\}\leqslant\exp\left\{c_0\left(\alpha\left|\frac{z}{z_n}\right|\right)^{\lambda''}\right\},\end{aligned}$$

其中 $c_0>1$，λ'' 为任一不小于 g 的数。

综上两式便得，对任意的 $\left|\frac{z}{z_n}\right|$ 和任意的 λ 合于 $g\leqslant\lambda\leqslant g+1$ 者下式成立

$$\left|\left(1-\frac{z}{z_n}\right)\exp P_n\left(\frac{z}{z_n}\right)\right|\leqslant\exp\left\{c_1\left|\frac{z}{z_n}\right|^{\lambda}\right\}.\tag{1.2.5}$$

下面，我们选取适当的 λ 以保证 $\sum_{n=1}^{\infty}\left(\frac{1}{|z_n|}\right)^{\lambda}<\infty$。因此，当

$\sum_{n=1}^{\infty}\left(\frac{1}{|z_n|}\right)^{\lambda(0)}<\infty$ 时,取 $\hat{\lambda}=\lambda(0)$(由 $\lambda(0)$和 g 的定义,此时有 $g<\lambda(0)=\hat{\lambda}\leqslant g+1$);当 $\sum_{n=1}^{\infty}\left(\frac{1}{|z_n|}\right)^{\lambda(0)}=\infty$ 时,取 $\hat{\lambda}=\lambda(0)+\varepsilon$,其中 ε 为任一正数合于 $0<\varepsilon<g+1-\lambda(0)$ (此时有 $g\leqslant\lambda(0)<\hat{\lambda}<g+1$). 如上选取的 $\hat{\lambda}$ 满足 $g\leqslant\hat{\lambda}\leqslant g+1$. 因此对这样的 $\hat{\lambda}$,(1.2.5) 式成立. 然则

$$|\prod(z)|\leqslant\exp\left\{c_2\left(\sum_{n=1}^{\infty}\left(\frac{1}{|z_n|}n\right)^{\lambda}|z|^{\hat{\lambda}}\right\}=\exp\{c_3|z|^{\hat{\lambda}}\},$$

因此 $\hat{\rho}\leqslant\hat{\lambda}$.

在第一种情形 $\lambda=\lambda(0)$,即为所求;在第二种情形 $\hat{\lambda}=\lambda(0)+\varepsilon$,由于 ε 为任意正数,令 $\varepsilon\to 0$ 即得所证.

推论 若整函数 $w(z)$ 的级 ρ 为非整数,则必有无穷多个零点.

§1.3 最大项、中心指标和 Newton 多边形

定义 1.5 设 $w(z)=\sum_{n=0}^{\infty}a_nz^n$ 为整函数,则对固定的 r,称

$$\mu(r)=\max_{n\geqslant 0}\{|a_n|r^n\}$$

为最大项. 对于 $r>0$, 称 $\nu(r)=\max\{m,\mu(r)=|a_m|r^m\}$ 为中心指标. 若 $r=0$, 则 $\nu(0)=p$, 其中 a_p 是 $w(z)$ 的 Taylor 展式中第一个非零系数.

注 由于对固定的 r,当 $n\to\infty$ 时,$|a_n|r^n\to 0$, 因此至少有一项达到最大,即最大项和中心指标总是存在的. 显然, $\nu(r)$ 是阶梯函数.

例 $w(z)=e^z=\sum_{n=0}^{\infty}\frac{1}{n!}z^n$ 的中心指标 $\nu(r)=[r]$, 最大项 $\mu(r)=\frac{1}{[r]!}r^{[r]}$,其中 $[r]$ 表示 r 的整数部分.

定理 1.8 设 $w(z)=\sum_{n=0}^{\infty}a_nz^n$ 为非常数整函数, 则有

1° 当 $r \geqslant r_0$ 时，$\mu(r)$ 是 r 的严格增函数，并且当 $r \to \infty$ 时，$\mu(r) \to \infty$；

2° $\nu(r)$ 是 r 的非减函数，且若 $w(z)$ 为超越整函数，则当 $r \to \infty$ 时，$\nu(r) \to \infty$。并且 $\nu(r)$ 是右连续的；

3° $\mu(r)$ 为 r 的连续函数.

证明 1° 由于 $w(z)$ 非常数，因此存在 r_0 使得当 $r \geqslant r_0$ 时，$\nu(r) \geqslant 1$. 今设 $r_1 > r$，则由定义

$$\mu(r) = |a_{\nu(r)}| r^{\nu(r)} < |a_{\nu(r)}| r_1^{\nu(r)} \leqslant \mu(r_1).$$

又当 $a_n \neq 0$ 时，$\mu(r) \geqslant |a_n| r^n$，$n \geqslant 1$. 从而当 $r \to \infty$ 时，$\mu(r) \to \infty$.

2° 由定义 1.5，对 $r_1 > r$ 有

$$|a_{\nu(r_1)}| r_1^{\nu(r_1)} \geqslant |a_{\nu(r)}| r_1^{\nu(r)} = |a_{\nu(r)}| r^{\nu(r)} \left(\frac{r_1}{r}\right)^{\nu(r)}$$
$$\geqslant |a_{\nu(r_1)}| r^{\nu(r_1)} \left(\frac{r_1}{r}\right)^{\nu(r)},$$

因此

$$\left(\frac{r_1}{r}\right)^{\nu(r_1)} \geqslant \left(\frac{r_1}{r}\right)^{\nu(r)}.$$

这就表明 $\nu(r)$ 是非减的. 其次，令 $a = \max\limits_{n \geqslant 0}\{|a_n|\}$ 便有

$$|a_n| r^n \leqslant \mu(r) \leqslant a r^{\nu(r)},$$

于是对 $a_n \neq 0$ 的 n 有

$$n \leqslant \varliminf_{r \to \infty} \frac{\log \mu(r)}{\log r} \leqslant \varliminf_{r \to \infty} \nu(r).$$

因为 $w(z)$ 是超越的，即有无穷多个 n 使上式成立，因此导出当 $r \to \infty$ 时，$\nu(r) \to \infty$.

下面来证明 $\nu(r)$ 是右连续的. 令 $m = \nu(r_0)$，和 $r > r_0$，则当 $n > m$ 时，有 $|a_n| r_0^n < |a_m| r_0^m$. 因为当 $n \to \infty$ 时，$|a_n| r_0^n \to 0$，故存在 $\delta_1 > 0$ 和 $n_0 > m$，使得当 $n \geqslant n_0$ 时，有

$$|a_m| r_0^m - |a_n| r_0^n \geqslant \delta_1.$$

再令 $\max\limits_{m < n \leqslant n_0 - 1}\{|a_m| r_0^m - |a_n| r_0^n\} = \delta_2 > 0$，则对所有 $n > m$，有

$$|a_m| r_0^m - |a_n| r_0^n \geqslant 2\delta = \min\{\delta_1, \delta_2\}. \tag{1.3.1}$$

对给定的 $\varepsilon_1 > 0$，由于 $n \to \infty$ 时，$|a_n|(r_0 + \varepsilon_1)^{n_0} \to 0$，故存在 $n_1 > m$，使得当 $n \geqslant n_1$ 时，对所有 $r \in (r_0, r_0 + \varepsilon_1)$，有

$$|a_n| r^n \leqslant |a_n|(r_0 + \varepsilon_1)^n < \delta.$$

从而对所有 $n \geqslant n_1$ 和 $r \in (r_0, r_0 + \varepsilon_1)$，有

$$|a_m| r^m - |a_n| r^n \geqslant |a_m| r_0^m - \delta \geqslant \delta. \qquad (1.3.2)$$

又因为对固定的 n，$|a_n| r^n$ 是 r 的连续函数，因此存在 $\varepsilon(<\varepsilon_1)$，使得 $r \in (r_0, r_0 + \varepsilon)$ 时，对 $n = m + 1, \cdots, n_1 - 1$ 有

$$|a_n| r^n - |a_n| r_0^n < \delta$$

根据 (1.3.1) 即得对于 $r \in (r_0, r_0 + \varepsilon)$ 和 $n = m + 1, \cdots, n_1 - 1$ 有

$$\begin{aligned} |a_m| r^m - |a_n| r^n &\geqslant |a_m| r_0^m - |a_n| r_0^n \\ &+ |a_n| r_0^n - |a_n| r^n \geqslant 2\delta - \delta = \delta. \end{aligned} \qquad (1.3.3)$$

由 (1.3.2) 和 (1.3.3) 便导出对于 $r \in (r_0, r_0 + \varepsilon)$ 和所有 $n > m$，有

$$|a_m| r^m - |a_n| r^n \geqslant \delta.$$

现在，一方面由于 $\nu(r)$ 是非减的，故对于 $r \in (r_0, r_0 + \varepsilon)$ 有 $\nu(r) \geqslant \nu(r_0) = m$；另一方面，上式表明 $\nu(r) \leqslant m = \nu(r_0)$. 因此，必须 $\nu(r) = \nu(r_0)$.

3° 先证 $\mu(r)$ 是右连续的，即对任给 $\varepsilon > 0$，存在 $\delta > 0$，使得当 $r \in (r_0, r_0 + \delta)$ 时，$\mu(r) - \mu(r_0) < \varepsilon$. 事实上，由于 $\nu(r)$ 是右连续的阶梯函数，故当 δ_1 足够小时，对 $r \in [r_0, r_0 + \delta_1)$ 有 $\nu(r) = \nu(r_0)$. 于是

$$\begin{aligned} \mu(r) - \mu(r_0) &= |a_{\nu(r)}| r^{\nu(r)} - |a_{\nu(r_0)}| r_0^{\nu(r_0)} \\ &= |a_{\nu(r_0)}| (r^{\nu(r_0)} - r_0^{\nu(r_0)}). \end{aligned}$$

上式右端是连续的，即对给定的 $\varepsilon > 0$，能取 $\delta_2 > 0$，使得当 $r \in [r_0, r_0 + \delta_2)$ 时，上式右端小于 ε. 今取 $\delta = \min\{\delta_1, \delta_2\}$ 即为所求. 现证 $\mu(r)$ 是左连续的. 由于当 $r < r_0$ 时，$\mu(r) \leqslant \mu(r_0)$，因此

$$\overline{\lim_{r \to r_0^-}} \mu(r) \leqslant \mu(r_0),$$

这里 $\overline{\lim\limits_{r\to r_0^-}}=\overline{\lim\limits_{\substack{r\to r_0\\ r\leqslant r_0}}}$. 又因为 $|a_{\nu(r)}|r^{\nu(r)}\geqslant|a_{\nu(r_0)}|r^{\nu(r_0)}$，所以

$$\mu(r_0)=\lim_{r\to r_0^-}|a_{\nu(r_0)}|r^{\nu(r_0)}=\underline{\lim_{r\to r_0^-}}|a_{\nu(r_0)}|r^{\nu(r_0)}$$

$$\leqslant\underline{\lim_{r\to r_0^-}}|a_{\nu(r)}|r^{\nu(r)}\leqslant\lim_{r\to r_0^-}\mu(r)\leqslant\mu(r_0).$$

最大项和中心指标的一个有趣的关系是由 G. Valiron[1] 所得到的.

定理 1.9 设 $w(z)=\sum\limits_{n=0}^{\infty}a_nz^n$ 为一整函数, $a_0\neq 0$, 则有

$$\log\mu(r)=\log|a_0|+\int_0^r\frac{\nu(t)dt}{t}. \tag{1.3.4}$$

证明 由于 $\nu(r)$ 是 r 的阶梯函数，设 $0=t_0<t_1<t_2<\cdots$ 为 $\nu(t)$ 的间断点，且当 $t\in(t_j,t_{j+1})$ 时，$\mu(t)=|a_{\nu(t)}|t^{\nu(t)}$ 有固定的中心指标 $\nu(t)=m$. 于是对于 $t\in(t_j,t_{j+1})$, 有

$$\mu'(t)=m|a_m|t^{m-1}=\frac{\nu(t)}{t}\mu(t),$$

因此在区间 $[0,r)$ 上除有限多个点之外上式成立. 又因为 $\mu(t)$ 是连续的，故有 .

$$\log\mu(t)-\log\mu(0)=\int_0^r\frac{\mu'(t)}{\mu(t)}dt=\int_0^r\frac{\nu(t)dt}{t}.$$

定理 1.10 设 $w(z)$ 为整函数，则对于 $r<R$, 有

$$M(r,w)<\mu(r)\left\{\nu(R)+\frac{R}{R-r}\right\}. \tag{1.3.5}$$

证明 事实上

$$M(r,w)\leqslant\sum_{n=0}^{\infty}|a_n|r^n=\sum_{n=0}^{\nu(R)-1}|a_n|r^n+\sum_{n=\nu(R)}^{\infty}|a_n|r^n$$

$$\leqslant\mu(r)\nu(R)+\sum_{n=\nu(R)}^{\infty}|a_n|r^n\frac{|a_{\nu(r)}|r^{\nu(r)}}{|a_{\nu(R)}|r^{\nu(R)}}$$

$$=\mu(r)\left\{\nu(R)+\sum_{n=\nu(R)}^{\infty}\frac{|a_n|R^n}{|a_{\nu(R)}|R^{\nu(R)}}\left(\frac{r}{R}\right)^{n-\nu(R)}\right\}$$

$$\leqslant \mu(r)\left\{\nu(R)+\sum_{m=0}^{\infty}\left(\frac{r}{R}\right)^m\right\}$$

$$=\mu(r)\left\{\nu(R)+\frac{R}{R-r}\right\}.$$

推论 $w(z)$ 如定理 1.10 所设，则对于 $r<R$，且 $\mu(r)>1$ 有

$$M(r,w)\leqslant \mu(r)\{1+\log M(R,w)\}\frac{2R}{R-r}. \qquad (1.3.6)$$

证明 在 (1.3.5) 中取 $R=\frac{1}{2}(\rho+r)$，注意到

$$\frac{R}{R-r}\leqslant\frac{2\rho}{\rho-r}=\frac{\rho}{\rho-R},$$

并且 $\log\mu(\rho)=\log\mu(R)+\int_R^\rho\frac{\nu(t)dt}{t}\geqslant\nu(R)\int_R^\rho\frac{dt}{t}\geqslant\nu(R)\frac{\rho-R}{\rho}$. 由 (1.3.5) 便得

$$M(r,w)<\mu(r)\left\{\nu(R)+\frac{\rho}{\rho-R}\right\}$$

$$\leqslant\mu(r)\frac{2\rho}{\rho-r}\left\{\nu(R)\frac{\rho-R}{\rho}+1\right\}$$

$$\leqslant\mu(r)\frac{2\rho}{\rho-r}\{\log\mu(\rho)+1\}$$

$$\leqslant\mu(r)\frac{2\rho}{\rho-r}\{\log M(\rho,w)+1\}.$$

定理 1.11 设 $w(z)$ 为 ρ 级整函数，则有

$$\rho=\overline{\lim_{r\to\infty}}\frac{\log\log\mu(r)}{\log r}=\overline{\lim_{r\to\infty}}\frac{\log\nu(r)}{\log r}. \qquad (1.3.7)$$

证明 令 $l_1=\overline{\lim\limits_{r\to\infty}}\frac{\log\log\mu(r)}{\log r}$ 和 $l_2=\overline{\lim\limits_{r\to\infty}}\frac{\log\nu(r)}{\log r}$.

先证 $l_1=l_2$。一方面，根据定理 1.9

$$\log\mu(2r)=\log|a_0|+\int_0^{2r}\frac{\nu(t)}{t}dt\geqslant\log|a_0|+\nu(r)\log 2,$$

于是有

$$\log\nu(r)\leqslant\log\log\mu(2r)+c,$$

从而得到

$$l_2=\varlimsup_{r\to\infty}\frac{\log\nu(r)}{\log r}\leqslant\varlimsup_{r\to\infty}\frac{\log\log\mu(2r)}{\log 2r}=l_1.$$

另一方面，令 $a=\max\limits_{n}\{|a_n|\}$，则有 $\mu(r)\leqslant ar^{\nu(r)}$. 因此

$$\log\log\mu(r)\leqslant\log\nu(r)+\log\log r+c.$$

由此导出 $l_1\leqslant l_2$.

今再证明 $l_1=l_2=\rho$. 由 Cauchy 不等式可知，$\mu(r)\leqslant M(r,w)$，从而 $l_1\leqslant\rho$，故只须证明 $\rho\leqslant l_1$. 不妨设 $l_1<\infty$，根据定理 1.10，取 $R=2r$，对任意给定的 $\varepsilon>0$，存在正数 r_0. 当 $r\geqslant r_0$ 时，

$$M(r,w)<\mu(r)\{(2r)^{l_1+\varepsilon}+1\}.$$

类似于上面的证明便得 $\rho\leqslant l_1$.

定理 1.12 设 $w(z)$ 为有穷 ρ 级整函数，则有

$$\lim_{r\to\infty}\frac{\log M(r,w)}{\log\mu(r)}=1. \tag{1.3.8}$$

证明 首先由定理 1.11 可知，对给定的 $\varepsilon>0$，存在 r_0. 当 $r\geqslant r_0$ 时，

$$|a_n|r^n\leqslant\mu(r)<e^{r^{\rho+\varepsilon}},$$

或可改写为 $|a_n|\leqslant e^{r^{\rho+\varepsilon}}/r^n$. 特别地取 $r=\left(\frac{n}{\rho+\varepsilon}\right)^{\frac{1}{\rho+\varepsilon}}$，则当 $n\geqslant n_0$ 时有

$$|a_n|\leqslant\left(\frac{(\rho+\varepsilon)e}{n}\right)^{n/\rho+\varepsilon},$$

于是当 $n\geqslant n_0$ 时对所有 r 值

$$|a_n|r^n\leqslant\left(\frac{(\rho+\varepsilon)er^{\rho+\varepsilon}}{n}\right)^{n/\rho+\varepsilon}. \tag{1.3.9}$$

今取 r 足够大，使得 $2e(\rho+\varepsilon)r^{\rho+\varepsilon}\geqslant n_0$，并对 $M(r,w)$ 作如下的估计，

$$M(r,w)\leqslant\Big(\sum_{n<2e(\rho+\varepsilon)r^{\rho+\varepsilon}}+\sum_{n\geqslant 2e(\rho+\varepsilon)r^{\rho+\varepsilon}}\Big)|a_n|r^n=I_1+I_2.$$

对于 I_1 显然有

$$I_1\leqslant(2e(\rho+\varepsilon)r^{\rho+\varepsilon}+1)\mu(r);$$

对于 I_2,我们注意到(1.3.9)和 $n\geqslant 2e(\rho+\varepsilon)r^{\rho+\varepsilon}\geqslant n_0$,即得

$$I_2\leqslant\sum\Big(\frac{(\rho+\varepsilon)er^{\rho+\varepsilon}}{n}\Big)^{n/\rho+\varepsilon}$$

$$\leqslant\sum_{n=0}^{\infty}\Big(\frac{1}{2^{\rho+\varepsilon}}\Big)^n=\frac{1}{1-\Big(\frac{1}{2}\Big)^{\rho+\varepsilon}}.$$

综上两式得

$$M(r,w)\leqslant\mu(r)\{1+2e(\rho+\varepsilon)r^{\rho+\varepsilon}\}+c_1,$$

从而有

$$\log M(r,w)<(\rho+\varepsilon)\log r+\log\mu(r)+c_2.$$

由于 $w(z)$ 是超越整函数,故当 $r\to\infty$ 时 $\dfrac{\log M(r,w)}{\log r}\to\infty$. 因此,

$$1\leqslant\varliminf_{r\to\infty}\frac{\log\mu(r)}{\log M(r,w)}\leqslant\varlimsup_{r\to\infty}\frac{\log\mu(r)}{\log M(r,w)}\leqslant 1.$$

定理 1.13 (Valiron[1]) 设 $w(z)$ 为超越整函数,则有

$$\lim_{r\to\infty}\frac{\log M(r,w')}{\log M(r,w)}=1.$$

证明 由于

$$w(z)=w(0)+\int_0^z w'(\zeta)d\zeta,$$

因此对于 $|z|=r$,我们有

$$M(r,w)\leqslant|w(0)|+rM(r,w').$$

注意到 $\lim\limits_{r\to\infty}\dfrac{\log r}{\log M(r,w)}=0$,便得

$$\varliminf_{r\to\infty}\frac{\log M(r,w')}{\log M(r,w)}\geqslant 1,$$

现设 $\hat{\mu}(r)$ 和 $\hat{\nu}(r)$ 分别是 $w'(z)$ 的最大项和中心指标. 由定理 1.10 和定理 1.11,并置 $R=2r$,便有

$$M(r,w')<\hat{\mu}(r)\{\hat{\nu}(2r)+2\}\leqslant\hat{\mu}(r)r^{\hat{\rho}+\varepsilon}, \quad (1.3.10)$$

其中 $\hat{\rho}=\overline{\lim\limits_{r\to\infty}}\dfrac{\log\hat{\nu}(r)}{\log r}=\overline{\lim\limits_{r\to\infty}}\dfrac{\log\log M(r,w')}{\log r}$. 但由 Cauchy 积分公式,对于 $|z|=r<R$ 有

$$w'(z)=\frac{1}{2\pi_i}\int_{|\zeta-z|=R-r}\frac{w(\zeta)d\zeta}{(\zeta-z)^2},$$

由此

$$M(r,w')\leqslant\frac{M(R,w)}{R-r}.$$

置 $R=2r$,当 $r>1$ 时有 $\log M(r,w')\leqslant\log M(2r,w)$,从而有

$$\begin{aligned}\hat{\rho}&=\overline{\lim_{r\to\infty}}\frac{\log\log M(r,w')}{\log r}\\&\leqslant\overline{\lim_{r\to\infty}}\frac{\log\log M(2r,w)}{\log 2r-\log 2}=\rho,\end{aligned}$$

因此 (1.3.10) 成为

$$M(r,w')\leqslant\hat{\mu}(r)r^{\rho+\varepsilon}.$$

但知

$$\hat{\mu}(r)=(\hat{\nu}(r)+1)|a_{\nu(r)+1}|r^{\hat{\nu}(r)}\leqslant(\hat{\nu}(r)+1)\frac{\mu(r)}{r},$$

从而

$$M(r,w')\leqslant(\hat{\nu}(r)+1)\mu(r)r^{\rho-1+\varepsilon}.$$

再应用定理 1.11 和定理 1.12 便得到

$$M(r,w')\leqslant M(r,w)r^{2\rho-1+2\varepsilon},$$

由此得到

$$\overline{\lim_{r\to\infty}}\frac{\log M(r,w')}{\log M(r,w)}\leqslant 1.$$

下面我们将叙述 Newton 多边形及其构造步骤. 设 $w(z)=\sum\limits_{n=0}^{\infty}a_nz^n$,令

$$g_n = \begin{cases} \log \dfrac{1}{|a_n|}, & a_n \neq 0 \\ \infty, & a_n = 0. \end{cases}$$

继令 $A_n = (n, g_n)$ 是 oxy 平面上横坐标 $x = n$,纵坐标 $y = g_n$ 的点. Newton 多边形 $\pi(w)$ 是以 $\{A_n\}$ 中某些点为顶点的凸多边形,它使得 $\{A_n\}$ 或在 $\pi(w)$ 的上方,或恰在 $\pi(w)$ 上. $\pi(w)$ 可通过下述步骤来构造:

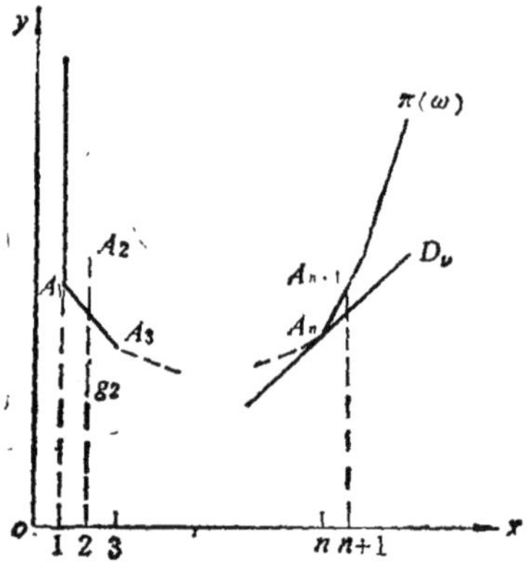

设 $a_0 \neq 0$,过 A_0, A_n 作直线 L_n,其斜率为 $\alpha_n = \dfrac{g_n - g_0}{n}$. 由于幂级数 $w(z) = \sum_{n=0}^{\infty} a_n z^n$ 的收敛半径 $d = \dfrac{1}{\overline{\lim\limits_{n\to\infty}} \sqrt[n]{|a_n|}} = \infty$, 即有 $|a_n|^{1/n} \to 0$. 从而$\dfrac{g_n}{n} = \log |a_n|^{-1/n} \to \infty$. 因此,当 $n \to \infty$ 时, $\alpha_n \to \infty$. 令 $\alpha_{n_1} = \min\{\alpha_n\}$ (若有多条连线之斜率达到最小时,取脚标最大者为 n_1),此时所有 $\{A_n\}$ 或在 L_{n_1} 的上方或恰在 L_{n_1} 上. 线段 $\overline{A_0A_{n_1}}$ 即构成 $\pi(w)$ 的一边. 然后以 L_{1n} 为连接 $A_{n_1}, A_n (n > n_1)$ 的直线,达到斜率最小的线段 $\overline{A_{n_1}A_{n_2}}$ 取为 $\pi(w)$ 的又一条边. 如此继续便构成 $\pi(w)$.

由于

$$\log|a_n| + n\log r \leqslant \log|a_{\nu(r)}| + \nu(r)\log r,$$
所以
$$g_n \geqslant g_{\nu(r)} + (n - \nu(r))\log r.$$
这就表明点 $A_n = (n, g_n)$ 位在过点 $A_{\nu(r)} = (\nu(r), g_{\nu(r)})$ 斜率为 $\log r$ 的直线 D_ν 之上方或恰在其上. 又由于
$$\frac{g_n - g_{\nu(r)}}{n - \nu(r)} = \begin{cases} > \log r, \text{当 } n > \nu(r) \\ \leqslant \log r, \text{当 } n \leqslant \nu(r) \end{cases}$$
故 D_ν 不穿过 $\pi(w)$.

§1.4 导数的局部性质

本节我们将在 $w(z)$ 达到其最大模的点之邻域比较函数及其导数之值. 我们先证明下面的引理.

引理 1.1 (**Wiman**[1]) 设 $\nu = \nu(r)$ 是 $w(z) = \sum_{n=0}^{\infty} a_n z^n$ 的中心指标, $\{p_n\}$ 为给定的数列合于 $1 < p_1 < p_2 < \cdots$, 且 $\lim_{n\to\infty} p_n = p < \infty$. 则除去对数测度为有穷的 r 值集外, 下列两式同时成立

$$\text{I. } \frac{|a_{\nu-k}|r^{\nu-k}}{|a_\nu|r^\nu} \leqslant \frac{p_{\nu-k+1}\cdots p_\nu}{p_\nu^k}, \quad k = 1, 2, \cdots, \nu;$$
$$\text{II. } \frac{|a_{\nu+k}|r^{\nu+k}}{|a_\nu|r^\nu} \leqslant \frac{p_\nu^k}{p_{\nu+1}\cdots p_{\nu+k}}, \quad k = 1, 2, \cdots. \tag{1.4.1}$$

证明 首先引进辅助函数
$$H(z) = a_0 + a_1p_1z + a_2p_1p_2z^2 + \cdots.$$
若 $\nu'(\rho) = \nu'$ 是 $H(z)$ 的中心指标, 令 $\rho = r/p_{\nu'}$, 则
$$|a_{\nu'}|p_1\cdots p_{\nu'}\left(\frac{r}{p_{\nu'}}\right)^{\nu'} \geqslant \begin{cases} |a_{\nu'-k}|p_1\cdots p_{\nu'-k}\left(\dfrac{r}{p_{\nu'}}\right)^{\nu'-k}, \\ \qquad k = 1, 2, \cdots, \nu' \\ |a_{\nu'+k}|p_1\cdots p_{\nu'+k}\left(\dfrac{r}{p_{\nu'}}\right)^{\nu'+k}, \\ \qquad k = 1, 2, \cdots \end{cases}$$

从而

$$\frac{|a_{\nu'-k}|r^{\nu'-k}}{|a_{\nu'}|r^{\nu'}} \leqslant \frac{p_{\nu'-k+1}\cdots p_{\nu'}}{p_{\nu'}^k} < 1, k = 1,2,\cdots,\nu'$$

$$\frac{|a_{\nu'+k}|r^{\nu'+k}}{|a_{\nu'}|r^{\nu'}} \leqslant \frac{p_{\nu'}^k}{p_{\nu'+1}\cdots p_{\nu'+k}} < 1, k = 1,2,\cdots.$$

上两式表明，若 $\nu' = \nu'(\rho)$ 是 $H(z)$ 的中心指标，则同样的数 $\nu' = \nu(r)$ 是 $w(z)$ 的中心指标，其中 $r = \rho p_{\nu'}$。一般地说，反过来不成立。现设 $\nu'_k = \nu'(\rho_k)$ 是 $H(z)$ 当 $\rho_k \leqslant \rho < \rho_{k+1}$ 时的中心指标，则 $\nu_k = \nu'_k$ 是 $w(z)$ 当 $r \in [\rho_k p_{\nu'}, \rho_{k+1} p_{\nu'})$ 时的中心指标。若记 $\sigma_k = \rho_k p_{\nu'_k}$ 和 $\sigma'_k = \rho_{k+1} p_{\nu'_k}$，则当 $r \in [\sigma_k, \sigma'_k)$ 时 (1.4.1) 两式同时成立。相邻一个使 (1.4.1) 两式同时成立的区间是 $[\sigma_{k+1}, \sigma'_{k+1})$，其中 $\sigma_{k+1} = \rho_{k+1} p_{\nu'_{k+1}}, \sigma'_{k+1} = \rho_{k+2} p_{\nu'_{k+1}}$。因此，(1.4.1) 两式不能同时成立的 r 必在上述区间的补集之中，即位在区间序列 $\{[\sigma'_k, \sigma_{k+1})\}_{k=1,2,\cdots}$ 之中，它们的对数测度是

$$\lim_{n\to\infty} \sum_{k=1}^{n} \log \frac{\sigma_{k+1}}{\sigma'_k} \leqslant \log \frac{p}{p_1} < \infty.$$

引理证毕。

通常我们称使得 (1.4.1) 两式同时成立的 r 值为允许值。我们有

定理 1.14 设 $w(z)$ 为超越整函数，则对允许值 r 有

$$M(r, w) < \mu(r)[\nu(r)]^{\frac{1}{2}+\varepsilon}, \quad \varepsilon > 0. \tag{1.4.2}$$

证明 令 $\nu(r) = \nu$，则

$$M(r, w) \leqslant \sum_{j=0}^{\infty} |a_j| r^j = (|a_\nu| r^\nu) m(r) = \mu(r) m(r),$$

其中

$$m(r) = 1 + \sum_{j=1}^{\nu} \frac{|a_{\nu-j}|}{|a_\nu|} r^{-j} + \sum_{j=1}^{\infty} \left|\frac{a_{\nu+j}}{a_\nu}\right| r^j.$$

为了长化 $m(r)$，取 p_j 如下：当 $j = 1$ 时，$\log p_1 = 1$；当 $j \geqslant 2$ 时，

$$\log p_j = 1 + \frac{1}{1^\alpha} + \frac{1}{2^\alpha} + \cdots + \frac{1}{(j-1)^\alpha}, \alpha = 1 + \delta, \delta > 0. \tag{1.4.3}$$

根据引理 1.1，取 r 为允许值，即对此 r 值，(1.4.1) 两式同时成立；于是

$$m(r) \leqslant 2 + \sum_{j=2}^{\nu} \frac{p_{\nu-j+1}\cdots p_{\nu-1}}{p_\nu^{j-1}} + \sum_{j=1}^{\infty} \frac{p_\nu^j}{p_{\nu+1}\cdots p_{\nu+j}}.$$

根据 p_j 的构造，

$$\log \frac{p_{\nu-j+1}\cdots p_{\nu-1}}{p_\nu^{j-1}} = -\sum_{k=1}^{j-1}(j-k)\frac{1}{(\nu-k)^\alpha}$$

$$\leqslant -\frac{1}{(\nu-1)^\alpha}\sum_{k=1}^{j-1}(j-k)$$

$$= -\frac{j(j-1)}{2(\nu-1)^\alpha} \leqslant -\frac{j(j-1)}{2(\nu+j-1)^\alpha},$$

$$\log \frac{p_\nu^j}{p_{\nu+1}\cdots p_{\nu+j}} = -\sum_{k=0}^{j-1}(j-k)\frac{1}{(\nu+k)^\alpha}$$

$$\leqslant \frac{-j(j+1)}{2(\nu+j-1)^\alpha} < -\frac{j^2}{2(\nu+j)^\alpha},$$

于是

$$m(r) < 2 + \sum_{j=1}^{\nu-1} \exp\left\{-\frac{j(j+1)}{2(\nu+j)^\alpha}\right\}$$

$$+ \sum_{j=1}^{\infty} \exp\left\{-\frac{j^2}{2(\nu+j)^\alpha}\right\}$$

$$< c\sum_{j=1}^{\infty} \exp\left\{-\frac{j^2}{2(\nu+j)^\alpha}\right\}$$

$$< c\int_0^\infty \exp\left\{-\frac{x^2}{2(\nu+x)^\alpha}\right\} dx$$

$$= c\left(\int_0^\nu + \int_\nu^\infty\right) \cdot \exp\left\{-\frac{x^2}{2(\nu+x)^\alpha}\right\} dx$$

$$< c\left(\int_0^\nu \exp\left\{-\frac{1}{2}\cdot\frac{x^2}{(2\nu)^\alpha}\right\} dx\right.$$

$$\left. + \int_\nu^\infty \exp\left\{\frac{-x^{2-\alpha}}{2^{1+\alpha}}\right\} dx\right).$$

取 $\alpha = 1 + \delta < 2$，则因 $\int_0^\infty \exp\left\{-\frac{x^{2-\alpha}}{2^{1+\alpha}}\right\} dx$ 是收敛的，故当 r

充分大从而 $\nu(r)$ 充分大时，$\int_\nu^\infty \exp\left\{-\frac{x^{2-\alpha}}{2^{1+\alpha}}\right\} dx$ 充分小。因此，

$$m(r) < c_1 \int_0^\infty \exp\left\{-\frac{x^2}{2^{1+\alpha}\nu^\alpha}\right\} dx = c_1 2^{\frac{1}{2}(1+\alpha)}\nu^{\frac{\alpha}{2}}$$

$$\cdot \int_0^\infty e^{-t^2} dt = c_2[\nu(r)]^{\frac{\alpha}{2}}.$$

特别地，取 $\alpha = 1 + 2\varepsilon'$，$0 < \varepsilon' < \varepsilon$，则当 $r \geqslant r_0$ 时

$$m(r) < c_2[\nu(r)]^{\frac{1}{2}+\varepsilon'} < [\nu(r)]^{\frac{1}{2}+\varepsilon}.$$

由此便得 (1.4.2)。

推论 除去对数测度为有穷的 r 值集外，下式成立，

$$M(r,w) < \mu(r)[\log \mu(r)]^{\frac{1}{2}+\varepsilon},\quad \varepsilon > 0. \tag{1.4.4}$$

证明 设 $\{p_j\}$ 是 (1.4.3) 确定的数列，由引理 1.1，对于允许值 r 便有

$$\frac{\mu(r)}{|a_0|} = \frac{|a_\nu| r^\nu}{|a_0|} \geqslant \frac{p_\nu^\nu}{p_1 \cdots p_\nu},$$

于是

$$\log \frac{\mu(r)}{|a_0|} \geqslant \sum_{j=1}^{\nu} \log \frac{p_\nu}{p_j} = \frac{1}{1^\alpha} + \frac{2}{2^\alpha} + \cdots + \frac{\nu-1}{(\nu-1)^\alpha}$$

$$> \int_1^\nu x^{1-\alpha} dx = \frac{\nu^{2-\alpha}}{2-\alpha}\left(1 - \frac{1}{\nu^{2-\alpha}}\right).$$

取 $\alpha = 1 + \varepsilon'$，$0 < \varepsilon' < 1$，使有

$$[\nu(r)]^{1-\varepsilon'} < c \log \mu(r),$$

或者当 $r \geqslant r_0$ 时可写为

$$\nu(r) < [\log \mu(r)]^{1+\varepsilon_1}. \tag{1.4.5}$$

将上式代入 (1.4.2) 便得 (1.4.4)。

引理 1.2 设 $w(z) = \sum_{n=0}^\infty a_n z^n$ 为超越整函数，对任意给定的 $\varepsilon > 0$ 和整数 k 及 l，除去对数测度为有穷的 r 值集外，

$$\left|\sum_{j=-\nu}^{\infty} \frac{j^l}{\nu^{l+k}} a_{\nu+j} z^{\nu+j}\right| < \mu(r)[\nu(r)]^{\frac{1}{2}(1-l-2k)+\varepsilon}, \tag{1.4.6}$$

其中 $\nu = \nu(r)$ 为中心指标。

证明 首先

$$I = \left|\sum_{j=-\nu}^{\infty} \frac{j^l}{\nu^{l+k}} a_{\nu+j} z^{\nu+j}\right| \leqslant \nu^{-k}$$

$$\sum_{j=-\nu}^{\infty}\left|\frac{j}{\nu}\right|^l |a_{\nu+j}| r^{\nu+j} = \nu^{-k}|a_\nu| r^\nu$$

$$\cdot\left\{\sum_{j=-\nu}^{-1}\left|\frac{j}{\nu}\right|^l \frac{|a_{\nu+j}|}{|a_\nu|} r^j\right.$$

$$\left.+\sum_{j=1}^{\infty}\cdot\left|\frac{j}{\nu}\right|^l \frac{|a_{\nu+j}|}{|a_\nu|} r^j\right\} = \nu^{-k}\mu(r)\hat{m}(r).$$

下面来估计 $\hat{m}(r)=\sum_{j=1}^{\nu}\left(\frac{j}{\nu}\right)^l \frac{|a_{\nu-j}|}{|a_\nu|} r^{-j}+\sum_{j=1}^{\infty}\left(\frac{j}{\nu}\right)^l \frac{|a_{\nu+j}|}{|a_\nu|} r^j$.
现取 $\{p_j\}$ 为 (1.4.3) 式确定的数列，r 是允许值，类似于定理 1.14 的证明，我们有

$$\hat{m}(r) < \sum_{j=1}^{\nu}\left(\frac{j}{\nu}\right)^l \frac{p_{\nu-j+1}\cdots p_\nu}{p_\nu^j}$$

$$+\sum_{j=1}^{\infty}\left(\frac{j}{\nu}\right)^l \frac{p_\nu^j}{p_{\nu+1}\cdots p_{\nu+j}} = \left(\frac{1}{\nu}\right)^l$$

$$+\sum_{j=2}^{\nu}\left(\frac{j}{\nu}\right)^l \frac{p_{\nu-j+1}\cdots p_\nu}{p_\nu^j}$$

$$+\sum_{j=1}^{\infty}\cdot\left(\frac{j}{\nu}\right)^l \frac{p_\nu^j}{p_{\nu+1}\cdots p_{\nu+j}} < \left(\frac{1}{\nu}\right)^l$$

$$+2^l\sum_{j=1}^{\nu-1}\left(\frac{j}{\nu}\right)^l \exp\left\{-\frac{j(j+1)}{2(\nu+j)^\alpha}\right\}$$

$$+\sum_{j=1}^{\infty}\left(\frac{j}{\nu}\right)^l \exp\left\{-\frac{j^2}{2(\nu+j)^\alpha}\right\}$$

$$\leqslant c\left\{\int_0^{\infty}\left(\frac{x}{\nu}\right)^l \exp\left(-\frac{x^2}{2^{1+\alpha}\nu^\alpha}\right)dx\right.$$

$$\left.+\int_\nu^{\infty}\left(\frac{x}{\nu}\right)^l \exp\left(-\frac{x^{2-\alpha}}{2^{1+\alpha}}\right)dx\right\}.$$

取 $\alpha<2$，则由于上式右端第二项是收敛积分的余项，因此当 r 足

够大从而 $\nu=\nu(r)$ 足够大时，它是一个小的量，于是

$$\hat{m}(r)<c_1\int_0^{\infty}\left(\frac{x}{\nu}\right)^l\exp\left(-\frac{x^2}{2^{1+\alpha}\nu^{\alpha}}\right)dx$$

$$=c_2[\nu(r)]^{\frac{\alpha}{2}(1+l)-l}\int_0^{\infty}t^{\frac{1}{2}(l-1)}e^{-t}dt$$

$$=c_3[\nu(r)]^{\frac{\alpha}{2}(1+l)-l}.$$

特别地取 $\alpha=1+\frac{2\varepsilon'}{1+l}$，其中 ε' 合于 $0<\varepsilon'<\varepsilon$，则当 $r\geqslant r_0$ 时

$$I\leqslant c_3\mu(r)[\nu(r)]^{\frac{1}{2}(1-l-2k)+\varepsilon'}\leqslant\mu(r)[\nu(r)]^{\frac{1}{2}(1-l-2k)+\varepsilon}.$$

注 在证明过程中我们实际上对 r 的允许值得到下述不等式

$$\sum_{j=m-\nu}^{\infty}\frac{|j|^l}{\nu^{l+k}}|a_{\nu+j}|r^{\nu+j}\leqslant\mu(r)[\nu(r)]^{\frac{1}{2}(1-l-2k)+\varepsilon},\qquad(1.4.7)$$

其中 m 为非负整数.

下面的定理在常微分方程理论中，特别是讨论线性微分方程和一类代数微分方程时有重要的应用.

定理 1.15 设 $w(z)$ 为整函数，又设 $0<\delta<\frac{1}{8}$，z 是圆周 $\{z,|z|=r\}$ 上使得 $|w(z)|>M(r,w)[\nu(r)]^{-\frac{1}{8}+\delta}$ 的点，则除去对数测度为有穷的 r 值集外有

$$w'(z)=\frac{\nu(r)}{z}w(z)(1+\eta(z)),\qquad(1.4.8)$$

其中 $\eta(z)=O\{[\nu(r)]^{-\frac{1}{8}+\delta}\}$.

证明 令 $\nu=\nu(r)$ 为中心指标，则

$$\frac{z}{\nu}w'(z)-w(z)=h(z)=\sum_{j=-\nu}^{\infty}\frac{j}{\nu}a_{\nu+j}z^{\nu+j}.$$

设 β 为一实数，置 $t=ze^{\beta\pi i/\nu}$，则得

$$w(t)=\sum_{n=0}^{\infty}a_nt^n=\sum_{j=-\nu}^{\infty}a_{\nu+j}z^{\nu+j}$$

$$=e^{i\beta\pi}\sum_{j=-\nu}^{\infty}a_{\nu+j}z^{\nu+j}e^{i\pi\beta j/\nu}$$

$$= e^{i\beta\pi} \cdot \Big\{ \sum_{j=-\nu}^{\infty} a_{\nu+j} z^{\nu+j} +$$

$$\sum_{j=-\nu}^{\infty} \left(e^{i\beta\pi j/\nu} - 1 - \frac{i\beta\pi j}{\nu} \right) a_{\nu+j} z^{\nu+j}$$

$$+ i\beta\pi \sum_{j=-\nu}^{\infty} \frac{j}{\nu} a_{\nu+j} z^{\nu+j} \Big\}$$

$$= e^{i\beta\pi} \{ w(z) + H(z) + i\beta\pi h(z) \},$$

其中 $H(z) = \sum_{j=-\nu}^{\infty} \left(e^{i\beta\pi j/\nu} - 1 - \frac{i\beta\pi j}{\nu} \right) a_{\nu+j} z^{\nu+j}$，$h(z) = \sum_{j=-\nu}^{\infty} \frac{j}{\nu} a_{\nu+j} z^{\nu+j}$.

先对 $H(z)$ 作如下的估计. 注意到 $|e^{ix} - 1 - x| \leqslant \frac{1}{2} x^2$，便有

$$|H(z)| \leqslant \sum_{j=-\nu}^{\infty} \left| e^{i\beta\pi j/\nu} - 1 - \frac{i\beta\pi j}{\nu} \right| |a_{\nu+j}| r^{\nu+j}$$

$$\leqslant \frac{\beta^2 \pi^2}{2} \sum_{j=-\nu}^{\infty} \frac{|j|^2}{\nu^2} |a_{\nu+j}| r^{\nu+j},$$

应用 (1.4.7) 并取 $l = 2$, $k = m = 0$，则对 r 的允许值有

$$|H(z)| \leqslant \frac{\beta^2 \pi^2}{2} \mu(r) [\nu(r)]^{-\frac{1}{2}+\varepsilon}. \tag{1.4.9}$$

于是对于同样的 r 有

$$|h(z)| = \left| \frac{1}{i\beta\pi} \{ e^{-\beta\pi i} w(t) - w(z) - H(z) \} \right|$$

$$\leqslant M(r, w) \left\{ \frac{2}{|\beta|\pi} + \frac{|\beta|\pi}{2} [\nu(r)]^{-\frac{1}{2}+\varepsilon} \right\},$$

特别地取 $|\beta| = \frac{2}{\pi} [\nu(r)]^{\frac{1}{4}-\frac{\varepsilon}{2}}$，便得

$$|h(z)| < 2M(r, w) [\nu(r)]^{-\frac{1}{4}+\frac{\varepsilon}{2}}. \tag{1.4.10}$$

今由假设 $|w(z)| > M(r, w)[\nu(r)]^{-\frac{1}{8}+\delta}$ 便得

$$\frac{|h(z)|}{|w(z)|} < [\nu(r)]^{-\frac{1}{8}+\varepsilon-\delta}.$$

今选取 $\delta = \frac{\varepsilon}{2}$，则对于合于定理条件的 z，当 r 经历允许值趋于无穷时，便有

$$\frac{|h(z)|}{|w(z)|} \to 0,$$

即 (1.4.8) 成立。

注 若令 $h_{(m)}(z) = \sum_{j=m-\nu}^{\infty} \frac{j}{\nu} a_{\nu+j} z^{\nu+j}$，$m \geqslant 0$，我们有

$$|h_{(m)}(z)| < M(r,w)[\nu(r)]^{-\frac{1}{4}+\varepsilon}. \tag{1.4.11}$$

事实上，令 $w_m(z) = \sum_{j=m}^{\infty} a_j z^j = w(z) - \sum_{j=0}^{m-1} a_j z^j$。由 Liouville 定理可知，$M(r, w_m) = M(r,w)(1 + o(1))$。于是类似于 (1.4.10) 的证明即可得到 (1.4.11)。

一般地，我们有

定理 1.16 设 $w(z)$ 为整函数，并设 δ 和 z 满足定理 1.15 条件，则除去对数测度为有穷的 r 值集之外有

$$w^{(k)}(z) = \left(\frac{\nu(r)}{z}\right)^k w(z)(1 + \eta_k(z)), \tag{1.4.12}$$

其中 $\eta_k(z) = O\{[\nu(r)]^{-\frac{1}{8}+\delta}\}$。

证明 令

$$h_k(z) = \left(\frac{z}{\nu}\right)^k w^{(k)}(z) - w(z) = -\sum_{j=0}^{k-1} a_j z^j$$

$$+ \sum_{j=k-\nu}^{\infty} \frac{(\nu+j)\cdots(\nu+j-k+1) - \nu^k}{\nu^k} a_{\nu+j} z^{\nu+j}$$

$$= -\sum_{j=0}^{k-1} a_j z^j + \sum_{j=k-\nu}^{\infty} \left(\frac{P_1(j)}{\nu} + \cdots + \frac{P_k(j)}{\nu^k}\right)$$

$$\cdot a_{\nu+j} z^{\nu+j} = s(z) + \sum_{l=1}^{k} s_l(z),$$

其中 $s(z) = -\sum_{j=0}^{k-1} a_j z^j$, $s_l(z) = \sum_{j=k-\nu}^{\infty} \frac{P_l(j)}{\nu^l} a_{\nu+j} z^{\nu+j}$ $(l=1, 2,\cdots,k)$, $P_l(j)$ 是 j 的 l 次多项式,系数为某些整数. 令 $q_l(j)=\sum_{m=0}^{l} \beta_m j^m$,其中 $\beta_m \geqslant 0$,并且 $|P_l(j)| \leqslant q_l(|j|)$,于是

$$\begin{aligned}|s_l(z)| &= \left|\sum_{j=k-\nu}^{\infty} \frac{P_l(j)}{\nu^l} a_{\nu+j} z^{\nu+j}\right| \\ &\leqslant \sum_{j=k-\nu}^{\infty} \frac{q_l(|j|)}{\nu^l} |a_{\nu+j}| r^{\nu+j} \\ &\leqslant \sum_{m=0}^{l} \beta_m \left(\sum_{j=k-\nu}^{\infty} \frac{|j|^m}{\nu^l} |a_{\nu+j}| r^{\nu+j}\right).\end{aligned}$$

现分下列情形讨论之: 当 $l \geqslant 2$ 时,应用 (1.4.7) 式于上式右端各项,则对于 r 的允许值便得

$$|s_l(z)| \leqslant M(r,w)[\nu(r)]^{-\frac{1}{2}+\varepsilon};$$

当 $l=1$ 时,由于

$$\begin{aligned}|s_1(z)| \leqslant c_1 &\left|\sum_{j=k-\nu}^{\infty} \frac{j}{\nu} a_{\nu+j} z^{\nu+j}\right| \\ &+ c_2 \sum_{j=k-\nu}^{\infty} \frac{1}{\nu} |a_{\nu+j}| r^{\nu+j},\end{aligned}$$

分别应用 (1.4.11) 和 (1.4.7) 于上式右端第一和第二项便得

$$|s_1(z)| \leqslant M(r,w)[\nu(r)]^{-\frac{1}{4}+\varepsilon_1}.$$

对于 $s(z)$,由 Liouville 定理,当 r 足够大时

$$|s(z)| < cr^{k-1} < \sqrt{M(r,w)}.$$

再由 (1.4.5),对于足够大的 r 的允许值有

$$\nu(r) \leqslant [\log \mu(r)]^{1+\varepsilon_2} \leqslant (\log M(r,w))^{1+\varepsilon_2} \leqslant \sqrt{M(r,w)},$$

于是

$$|s(z)| \leqslant M(r,w)[\nu(r)]^{-1}.$$

综上各式便得

$$|h_k(z)| < M(r,w)[\nu(r)]^{-\frac{1}{4}+\varepsilon'}.$$

类似于(1.4.8)的证明即得(1.4.12).

本节引理 1.2，定理 1.15 和 1.16 的证明是 W. Saxer 在[1]中给出的. 关于 Wiman-Valiron 理论的更详细的内容，读者可以参看 G. Valiron [1], H. Wittich [2] 和 W. K. Hayman [2].

第二章 代数体函数

代数体函数是由不可约方程

$$\psi(z,w)\equiv A_\nu(z)w^\nu+A_{\nu-1}(z)w^{\nu-1}+\cdots+A_0(z)=0$$

所确定的ν值解析函数，其中 $A_j(z)(j=0,1,\cdots,\nu)$ 是z的全纯函数，并且不在一点同时为零．特别地，当$\nu=1$时，$w(z)$即为亚纯函数．当 $A_j(z)(j=0,1,\cdots,\nu)$ 都是多项式时，$w(z)$是代数函数．一般地，我们考虑 $\{A_j(z)\}$ 中至少有一个是超越函数的情形．

熊庆来[4]曾指出，代数体函数在 H. Poincaré 最初引入时，G. Darboux 就认为是重要的一类函数，其后 P. Painlevé 在研究常微分方程时也遇到了此类函数．稍后，P. Boutroux[1]，J. Malmquist[1] 在考虑常微分方程 $\frac{dw}{dz}=R(z,w)$ 时都曾讨论过代数体函数解．作为亚纯函数的推广，代数体函数的研究内容之一是其值分布理论．我们知道，多项式值分布的完善结果为最初的整函数的研究提供了模型．上世纪末 Borel 综合并改进了 Picard, Poincaré, Hadamard 等人的结果，开始形成了整函数的值分布理论．但人们很快发现，处理整函数的方法不能提供建立亚纯函数论的方便的出发点．到本世纪 20 年代，亚纯函数的研究经历了一个突变，即著名的芬兰数学家 R. Nevanlinna 创立了亚纯函数值分布理论，整函数的经典结果为其特殊情形，且形式更为理想．Nevanlinna 理论现已成为近代亚纯函数的基础．

关于代数体函数，最早是 G. Rémoundos[1] 推广了 Picard 定理，他证明ν值代数体函数至多有2ν个 Picard 例外值．在亚纯函数 Nevanlinna 理论诞生后不久，G. Valiron(1929)[2]，E. Ullrich (1931)[1]，和 H. Selberg (1930—1934)[1,2] 分别用不同的方法对

代数体函数建立了相应的基本定理．随着亚纯函数值分布理论的深入发展，代数体函数的相应研究也取得了一系列进展．如上所述，代数体函数与常微分方程密切相关，所以它的重要成就已被应用于研究常微分方程大范围有限多值解的问题．本章我们将主要介绍代数体函数的基本内容．作为特殊情形，我们将概述亚纯函数的 Nevanlinna 理论．

§ 2.1 预备知识

定义 2.1 设 $H(z, w)$ 和 $G(z, w)$ 分别是次数为 $\deg H$ 和 $\deg G$ 的 w 的多项式，其系数为 z 的亚纯函数．若存在系数为 z 的亚纯函数的 w 的多项式 $F(z, w)$，使得 $G(z,w)=F(z, w)H(z, w)$，则称 $H(z, w)$ 是 $G(z, w)$ 的因子，或称 $G(z, w)$ 能被 $H(z, w)$ 整除，并记为 $H(z,w)|G(z,w)$．若 $G(z, w)$ 只能为其自身或 z 的亚纯函数所整除，则称 $G(z, w)$ 是不可约的．不可约因子称为质因子．若 $H(z, w)|G(z, w)$ 并且 $H(z, w)|G_1(z, w)$，则称 $H(z,w)$ 是 $G(z,w)$ 和 $G_1(z,w)$ 的公因子．若对任意的 $G(z, w)$ 和 $G_1(z, w)$ 的公因子 $K(z, w)$，都有 $K(z, w)\ |H(z, w)$ 则称 $H(z,w)$ 为最大公因子．若 $G(z,w)$ 和 $G_1(z, w)$ 的最大公因子为 z 的亚纯函数，则称它们是互质的．

定理 2.1 设 $F(z, w)$ 和 $G(z, w)$ 是 w 的多项式，其系数是 z 的亚纯函数，它们的最大公因子为 $H(z,w)$，则

$$H(z, w)=A(z, w)F(z, w)+B(z,w)G(z, w), \tag{2.1.1}$$

其中 $A(z, w)$ 和 $B(z, w)$ 是系数为 z 的亚纯函数的 w 的多项式．

证明 不妨设 $G(z, w)$ 对 w 的次数 $\deg G\leqslant \deg F$，由辗转相除可得

$$F(z, w)=Q_1(z, w)G(z, w)+R_1(z, w),\quad \deg R_1<\deg G,$$
$$G(z,w)=Q_2(z,w)R_1(z, w)+R_2(z, w),\quad \deg R_2<\deg R_1,$$
$$\cdots\cdots$$
$$R_{r-2}(z,w)=Q_r(z,w)R_{r-1}(z, w)+R_r(z, w),\quad \deg R_r\geqslant 0,$$

$$R_{r-1}(z,w) = Q_{r+1}(z,w)R_r(z,w).$$

令 $H(z,w) = R_r(z,w)$，它即是 $F(z,w)$ 和 $G(z,w)$ 的最大公因子. 首先由辗转相除所得各式知 $H(z,w)|F(z,w)$ 和 $H(z,w)|G(z,w)$，再将上述各式逐次代入即得 (2.1.1). 由此显见 $H(z,w)$ 是最大公因子，因为若 $K(z,w)$ 满足 $K(z,w)|F(z,w)$ 且 $K(z,w)|G(z,w)$，则由 (2.1.1) 可知，必有 $K(z,w)|H(z,w)$.

注 由定理 2.1 可知，若 $F(z,w)$ 和 $G(z,w)$ 互质，则

$$1 = A(z,w)F(z,w) + B(z,w)G(z,w), \tag{2.1.2}$$

其中 $A(z,w)$ 和 $B(z,w)$ 具有定理中所述的性质.

定理 2.2 设 $F(z,w)$ 是不可约的. 若 $F(z,w)|G(z,w)H(z,w)$，则必 $F(z,w)|H(z,w)$ 或者 $F(z,w)|G(z,w)$.

证明 由假设，存在 $K(z,w)$ 使得

$$G(z,w)H(z,w) = K(z,w)F(z,w).$$

今若 $F(z,w)$ 不整除 $G(z,w)$，则由定理 2.1 的注便知存在 $A(z,w)$ 和 $B(z,w)$，使得

$$1 = A(z,w)F(z,w) + B(z,w)G(z,w).$$

上式两边乘以 $H(z,w)$ 即得

$$\begin{aligned} H(z,w) &= A(z,w)F(z,w)H(z,w) \\ &\quad + B(z,w)G(z,w)H(z,w) \\ &= \{A(z,w)H(z,w) + B(z,w)K(z,w)\}F(z,w). \end{aligned}$$

这表明 $F(z,w)|H(z,w)$.

定理 2.3 设 $F(z,w)$ 和 $G(z,w)$ 是 w 的多项式，其系数为 z 的亚纯函数. 它们具有非亚纯函数公因子的充要条件，是存在系数为 z 的亚纯函数的多项式 $K(z,w)$ 和 $L(z,w)$，使得

$$L(z,w)F(z,w) = K(z,w)G(z,w), \tag{2.1.3}$$

并且 $\deg K < \deg F$, $\deg L < \deg G$.

证明 若存在公因子 $H(z,w)$, $\deg H \geq 1$, 则 $F(z,w) = H(z,w)F_1(z,w)$ 和 $G(z,w) = H(z,w)G_1(z,w)$. 令 $K(z,w) = F_1(z,w)$ 和 $L(z,w) = G_1(z,w)$，即为所求.

反之,设 $F(z,w)=\prod_{j=1}^{m}F_j(z,w)$,其中 $F_j(z,w)$ 为质因子且 $\deg F_j\geqslant 1$,由假设 $L(z,w)F(z,w)=K(z,w)G(z,w)$,即表明 $F(z,w)|K(z,w)G(z,w)$,更有 $F_j(z,w)|K(z,w)G(z,w)$,$j=1,2,\cdots,m$. 由定理 2.2 可知,或者 $F_j(z,w)|K(z,w)$,或者 $F_j(z,w)|G(z,w)$. 但由假设 $\deg K<\deg F$,故必有某个因子 $F_{j_0}(z,w)|G(z,w)$,此即为所求之公因子. 定理证毕.

定理 2.4 设 $F(z,w)$ 和 $G(z,w)$ 为 w 的多项式,其系数为 z 的亚纯函数. 它们存在非亚纯函数公因子的充要条件是结式 $R(F,G)\equiv 0$.

证明 设

$$F(z,w)=A_m(z)w^m+A_{m-1}(z)w^{m-1}+\cdots+A_0(z),$$

$$G(z,w)=B_n(z)w^n+B_{n-1}(z)w^{n-1}+\cdots+B_0(z).$$

由定理 2.3,$F(z,w)$ 和 $G(z,w)$ 具有公因子的充要条件是存在

$$K(z,w)=a_{m-1}(z)w^{m-1}+a_{m-2}(z)w^{m-2}+\cdots+a_0(z)$$

和

$$L(z,w)=b_{n-1}(z)w^{n-1}+b_{n-2}(z)w^{n-2}+\cdots+b_0(z),$$

使得

$$L(z,w)F(z,w)=K(z,w)G(z,w).$$

比较 $w^j(j=0,1,\cdots,m+n-1)$ 的系数便得 $a_0(z),\cdots,a_{m-1}(z),b_0(z),\cdots,b_{n-1}(z)$ 的齐次线性方程组

$$\begin{cases}A_mb_{n-1} & =B_na_{m-1}\\ A_{m-1}b_{n-1}+A_{m-2}b_{n-2} & =B_{n-1}a_{m-1}+B_na_{m-2}\\ \cdots\cdots & \\ A_0b_0= & B_0a_0.\end{cases}$$

今除去 $\{a_j(z)\},\{b_k(z)\}$ 的公共零点外方程组有非零解,故其系数行列式必恒为零,即结式

$$\begin{vmatrix}A_m(z),A_{m-1}(z),\cdots,A_0(z),0,\cdots,0\\ 0,A_m(z),A_{m-1}(z),\cdots,A_0(z),0,\cdots,0\\ \cdots\cdots\end{vmatrix}$$

$$R(F, G)=\begin{vmatrix}0,\cdots,0,A_m(z),A_{m-1}(z),\cdots,A_0(z)\\ B_n(z),B_{n-1}(z),\cdots,B_0(z),0,\cdots,0\\ 0,B_n(z),B_{n-1}(z),\cdots,B_0(z),0,\cdots,0\\ \cdots\cdots\\ 0,\cdots,0,B_n(z),B_{n-1}(z),\cdots,B_0(z)\end{vmatrix}\quad(2.1.4)$$

恒为零.

定理 2.5 设 (z_0, w_0) 是一对有穷复数，它满足不可约方程

$$\psi(z, w)=A_\nu(z)w^\nu+A_{\nu-1}(z)w^{\nu-1}+\cdots+A_0(z)=0, \quad(2.1.5)$$

即

$$\psi(z_0, w_0)=0,$$

并且使得

$$\psi_w(z_0, w_0)=\left.\frac{\partial\psi(z,w)}{\partial w}\right|_{(z_0,w_0)}\neq 0,$$

则存在唯一的正则函数元素 $(w(z), B_r(z_0))$ 属于 (2.1.5) 且 $w(z_0)=w_0$. 即当 $z\in B_r(z_0)$ 时，$\psi(z,w(z))=0$, 其中 $B_r(z_0)=\{z\in \mathbf{C}, |z-z_0|<r\}$ 是以 z_0 为心的某个圆.

证明 首先，我们将 (2.1.5) 改写为

$$\psi(z,w)=H_0(z)+H_1(z)(w-w_0)+\cdots+H_\nu(z)(w-w_0)^\nu.$$

由假设有

$$\psi(z_0,w_0)=H_0(z_0)=0 \text{ 和 } \psi_w(z_0,w_0)=H_1(z_0)\neq 0.$$

由连续性，存在 r 和 ρ, 使得当 $z\in B_r(z_0)$ 和 $w\in B_\rho(w_0)$ 时有

1° $\psi_w(z,w)\neq 0$,

2° $|H_1(z)|>\frac{1}{2}|H_1(z_0)|$,

3° $|H_2(z)(w-w_0)+\cdots+H_\nu(z)(w-w_0)^{\nu-1}|<\frac{1}{4}\cdot|H_1(z_0)|$,

4° $|H_0(z)|<\frac{1}{4}|H_1(z_0)|\rho$.

现令 $\phi(z,w)=(w-w_0)P(z,w)$,其中 $P(z,w)=H_1(z)+\hat{P}(z,w)$. 由 1°—4° 可知,当 $|w-w_0|=\rho$ 时,对任意 $z\in B_r(z_0)$ 有 $|P(z,w)|>0$. 根据辐角原理, $\phi(z,w)$ 在 $B_\rho(w_0)$ 内的零点数为 $\frac{1}{2\pi}\{\arg\phi(z,w)\}_{\partial B_\rho(w_0)}=1+\frac{1}{2\pi}\{\arg P(z,w)\}_{\partial B_\rho(w_0)}$.

若令 $\xi=H_1(z)+\hat{P}(z,w)$,则由 2° 和 3° 可知, $|\xi-H_1(z)|<|H_1(z)|$. 故当 w 沿 $\partial B_\rho(w_0)$ 走一周时, ζ 回到原处,且恒有

$$\psi-\frac{\pi}{2}<\arg\xi<\psi+\frac{\pi}{2},$$

其中 $\psi=\arg H_1(z)$. 但 $\arg\xi$ 的增加量是 2π 的整数倍,故由上式便知,它必须为零. 换言之,对任一 $z\in B_r(z_0)$,存在一个且仅有一个 $w\in B_\rho(w_0)$,使得 $\phi(z,w)=0$. 因此得到 $B_r(z_0)$ 内一单值函数 $w(z)$,它满足 (2.1.5),且 $w(z_0)=w_0$.

今再证明 $w(z)$ 在 $B_r(z_0)$ 内是全纯的. 首先,由上面的证明过程得知,$w(z)$ 在 z_0 点是连续的,再由 $w(z)$ 满足 (2.1.5),有

$$\frac{w(z)-w_0}{z-z_0}=-\frac{H_0(z)}{z-z_0}\cdot\frac{1}{H_1(z)+(w-w_0)H_2(z)+\cdots+(w-w_0)^{\nu-1}H_\nu(z)}.$$

令 $z\to z_0$,便得

$$\left.\frac{dw(z)}{dz}\right|_{z=z_0}=-\frac{H_0'(z_0)}{H_1(z_0)}=-\frac{\phi_z(z_0,w_0)}{\phi_w(z_0,w_0)}.$$

现设任一点 $\hat{z}\in B_r(z_0)$, $\hat{w}=w(\hat{z})\in B_\rho(w_0)$. 从 $(\hat{z},\hat{w})$ 出发,由 1° 知它满足定理条件,即 $\phi(\hat{z},\hat{w})=0,\phi_w(\hat{z},\hat{w})\neq 0$. 然后,我们能选取 $\hat{z}$ 和 $\hat{w}$ 的邻域如此之小,使得 $B_{\hat{r}}(\hat{z})\subset B_r(z_0)$ 和 $B_{\hat{\rho}}(\hat{w})\subset B_\rho(w_0)$. 如上一样可以得到属于 (2.1.5) 的函数元素 $\hat{w}(z)$,它在 $B_{\hat{r}}(\hat{z})$ 中与前面在 $B_r(z_0)$ 中得到的函数 $w(z)$ 恒等. 同样地,可以证明 $\hat{w}(z)$ 在 $\hat{z}$ 存在有穷导数,从而 $w(z)$ 在 $\hat{z}$ 点存在有穷导数. 因此,$w(z)$ 在 $B_r(z_0)$ 是全纯的.

最后证明满足初始值 $w(z_0)=w_0$ 的函数元素是唯一的. 事实上,若 $(w^*(z),B_r(z_0))$ 是属于 (2.1.5) 的正则函数元素,且

$w^*(z_0)=w_0$. 由于 $w^*(z)$ 是连续的，故总可以找到 $B_{r'}(z_0)\subset B_r(z_0)$，使得当 $z\in B_{r'}(z_0)$ 时，$w^*(z)\in B_\rho(w_0)$. 根据前面的证明，当 $z\in B_{r'}(z_0)$ 时必有 $w^*(z)\equiv w(z)$. 因此，$w^*(z)$ 与 $w(z)$ 恒等.

下面讨论存在性定理不成立的点.

定义 2.2 下列三种点称为临界点：1° $z=\infty$，2° $A_\nu(z)$ 的零点，3° 使得 $\psi(z_0,w)$ 和 $\psi_w(z_0,w)$ 有公根的点.

所有临界点的集合记为 S_z，并令 $T_z=\mathbf{C}\backslash S_z$.

对于情形 2° 的点，令 $u=\dfrac{1}{w}$，则 (2.1.5) 成为

$$\psi(z,w)=\frac{1}{u^\nu}\{A_\nu(z)+A_{\nu-1}(z)u+\cdots+A_0(z)u^\nu\}=\frac{1}{u^\nu}\Phi(z,u).$$

由此得 $\Phi(z,0)=A_\nu(z)$，即情形 2° 的临界点对应 $u(z)$ 的零点，即 $w(z)$ 的极点；情形 3° 的点表明 $\psi(z_0,w)$ 具有重根（有穷或否），此种点即为判别式 $J(z)$ 的零点，$J(z)$ 可表为

$$J(z)=(-1)^{\nu(\nu-1)}\begin{vmatrix}1,A_{\nu-1}(z),\cdots,A_0(z),0,\cdots,0\\0,A_\nu(z),A_{\nu-1}(z),\cdots,A_0(z),0,\cdots,0\\\cdots\cdots\\0,\cdots,0,A_\nu(z),A_{\nu-1}(z),\cdots,A_0(z)\\\nu,(\nu-1)A_{\nu-1}(z),\cdots,A_1(z),0,\cdots,0\\0,\nu A_\nu(z),(\nu-1)A_{\nu-1}(z),\cdots,A_1(z),0,\cdots,0\\\cdots\cdots\\0,\cdots,0,\nu A_\nu(z),(\nu-1)A_{\nu-1}(z),\cdots,A_1(z)0,\cdots,0\end{vmatrix}.$$

由于结式 $R(\psi,\psi_w)=(-1)^{\nu(\nu-1)}A_\nu(z)J(z)$，故知当 $\psi(z,w)$ 不可约时，$J(z)\neq 0$. 综上所述，当 $\psi(z,w)$ 不可约时，临界点至多为可数多个，且在 $\mathbf{C}$ 内无聚点.

定理 2.6 对于每个 $z_0\in T_z$，恰有 ν 个判别的正则函数元素 $(w_j(z),B_r(z_0))(j=1,2,\cdots,\nu)$ 属于(2.1.5).

证明 今设 $z_0\in T_z$，根据代数基本定理，ν 次方程

$$\psi(z_0,w)\equiv A_\nu(z_0)w^\nu+A_{\nu-1}(z_0)w^{\nu-1}+\cdots+A_0(z_0)=0$$

恰有 ν 个判别的有穷复根 $w_j^0(j=1,2\cdots,\nu)$. ν 对点偶 (z_0,w_j^0) 满足定理 2.5 的条件，从而存在 ν 个正则函数元 $(w_j(z),B_r(z_0))$ $(j=1,2,\cdots,\nu)$ 属于(2.1.5)，并且 $w_j(z_0)=w_j^0$. 定理证毕.

我们称 $w_j(z)(j=1,2,\cdots,\nu)$ 为 $w(z)$ 的分支，此时判别式还可以写为

$$J(z)=[A_\nu(z)]^{2(\nu-1)}\prod_{1\leqslant j<k\leqslant\nu}[w_k(z)-w_j(z)]^2. \qquad (2.1.6)$$

现将属于不可约方程(2.1.5)的所有正则函数元素组成的集合记为 $\dot{\mathfrak{M}}$，即

$$\dot{\mathfrak{M}}=\{(w(z),B(a)),\ a\in T_z\}.$$

像代数函数一样，可以证明 $\dot{\mathfrak{M}}$ 中任一函数元素能沿 T_z 内的任一途径解析开拓，且解析开拓所得的元素仍属于 $\dot{\mathfrak{M}}$；同时，$\dot{\mathfrak{M}}$ 中任两个元素能互相解析开拓.

下面讨论属于(2.1.5)的临界点的函数元素. 设 (z_0,w_0) 使得 $\psi(z_0,w_0)=\psi_w(z_0,w_0)=0$，而 $A_\nu(z_0)\neq0$. 令 $\dot{B}(z_0)=B(z_0)\backslash\{z_0\}$为 T_z 内在 z_0 点穿洞的小圆盘，再以直径把 $B(z_0)$分为两个半开圆 H_{z_0} 和 $\hat{H}_{z_0}$，所应用的直径由两个半径 γ_1 和 γ_2 构成. 于是在 H_{z_0}(或在 $\hat{H}_{z_0}$) 内每一点恰有 ν 个函数元 $\{w_j(z)\}$ (或 $\{\hat{w}_j(z)\}$)$(j=1,\cdots,\nu)$ 属于 $\dot{\mathfrak{M}}$，它们能在 H_{z_0}(或在 $\hat{H}_{z_0}$) 解析开拓. 现设元素 $w_1(z)$ 沿 $B(z_0)$ 内一途径从 H_{z_0} 越过 γ_1 开拓到 $\hat{H}_{z_0}$，此时开拓所得的元素必与 $\hat{w}_j(z)(j=1,2,\cdots,\nu)$ 中之一重合，不妨假设与 $\hat{w}_1(z)$ 恒同. 同样，$w_j(z)(j=2,\cdots,\nu)$ 亦然，并取 $\hat{w}_1(z),\hat{w}_2(z),\cdots,\hat{w}_\nu(z)$ 的次序使得 $w_j(z)$ 越过 γ_1 开拓到 $\hat{H}_{z_0}$ 时与 $\hat{w}_j(z)$ 恒同. 然后 $\{\hat{w}_j(z)\}$ 中任一个能越过 γ_2 解析开拓到 H_{z_0}，并且开拓所得之元素与 $\{w_j(z)\}$ 中某一个在 H_{z_0} 中恒同，但 $\hat{w}_j(z)$ 一般地不一定与 $w_j(z)$ 恒同，而与 $\{w_j(z)\}$ 中

之一恒同. 现从 H_{z_0} 的任一点出发，$w_1(z)$ 沿着以 z_0 为心的圆周开拓回到 H_{z_0}，则对每一次回复到 H_{z_0} 我们得到 $\{w_j(z)\}$ 中的一个. 这样得到的函数对于开拓的绕行必定是周期地重复，设最小周期为 $\lambda_1(1\leqslant\lambda_1\leqslant\nu)$. 于是，从 $w_1(z)$ 出发开拓绕行 λ_1 次，依次得到 $w_2(z),w_3(z),\cdots,w_{\lambda_1}(z),w_1(z)$. 然后再从 $w_{\lambda_1+1}(z)$ 出发围绕 z_0 进行开拓，依次得到 $w_{\lambda_1+2}(z),\cdots,w_{\lambda_1+\lambda_2}(z),w_{\lambda_1+1}(z)$. 如此继续能将 ν 个函数元 $\{w_j(z)\}$ 分为 l 个组，每组 λ_k 个，且 $\sum_{k=1}^{l}\lambda_k=\nu$. 现设 $w_1(z),\cdots,w_\lambda(z)$ 为其中一组，令 $z-z_0=t^\lambda$，则当 t 围绕 $t=0$ 点一周时，z 围绕 $z=z_0$ 点 λ 次，因此复合函数

$$w_1(z)=w_1(z_0+t^\lambda)=w^*(t)$$

在 t 平面于原点 $t=0$ 处穿洞的圆盘 $\dot{B}(0)=B(0)\backslash\{0\}$ 内单值解析. 下面还将证明 $t=0$ 是 $w^*(t)$ 的可去奇点. 为此只要证明 $w^*(t)$ 在 $\dot{B}(0)=\{t,0<|t|<r\}$ 有界，亦即 $w_1(z)$ 在 $\dot{B}(z_0)$ 的解析开拓保持有界. 事实上，由假设 $A_\nu(z_0)\neq 0$，因此可以选取 r_0，使得当 $z\in\bar{B}_{r_0}(z_0)=\{z,\ |z-z_0|\leqslant r_0\}$ 时，$|A_\nu(z)|\geqslant m_0>0$，同时 $|A_j(z)|\leqslant M<+\infty$ $j=0,1,\cdots,\nu-1$. 于是当 $z\in\bar{B}_{r_0}(z_0)$ 时有

$$\begin{aligned}|w_1(z)|&=\frac{1}{|A_\nu(z)(w_1(z))^{\nu-1}|}\,|A_{\nu-1}(z)(w_1(z))^{\nu-1}\\&\quad+\cdots+A_0(z)|\leqslant\frac{M}{m_0}(1+|w_1(z)|^{-1}\\&\quad+\cdots+|w_1(z)|^{-(\nu-1)}).\end{aligned}$$

由此，当 $|w_1(z)|>1$ 时，$|w_1(z)|\leqslant\frac{\nu M}{m_0}$. 总之，当 $z\in\bar{B}_{r_0}(z_0)$，$|w_1(z)|\leqslant\max\left\{1,\frac{\nu M}{m_0}\right\}$，从而 $t\in\dot{B}(0)=\{t,0<|t|<r_0^{1/\lambda}\}$ 时，$|w^*(t)|\leqslant\max\left\{1,\frac{\nu M}{m_0}\right\}$. 因此，$w^*(t)$ 在 $B(0)$ 单值解析，它可表为一收敛的幂级数

$$w^*(t)=b_0+b_\tau t^\tau+b_{\tau+1}t^{\tau+1}+\cdots,$$

或者 $w(z)$ 在 $B_{r_0}(z_0)$ 中表为 $z-z_0$ 的分数幂级数

$$w(z)=b_0+b_\tau(z-z_0)^{\tau/\lambda}+b_{\tau+1}(z-z_0)^{\frac{\tau+1}{\lambda}}+\cdots,\tag{2.1.7}$$

此函数元素是一 λ 值函数. 若把 $B_{r_0}(z_0)$ 沿一半径割开,则 $w(z)$ 分离为 λ 个单值分支,当 z 围绕 z_0 行走一周时,这些分支互相置换. $w(z)$ 以 z_0 点为 τ 重 b_0 值点.

对于 $A_\nu(z_0)=0$ 的情形,令 $u=\frac{1}{w}$, 并考虑 $\Phi(z,u)=A_\nu(z)+A_{\nu-1}(z)u+\cdots+A_0(z)u^\nu=0$. 又分两种情形讨论之: 1° 若 $A_0(z_0)\neq 0$,则如上一样讨论得到

$$u(z)=c_0+c_\tau(z-z_0)^{\frac{\tau}{\lambda}}+c_{\tau+1}(z-z_0)^{\frac{\tau+1}{\lambda}}+\cdots,$$

从而如 $c_0\neq 0$ 则有

$$w(z)=\frac{1}{c_0}+b_{-\tau}(z-z_0)^{-\frac{\tau}{\lambda}}+b_{-\tau+1}(z-z_0)^{-\frac{\tau-1}{\lambda}}+\cdots.\tag{2.1.8}$$

2°若 $A_0(z_0)=0$,则选取 β,使得 $\phi(z_0,\beta)\neq 0$, 并令 $w=\hat{w}+\beta$, 于是

$$\phi_1(z,\hat{w})=\phi(z,\hat{w}+\beta)=\hat{A}_\nu(z)\hat{w}^\nu+\cdots+\hat{A}_0(z)=0.$$

此时 $\phi_1(z_0,0)=\phi(z_0,\beta)=\hat{A}_0(z_0)\neq 0$, 即化为情形 1°. 这时 z_0 是 $w(z)$ 的 τ 重极点.

综上所述,对每一 $z_0\in\mathbb{C}$ 得到 l 个属于方程 (2.1.5) 的代数函数元素 $(w_{\lambda_j}(z),B(z_0))$, $j=1,2,\cdots,l$,其中

$$w_{\lambda_j}(z)=b_0^{(j)}+b_{\tau_j}^{(j)}(z-z_0)^{\frac{\tau_j}{\lambda_j}}+\cdots,$$

且 $\sum_{j=1}^{l}\lambda_j=\nu$. 特别地,当 $\lambda_j=1$ 时即为正则函数元素. $b_0^{(j)}$ 是 $\phi(z_0,w)$ 的 λ_j 重根,即 $w(z)$ 在 z_0 点有 λ_j 个分支取 $b_0^{(j)}$ 为值. 当 $A_\nu(z_0)=0$ 时,$w(z)$ 有 λ_j 个分支在 z_0 点取∞为值. 若把 $B(z_0)$ 沿其半径割开,则代数函数元素在割开的圆内分离为 λ_j 个单值分支,它们能由 $\mathfrak{M}$ 中某个正则函数元素开拓而得,此时亦称临界点

函数元素由正则函数元素解析开拓而得. 现在我们以 $\mathfrak{M}$ 表示属于(2.1.5)的所有函数元素构成的集合. 类似于构造代数函数的 Riemann 曲面，可以得到代数体函数的 Riemann 曲面. 首先将 $\mathfrak{M}=\{(w(z),B(a)),a\in\mathbf{C}\}$ 的元素分为等价类,并记为 $\tilde{a}=(a,w(z))_{\lambda}$，等价类的全体记为 $\tilde{\mathscr{M}}=\{\tilde{a},\ a\in\mathbf{C}\}$. 在 $\tilde{\mathscr{M}}$ 中可引进拓扑并能验证 $\tilde{\mathscr{M}}$ 成一 Riemann 曲面. 当 $a\in T_z$ 时,相应的在 $\tilde{\mathscr{M}}$ 上有 ν 个点 $\tilde{a}_j=(a,w_j(z))_1,(j=1,2,\cdots,\nu)$；当 $a\in\mathbf{C}\backslash T_z$时,则在 $\tilde{\mathscr{M}}$ 上有 l 个点 $\tilde{a}_{\lambda_j}=(a,\ w(z))_{\lambda_j}(j=1,\ 2,\ \cdots,\ l)$,并称 $\tilde{a}_{\lambda_j}$ 是 λ_j-1 级分支点. $\tilde{\mathscr{M}}$ 是复盖于 $\mathbf{C}$ 上的 ν 叶开曲面，其每一叶对应 $w(z)$ 的不同分支. $w(z)$ 在 $\tilde{\mathscr{M}}$ 上是一单值解析函数.

§2.2 亚纯函数 Nevanlinna 理论

2.2.1. Poisson-Jensen 公式

本世纪20年代 E. Lindelöf 的学生 R. Nevanlinna 系统应用 Poisson-Jensen 公式,特别是它的特殊情形 Jensen 公式,建立了现代亚纯函数值分布理论. 本节概述亚纯函数 Nevanlinna 理论的基本事实. 我们先证明以下 Poisson-Jensen 公式.

定理 2.7 设 $w(z)$ 为 $|z|\leqslant R$ 上的亚纯函数,令 $a_k(k=1,2,\cdots,m)$ 和 $b_j(j=1,2,\cdots,n)$ 分别是 $w(z)$ 在 $|z|<R$ 内的零点和极点,若 $z=re^{i\theta}$ 为 $|z|<R$ 内的一点,则有

$$\log|w(z)|=\frac{1}{2\pi}\int_0^{2\pi}\log|w(Re^{i\varphi})|$$

$$\cdot\frac{R^2-r^2}{R^2-2Rr\cos(\theta-\varphi)+r^2}d\varphi$$

$$+\sum_{k=1}^{m}\log\left|\frac{R(z-a_k)}{R^2-\bar{a}_kz}\right|-\sum_{j=1}^{n}\log\left|\frac{R(z-b_j)}{R^2-\bar{b}_jz}\right| \tag{2.2.1}$$

证明 先设 $w(z)$ 在 $|z|\leqslant R$ 无零点和极点. 此时 $\log w(z)$ 在 $|z|\leqslant R$ 上解析,由 Cauchy 公式

$$\log w(0) = \frac{1}{2\pi i}\int_{|\zeta|=R} \frac{\log w(\zeta)d\zeta}{\zeta}, \tag{2.2.2}$$

比较实部和虚部即得

$$\log|w(0)| = \frac{1}{2\pi}\int_0^{2\pi} \log|w(Re^{i\varphi})|d\varphi.$$

上式当 $w(z)$ 仅在圆周 $|z|=R$ 上有零点和极点时仍然成立．事实上，此时 $w(z)$ 仅有有限多个零点和极点，设它们是 $\alpha_1,\cdots,\alpha_l$. 令 $D(\delta)=\{z,|z|<R\}\setminus\bigcup_{k=1}^{l}\Delta_\delta(\alpha_k)$，其中 $\Delta_\delta(\alpha_k)=\{z,|z-\alpha_k|<\delta\}$. 这样，$\log w(z)$ 在 $\overline{D}(\delta)$ 上解析，由 Cauchy 公式

$$\log w(0) = \frac{1}{2\pi i}\int_{\partial D(\delta)} \frac{\log w(\zeta)}{\zeta}d\zeta,$$

注意到在 $c_k(\delta)=\partial\Delta_\delta(\alpha_k)\cap\{z,\ |z|\leqslant R\}$ 上 $\log w(\zeta)=O\left(\log\frac{1}{\delta}\right)$，而圆弧 $c_k(\delta)$ 的长度不超过 $2\pi\delta$，因此当 $\delta\to 0$ 时，上式趋于(2.2.2). 这就证明了 $z=0$ 的情形．当 $z\neq 0$ 时，令 $\eta=\frac{R(\zeta-z)}{R^2-\bar{z}\zeta}$，它将 $|\zeta|\leqslant R$ 映为 $|\eta|\leqslant 1$，并将 $\zeta=z$ 映为 $\eta=0$. 现令其逆映照为 $z=z(\eta)=\frac{R(R\eta+z)}{R+\bar{z}\eta}$，并令 $W(\eta)=w(z(\eta))$，则它在 $|\eta|<1$ 内无零点和极点，于是有

$$\log|W(0)| = \frac{1}{2\pi}\int_0^{2\pi} \log|W(e^{i\psi})|d\psi.$$

由 $e^{i\psi}=\frac{R(Re^{i\varphi}-z)}{R^2-\bar{z}Re^{i\varphi}}$ 求导数可得

$$d\psi = \frac{R^2-r^2}{R^2-2Rr\cos(\theta-\varphi)+r^2}d\varphi,$$

再计及 $\log|W(0)|=\log|w(z)|$ 和 $\log|W(e^{i\psi})|=\log|w(Re^{i\varphi})|$，即得

$$\log|w(z)| = \frac{1}{2\pi}\int_0^{2\pi} \log|(w/Re^{i\varphi})|$$

$$\cdot \frac{R^2 - r^2}{R^2 - 2Rr\cos(\varphi - \theta) + r^2} d\varphi. \quad (2.2.3)$$

当 $w(z)$ 在 $|z| < R$ 有零点和极点时，令 $a_k(k = 1, 2, \cdots, m)$ 和 $b_j(j = 1, 2, \cdots, n)$ 分别是 $w(z)$ 的零点和极点. 置

$$\hat{W}(z) = w(z)\left(\prod_{j=1}^{n} \frac{R(z - b_j)}{R^2 - \bar{b}_j z}\right)\Big/\left(\prod_{k=1}^{m} \frac{R(z - a_k)}{R^2 - \bar{a}_k z}\right),$$

则知 $\hat{W}(z)$ 在 $|z| < R$ 内无零点和极点，且当 $|z| = R$ 时 $|\hat{W}(z)| = |w(z)|$. 应用 (2.2.3) 于 $\hat{W}(z)$，即得

$$\begin{aligned}\log|\hat{W}(z)| &= \frac{1}{2\pi}\int_0^{2\pi} \log|\hat{W}(Re^{i\varphi})| \\ &\cdot \frac{R^2 - r^2}{R^2 - 2Rr\cos(\varphi - \theta) + r^2} d\varphi \\ &= \frac{1}{2\pi}\int_0^{2\pi} \log|w(Re^{i\varphi})| \\ &\cdot \frac{R^2 - r^2}{R^2 - 2Rr\cos(\varphi - \theta) + r^2} d\varphi,\end{aligned}$$

由 $\hat{W}(z)$ 的表示式即得 (2.2.1).

注 1° 若于 $z = 0$ 的邻域 $w(z) = c_\tau z^\tau + c_{\tau+1} z^{\tau+1} + \cdots$, $c_\tau \neq 0$，则令 $W(z) = R^\tau w(z)/z^\tau$，此时 $W(0) = R^\tau c_\tau \neq 0$，且当 $|z| = R$ 时，$|W(z)| = |w(z)|$，于是有以下的 Jensen 公式

$$\begin{aligned}\log|c_\tau| &= \frac{1}{2\pi}\int_0^{2\pi} \log|w(Re^{i\varphi})| d\varphi \\ &- \sum_{0<|a_k|<R} \log\frac{R}{|a_k|} + \sum_{0<|b_j|<R} \log\frac{R}{|b_j|} \\ &- \tau \log R. \end{aligned} \quad (2.2.4)$$

注 2° 注意到 $\dfrac{R^2 - r^2}{R^2 - 2Rr\cos(\varphi - \theta) + r^2} = \mathrm{Re}\left\{\dfrac{Re^{i\varphi} + z}{Re^{i\varphi} - z}\right\}$,

(2.2.1) 式两边加上其共轭调和函数乘以 i 便得

$$\begin{aligned}\log w(z) &= \frac{1}{2\pi}\int_0^{2\pi} \log|w(Re^{i\varphi})| \\ &\cdot \frac{Re^{i\varphi} + z}{Re^{i\varphi} - z} d\varphi + \sum_{|a_k|<R} \log\frac{R(z - a_k)}{R^2 - \bar{a}_k z}\end{aligned}$$

$$-\sum_{|b_j|<R}\log\frac{R(z-b_j)}{R^2-\bar{b}_jz}+ic. \tag{2.2.5}$$

2.2.2 特征函数与第一基本定理

我们知道，若将有理函数 $w(z)=P(z)/Q(z)$ 视为映扩充的复平面 $\hat{\mathbf{C}}=\mathbf{C}\cup\{\infty\}$ 到自身的映照，则 $w(z)$ 取每一值 $a\in\hat{\mathbf{C}}$ 相同次数 $s=\max\{p,q\}$，其中 p 和 q 分别是多项式 $P(z)$ 和 $Q(z)$ 的次数．这一事实显示出有理函数值点分布的对称性．对于一般亚纯函数将得到相似的结论，它将由 Nevanlinna 第一基本定理所导出．

对于 $a\in\mathbf{C}$，我们以 $n(r,a)=n\left(r,\dfrac{1}{w-a}\right)$ 表示 $w(z)-a$ 在 $|z|<r$ 内的零点数，且每一零点按其重级计算．当 $a=\infty$ 时，$n(r,\infty)=n(r,w)$ 表示相应的极点数．

定义 2.3 对 $a\in\mathbf{C}$，令

$$N(r,a)=N\left(r,\frac{1}{w-a}\right)$$

$$=\int_0^r\frac{n(t,a)-n(0,a)}{t}\,dt+n(0,a)\log r,$$

对 $a=\infty$，令

$$N(r,\infty)=N(r,w)=\int_0^r\frac{n(t,w)-n(0,w)}{t}dt$$

$$+n(0,w)\log r,$$

并称 $N(r,a)$ 是 $w(z)$ 的 a 值点密指量或数目函数．它表示 $w(z)$ 的 a 值点的平均密度．

令 $\log^+|\alpha|=\max\{\log|\alpha|,0\}$，对 $a\in\mathbf{C}$，置

$$m(r,a)=m\left(r,\frac{1}{w-a}\right)$$

$$=\frac{1}{2\pi}\int_0^{2\pi}\log^+\frac{1}{|w(re^{i\varphi})-a|}\,d\varphi;$$

对于 $a=\infty$，置

$$m(r,\infty)=m(r,w)=\frac{1}{2\pi}\int_0^{2\pi}\overset{+}{\log}|w(re^{i\varphi})|d\varphi,$$

并称 $m(r,a)$ 为平均中值函数。它表示 $w(z)$ 与 a 在 $|z|=r$ 上的平均偏差的度量,而

$$T(r,w)=m(r,w)+N(r,w)$$

称为 $w(z)$ 的 Nevanlinna 特征函数。

推论 设 $w(z)$ 是亚纯函数,则有

$$T(r,w)=T\left(r,\frac{1}{w}\right)+\log|c_\tau|, \tag{2.2.6}$$

其中 c_τ 是 $w(z)$ 在原点邻域展式中第一个非零系数。

事实上,设 $w(z)$ 在 $|z|<r$ 内的 a 值点为 α_k 并且满足 $0<|\alpha_1|\leqslant|\alpha_2|\leqslant\cdots\leqslant|\alpha_n|<r$,则知

$$\int_0^r\frac{n(t,a)}{t}dt=\int_{|\alpha_1|}^{|\alpha_2|}\frac{dt}{t}+2\int_{|\alpha_2|}^{|\alpha_3|}\frac{dt}{t}+\cdots$$

$$+(k-1)\int_{|\alpha_{k-1}|}^{|\alpha_k|}\frac{dt}{t}+\cdots+n\int_{|\alpha_n|}^{r}\frac{dt}{t}$$

$$=\sum_{0<|\alpha_k|<r}\log\frac{r}{|\alpha_k|}.$$

今若 $w(z)=z^\tau h(z)$, $h(0)\neq 0,\infty$,则应用上式于 $h(z)$ 和 $a=0,\infty$,又注意到 $n\left(t,\frac{1}{h}\right)=n\left(t,\frac{1}{w}\right)-n\left(0,\frac{1}{w}\right)$, $n(t,h)=n(t,w)-n(0,w)$ 和 $\tau=n\left(0,\frac{1}{w}\right)-n(0,w)$,则 Jensen 公式 (2.2.4) 可写为

$$\log|c_\tau|=\log|h(0)|$$

$$=\frac{1}{2\pi}\int_0^{2\pi}\log(r^{-\tau}|w(re^{i\varphi})|)d\varphi+$$

$$\sum_{0<|b_j|<r}\log\frac{r}{|b_j|}-\sum_{0<|a_k|<r}\log\frac{r}{|a_k|}=m(r,w)$$

$$-m\left(r,\frac{1}{w}\right)+\left(n(0,w)-n\left(0,\frac{1}{w}\right)\right)$$

$$\cdot \log r + \int_0^r \frac{n(t,w) - n(0,w)}{t} dt$$

$$- \int_0^r \frac{n\left(t, \frac{1}{w}\right) - n\left(0, \frac{1}{w}\right)}{t} dt$$

$$= T(r,w) - T\left(r, \frac{1}{w}\right).$$

一般地，我们有下面的

定理 2.8（第一基本定理） 设 $w(z)$ 是 C 上亚纯函数，$a \in \mathbf{C}$，则有

$$m(r,a) + N(r,a) = T(r,w) + \log \frac{1}{|c_\tau|} + \varepsilon(r,a), \tag{2.2.7}$$

其中 $|\varepsilon(r,a)| \leqslant \overset{+}{\log}|a| + \log 2$，$c_\tau$ 是 $w(z) - a$ 在原点邻域内的展开式中第一个非零系数。

证明 在 (2.2.6) 中以 $w(z) - a$ 代替 $w(z)$，便得

$$m(r,w-a) + N(r,w-a) = m\left(r, \frac{1}{w-a}\right)$$

$$+ N\left(r, \frac{1}{w-a}\right) + \log|c_\tau|.$$

注意到 $N(r,w-a) = N(r,w)$，并且由正对数性质可得

$$\overset{+}{\log}|w-a| \leqslant \overset{+}{\log}|w| + \overset{+}{\log}|a| + \log 2$$

和

$$\overset{+}{\log}|w| \leqslant \overset{+}{\log}|w-a| + \overset{+}{\log}|a| + \log 2,$$

从而有

$$m(r,w-a) \leqslant m(r,w) + \overset{+}{\log}|a| + \log 2$$

和

$$m(r,w) \leqslant m(r,w-a) + \overset{+}{\log}|a| + \log 2,$$

于是

$$|m(r,w-a) - m(r,w)| = |\varepsilon(r,a)| \leqslant \overset{+}{\log}|a| + \log 2.$$

这就证明了 (2.2.7)。

注 设K是一正常数,若对于$r \geqslant r_0$有$|u(r)| \leqslant Kv(r)$,则记 $u(r) = O\{v(r)\}$. 特别地, $u(r) = O(1)$ 表示 $u(r)$ 为一有界函数. 若 $\lim\limits_{r\to\infty} \dfrac{u(r)}{v(r)} = 0$,则记 $u(r) = o\{v(r)\}$. 特别地, $u(r) = o(1)$ 表示 $\lim\limits_{r\to\infty} u(r) = 0$. 然则(2.2.7)可写为

$$m(r,a) + N(r,a) = T(r,w) + O(1) \quad (r \to \infty). \qquad (2.2.7)'$$

第一基本定理表明, 对于一切 $a \in \hat{\mathbf{C}}$, 两项和 $m(r, a) + N(r,a)$ 显示出一个对称性,它与 $T(r,w)$只相差一个有界的相加量. 亦即,如果 $w(z)$ 取 a 值相对地稀少, 则恒有一个补偿, 此时 $w(z)$与相关的 a 值平均地相差很小,从而使得 $m(r, a)+N(r,a)$ 达到特征函数的量. 因此, 如果不只考虑a值点的数量, 而且还考虑 $w(z)$ 对 a 值点的平均接近程度,则 $w(z)$ 对一切a值的总趋近是相同的. 在此意义下,亚纯函数的值分布相似于有理函数.

2.2.3. Cartan 恒等式

下述定理是 H. Cartan[1] 给出的.

定理 2.9 设 $w(z)$ 是 $|z| < R \leqslant \infty$ 内非常数亚纯函数, 且 $w(0) \neq \infty$,则

$$T(r,w) = \frac{1}{2\pi}\int_0^{2\pi} N(r,e^{i\varphi})d\varphi + \log^+|w(0)|. \qquad (2.2.8)$$

证明 首先应用 Jensen 公式于$h(z) = z - a$,则当 $|a| \geqslant 1$ 时,因 $h(z)$ 在 $|z| < 1$ 内无零点,故

$$\log|h(0)| = \frac{1}{2\pi}\int_0^{2\pi} \log|h(e^{i\varphi})|d\varphi,$$

即

$$\log|a| = \frac{1}{2\pi}\int_0^{2\pi} \log|e^{i\varphi} - a|d\varphi.$$

当 $|a| < 1$ 时,$h(z)$ 在 $|z| < 1$ 内以a为零点,故有

$$\log|h(0)| = \frac{1}{2\pi}\int_0^{2\pi} \log|e^{i\varphi} - a|d\varphi - \log\frac{1}{|a|},$$

即

$$\frac{1}{2\pi}\int_0^{2\pi}\log|e^{i\varphi}-a|d\varphi=0.$$

从而

$$\log|a|=\frac{1}{2\pi}\int_0^{2\pi}\log|e^{i\varphi}-a|d\varphi. \tag{2.2.9}$$

今应用 Jensen 公式于 $w(z)-e^{i\theta}$，得

$$\log|w(0)-e^{i\theta}|=\frac{1}{2\pi}\int_0^{2\pi}\log|w(re^{i\varphi})-e^{i\theta}|d\varphi+N(r,w)-N(r,e^{i\theta}),$$

通过对 θ 积分并应用 (2.2.9) 式便得

$$\begin{aligned}\log|w(0)|&=\frac{1}{2\pi}\int_0^{2\pi}d\theta\frac{1}{2\pi}\int_0^{2\pi}\log|w(re^{i\varphi})-e^{i\theta}|d\varphi+N(r,w)-\frac{1}{2\pi}\int_0^{2\pi}N(r,e^{i\theta})d\theta\\&=T(r,w)-\frac{1}{2\pi}\int_0^{2\pi}N(r,e^{i\theta})d\theta.\end{aligned}$$

推论 设 $w(z)$ 是非常数亚纯函数，则 $N(r,a)$ 和 $T(r,w)$ 是 r 的单调增函数，且是 $\log r$ 的凸函数.

事实上，由 $N(r,a)$ 的定义即知，它是 r 的增函数. 由定理 2.9 即得 $T(r,w)$ 是 r 的增函数.

现在证明它们是 $\log r$ 的凸函数. 设 $0<r_1<r<r_2$，并令 $n(t)=n(t,a)-n(0,a)$，则

$$\begin{aligned}&\frac{N(r,a)-N(r_1,a)}{\log r-\log r_1}\\&=\frac{\int_{r_1}^{r}\frac{n(t)dt}{t}+n(0,a)(\log r-\log r_1)}{\log r-\log r_1}\\&\leqslant\frac{(n(r)+n(0,a))(\log r-\log r_1)}{\log r-\log r_1}\\&=\frac{(n(r)+n(0,a))(\log r_2-\log r)}{\log r_2-\log r}\end{aligned}$$

$$\leqslant \frac{\int_r^{r_2} \frac{n(t)dt}{t} + n(0, a)(\log r_2 - \log r)}{\log r_2 - \log r}$$

$$= \frac{N(r_2, a) - N(r, a)}{\log r_2 - \log r}.$$

这就表明 $N(r,a)$ 是 $\log r$ 的凸函数. 由此有

$$\frac{1}{2\pi}\int_0^{2\pi} \frac{N(r, e^{i\theta}) - N(r_1, e^{i\theta})}{\log r - \log r_1} d\theta$$

$$\leqslant \frac{1}{2\pi}\int_0^{2\pi} \frac{N(r_2, e^{i\theta}) - N(r, e^{i\theta})}{\log r_2 - \log r} d\theta.$$

由定理 2.9,即有

$$\frac{T(r,w) - T(r_1, w)}{\log r - \log r_1} \leqslant \frac{T(r_2,w) - T(r, w)}{\log r_2 - \log r}.$$

这就证明了 $T(r,w)$ 是 $\log r$ 的凸函数.

2.2.4 亚纯函数的级

现给出亚纯函数的增长级的定义.

定义 2.4 设 $w(z)$ 是 $\mathbf{C}$ 上亚纯函数,则

$$\rho = \varlimsup_{r\to\infty} \frac{\log T(r,w)}{\log r}$$

和

$$\mu = \varliminf_{r\to\infty} \frac{\log T(r,w)}{\log r}$$

分别称为 $w(z)$ 的级和下级. 若 $0<\rho<\infty$,则称 $w(z)$ 为有穷正级亚纯函数,并定义

$$\sigma = \varlimsup_{r\to\infty} \frac{T(r,w)}{r^\rho}$$

为 $w(z)$ 的型.

例 1° $w(z) = e^{P(z)}$, 其中 $P(z)=a_p z^p + a_{p-1}z^{p-1} + \cdots + a_0$, $a_p \neq 0$, 则它的级和型分别是 $\rho = p$ 和 $\sigma = \frac{|a_p|}{\pi}$. 特别地,

$w(z)=e^z$ 的级和型是 $\rho=1$ 和 $\sigma=\frac{1}{\pi}$.

事实上,首先有 $N(r,w)=0$. 现令 $z=re^{i\varphi}$, $a_p=|a_p|e^{i\alpha}$, 则有 $P(z)=|a_p|r^pe^{i(p\varphi+\alpha)}+O(r^{p-1})$, 从而 $\mathrm{Re}P(z)=|a_p|r^p\times\cos(p\varphi+\alpha)+O(r^{p-1})$. 令 $\cos^+\varphi=\max\{0,\cos\varphi\}$,则

$$T(r,w)=m(r,w)=\frac{1}{2\pi}\int_0^{2\pi}\overset{+}{\log}(e^{\mathrm{Re}P(re^{i\varphi})})d\varphi$$

$$=\frac{|a_p|r^p}{2\pi}\int_0^{2\pi}\cos^+(p\varphi+\alpha)d\varphi+O(r^{p-1})$$

$$=\frac{|a_p|r^p}{2\pi p}\int_\alpha^{2p\pi+\alpha}\cos^+\varphi d\varphi+O(r^{p-1})$$

$$=\frac{|a_p|r^p}{2\pi}\int_0^{2\pi}\cos^+\varphi d\varphi+O(r^{p-1})$$

$$=\frac{|a_p|r^p}{\pi}+O(r^{p-1}).$$

由定义即得 $\rho=p$ 和 $\sigma=|a_p|/\pi$.

例 2° $w(z)=\cos z$ 的级和型分别是 $\rho=1$, $\sigma=\frac{2}{\pi}$.

事实上, 首先 $N(r,w)=0$, 又令 $z=x+iy=r\cos\varphi+ir\sin\varphi$. 由 $w(z)=\cos z=\frac{1}{2}(e^{iz}+e^{-iz})$,易知

$$|\cos z|\leqslant e^{|y|} \text{ 和 } |\cos z|\geqslant\frac{1}{2}(e^{|y|}-1),$$

因此,$\overset{+}{\log}|\cos z|=|y|+O(1)$. 于是

$$T(r,w)=m(r,w)=\frac{1}{2\pi}\int_0^{2\pi}\overset{+}{\log}|\cos z|d\varphi$$

$$=\frac{r}{2\pi}\int_0^{2\pi}|\sin\varphi|d\varphi=\frac{2r}{\pi}+O(1).$$

例 3° $w(z)=\tan z$ 的级与型分别是 $\rho=1$, $\sigma=\frac{2}{\pi}$.

事实上,由

$$\tan z = \frac{\sin z}{\cos z} = \frac{1}{i}\frac{e^{iz} - e^{-iz}}{e^{iz} + e^{-iz}}$$
$$= \frac{1}{i} - \frac{1}{i}\frac{2}{e^{2iz} + 1},$$
根据第一基本定理以及例 1° 的计算,便得

$$T(r, w) = T(r, e^{2iz}) + O(1) = \frac{2}{\pi} r + O(1).$$

由此即得 $\rho = 1$, $\sigma = \frac{2}{\pi}$.

2.2.5. Ahlfors-Shimizu 几何特征

1929 年 L. Ahlfors[1] 和 T. Shimizu[1] 曾分别独立地引进球面特征函数，它与 Nevanlinna 的特征函数只相差一个有界量. 由这个特征能简明地导出特征函数的一些重要性质，同时它还具有一个有趣的几何解释. 下面我们将引入这个特征函数.

我们知道,单连通 Riemann 曲面能拓扑地共形地映为下列三个标准区域之一: 1°$\hat{\mathbf{C}} = \mathbf{C} \cup \{\infty\}$, 此时称此 Riemann 曲面为椭圆型的;2°复数平面 $\mathbf{C}$,此种情形为抛物型的;3°单位圆内部(或上半平面内),此时为双曲型的. 按照 Klein 的观点，上述不同的典型区域可有不同的几何学,情形 1° 考虑的空间为 $\hat{\mathbf{C}}$, 运动群 $G_1 = \left\{s,\ s(z) = e^{i\alpha}\frac{z-a}{1+\bar{a}z}, \alpha \in [0, 2\pi], a \in \hat{\mathbf{C}}\right\}$, 线元素定义为 $ds = \frac{|dz|}{1+|z|^2}$, $|dz| = \sqrt{(dx)^2 + (dy)^2}$, $z = x + iy$,面积元为 $d\sigma = \frac{d\sigma_z}{(1+|z|^2)^2}$, 其中 $d\sigma_z = dxdy$, Gauss 曲率 $K = -\frac{2}{(1+|z|^2)^2}\Delta_z\left(\log\frac{1}{1+|z|^2}\right) = 8$ (正常数),其中 $\Delta_z = \frac{\partial^2}{\partial x^2} + \frac{\partial^2}{\partial y^2}$ 为 Laplace 算子,不变微分式为 $L_z = (1+|z|^2)\Delta_z$. 上述各式在群 G_1 作用下不变，相应的几何学为椭圆几何. 情形 2° 考虑的空间为 $\mathbf{C}$,运动群 $G_2 = \{s, s(z) = e^{i\alpha}z + a, \alpha \in [0, 2\pi], a \in \mathbf{C}\}$,相应的各量为 $ds = |dz|$, $d\sigma = d\sigma_z$, $K = 0$, $L_z = \Delta_z$, 此即为通常的

Euclid 几何，亦称为抛物几何. 情形 3° 讨论的空间是单位圆 $D=\{z,|z|<1\}$，群 $G_3=\left\{s,\ s(z)=e^{i\alpha}\dfrac{z-a}{1-\bar{a}z},\ \alpha\in[0,\ 2\pi],\ a\in D\right\}$，相应各量为 $ds=\dfrac{|dz|}{1-|z|^2}$，$d\sigma=\dfrac{d\sigma_z}{(1-|z|^2)^2}$，$K=-8$，$L_z=(1-|z|^2)\Delta_z$，此时为双曲几何.

由于亚纯函数的值域为 $\hat{\mathrm{C}}$，我们令 $U(w)=\log\left|\dfrac{dw}{ds}\right|=\log(1+|w|^2)$，继令 $V(z)=U(w(z))$，从而有 $\Delta_z V(z)=|w'(z)|^2\Delta_w U(w)=\dfrac{4|w'(z)|^2}{(1+|w(z)|^2)^2}$. 由于 $U(0)=0$，故对 $w(z)$ 的零点 a_k 有 $V(a_k)=0$. 又由于 $|w|\to\infty$ 时，$U(w)=2\log|w|+\varepsilon\left(\dfrac{1}{w}\right)$，其中 $\varepsilon\left(\dfrac{1}{w}\right)\to 0$. 因此对于 $w(z)$ 的极点 b_j，若在其邻域 $w(z)=(z-b_j)^{-\tau_j}\hat{w}(z)$，$\hat{w}(b_j)\neq 0,\infty$，则有

$$V(z)=2\tau_j\log\frac{1}{|z-b_j|}+\hat{V}(z),$$

其中 $\hat{V}(z)$ 在 b_j 点邻域连续可微. 令 $\Delta_\delta(b_j)=\{z,|z-b_j|<\delta\}$，$D_r(0)=\{z,|z|<r\}$ 和 $D_{r,\delta}=D_\delta(0)\backslash U\Delta_\delta(b_j)$，应用 Green 公式便得

$$\begin{aligned}\iint\limits_{D_{r,\delta}}\Delta_z V(z)d\sigma_z&=\int_{\partial D_{r,\delta}}\frac{\partial V}{\partial n}ds\\&=\int_{\partial D_r}\frac{\partial V}{\partial r}ds-\sum\int_{\partial\Delta_\delta(b_j)}\frac{\partial V}{\partial r}ds,\end{aligned}\qquad(2.2.10)$$

由于

$$\iint\limits_{\Delta_\delta(b_j)}\frac{|w'(z)|^2d\sigma_z}{(1+|w(z)|^2)^2}=O(\delta^{2\tau_j}),$$

因此当 $\delta\to 0$ 时，(2.2.10) 左端趋于

$$\iint\limits_{D_r}\Delta_z V(z)d\sigma_z=\iint\limits_{|z|<r}\frac{4|w'(z)|^2d\sigma_z}{(1+|w(z)|^2)^2}.$$

又由于

$$\sum \int_{\partial\Delta_\delta(b_j)} \frac{\partial V}{\partial r} ds = -4\pi n(r,w) + O(\delta),$$

因此当 $\delta \to 0$ 时，(2.2.10) 右端趋于

$$\frac{d}{dr}\int_0^{2\pi} \log(1+|w(re^{i\varphi})|^2)d\varphi + 4\pi n(r,w).$$

于是，(2.2.10) 化为

$$\frac{1}{\pi}\iint_{|z|<r} \frac{|w'(z)|^2}{(1+|w(z)|^2)^2} d\sigma_z$$

$$= \frac{1}{4\pi}\frac{d}{dr}\int_0^{2\pi} \log(1+|w(re^{i\varphi})|^2)d\varphi + n(r,w).$$

对上式求积分即得

$$\int_0^r \frac{A(t,w)}{t}dt = \frac{1}{2\pi}\int_0^{2\pi} \log\sqrt{1+|w(re^{i\varphi})|^2}\, d\varphi$$

$$+ N(r,w) - \log\sqrt{1+|w(0)|^2},$$

其中 $A(r, w) = \dfrac{1}{\pi}\displaystyle\iint_{|z|<r} \frac{|w'(z)|^2 d\sigma_z}{(1+|w(z)|^2)^2}$，并称

$$\mathring{T}(r,w) = \int_0^r \frac{A(t,w)dt}{t}$$

为 $w(z)$ 的几何特征函数.

对于 $\mathring{T}(r, w)$，容易得到如下的性质：

1° 若以 W_r 表示 $|z| \leqslant r$ 在 $w(z)$ 下的象域，F_r 是 W_r 通过测地投影映于以 $\left(0, 0, \dfrac{1}{2}\right)$ 为心，$\dfrac{1}{2}$ 为半径的球面上的曲面块，则 $A(r, w)$ 表示 F_r 的球面面积除以 π，其中曲面面积按其映照的重数计算.

事实上，由定义

$$\iint_{F_r} d\sigma = \iint_{W_r} \frac{d\sigma_w}{(1+|w|^2)^2} = \iint_{\hat{\mathbb{C}}_w} n(r, w)$$

$$\cdot \frac{d\sigma_w}{(1+|w|^2)^2} = \iint_{|z|<r} \frac{|w'(z)|^2 d\sigma_z}{(1+|w(z)|^2)^2}.$$

2° $\mathring{T}(r, w)$ 是 $\log r$ 的凸增函数.

事实上，

$$\frac{d\mathring{T}(r,w)}{d\log r}=A(r,w).$$

由 1° 可知，$A(r, w)$ 是 r 的非负增函数，由此即得 2°.

3° $\mathring{T}(r, w)$ 与 $T(r, w)$ 只相差一有界量.

事实上，易知

$$m(r,w)=\frac{1}{2\pi}\int_0^{2\pi}\overset{+}{\log}|w(re^{i\varphi})|d\varphi$$

$$\leqslant\frac{1}{2\pi}\int_0^{2\pi}\log\sqrt{1+|w(re^{i\varphi})|^2}\,d\varphi$$

$$\leqslant m(r,w)+\log 2,$$

于是得到

$$|\mathring{T}(r,w)-T(r,w)|\leqslant\log 2+\log\sqrt{1+|w(0)|^2}.$$

4° $\mathring{T}(r, w)$ 对旋转群 G_1 不变，即若 $s(w)=e^{i\alpha}\dfrac{w-a}{1+\bar{a}w}\in G_1$，

则

$$\mathring{T}(r,w)=\mathring{T}(r,s(w)).$$

我们只须指出，如果 $\hat{w}=\dfrac{1+\bar{a}w}{w-a}$，则有 $A(r,\hat{w})=A(r,w)$.

事实上，直接计算表明 $\dfrac{|w'(z)|^2}{(1+|w(z)|^2)^2}=\dfrac{|\hat{w}'(z)|^2}{(1+|\hat{w}(z)|^2)^2}$. 由此即有 $A(r,w)=A(r,\hat{w})$.

5° 设 $a\in\mathbf{C}$，令

$$k(w,a)=\begin{cases}\dfrac{|w-a|}{\sqrt{1+|w|^2}\sqrt{1+|a|^2}}, & \text{当 } w\neq\infty\\[2ex] \dfrac{1}{\sqrt{1+|a|^2}}, & \text{当} w=\infty\end{cases}$$

继令

$$\mathring{m}(r,a)=\frac{1}{2\pi}\int_0^{2\pi}\log\frac{1}{k\{w(re^{i\varphi}),a\}}\cdot d\varphi$$

$$-\log\frac{1}{k\{w(0),a\}},$$

则对一切 $a\in\hat{\mathbf{C}}$ 有

$$\mathring{m}(r,a)+N(r,a)=\mathring{T}(r,w).$$

事实上，对任意 $s\in G_1$，容易验证 $k\{w,a\}=k\{s(w),s(a)\}$. 特别地，取 $\hat{w}=s(w)=e^{i\alpha}\dfrac{1+\bar{a}w}{w-a}$，此时 $s(a)=\infty$，应用 4° 便得

$$\begin{aligned}\mathring{T}(r,w)&=\mathring{T}(r,\hat{w})=N(r,\hat{w})+\\&\frac{1}{2\pi}\int_0^{2\pi}\log\sqrt{1+|\hat{w}(re^{i\varphi})|^2}\,d\varphi\\&-\log\sqrt{1+|\hat{w}(0)|^2}=N\left(r,\frac{1}{w-a}\right)\\&+\frac{1}{2\pi}\int_0^{2\pi}\log\frac{1}{k\{w(re^{i\varphi}),a\}}d\varphi\\&-\log\frac{1}{k\{w(0),a\}}\end{aligned}$$

2.2.6 亚纯函数第二基本定理

亚纯函数第一基本定理建立之后，值分布的基本问题是研究不变和 $m(r,a)+N(r,a)$ 的相加项的相对大小问题. 这将由第二基本定理来解决.

定理 2.10 (第二基本定理) 设 $w(z)$ 是 $\mathbf{C}$ 上亚纯函数，又设 $a_k(k=1,2,\cdots,p)$ 是 $p(p\geqslant 2)$ 个判别的有穷复数. 若 $w(0)\neq 0,\infty$ 且 $w'(0)\neq 0$，则有

$$\begin{aligned}(p-1)T(r,w)<N(r,w)+\sum_{k=1}^{p}N(r,a_k)\\-N_1(r,w)+S(r,w),\end{aligned}\tag{2.2.11}$$

其中

$$N_1(r,w)=N\left(r,\frac{1}{w'}\right)+2N(r,w)-N(r,w')$$

和

$$S(r,w)=m\left(r,\frac{w'}{w}\right)+\sum_{k=1}^{p}m\left(r,\frac{w'}{w-a_k}\right)+K, \quad (2.2.12)$$

K是与p, $\{a_k\}$和$w(z)$及其导数在原点的性质有关的常数。

证明 首先作函数

$$W(z)=\prod_{k=1}^{p}(w(z)-a_k)=(w(z))^p\prod_{k=1}^{p}(1-a_k/w(z)),$$

令 $a=\operatorname*{Max}_{1\leqslant k\leqslant p}\{|a_k|\}$, 继令 $E_r=\{z, |z|=r\}$, $E_+=\{z\in E_r, |w(z)|>2a\}$ 和 $E_-=\{z\in E_r, |w(z)|\leqslant 2a\}$. 于是，当 $z\in E_+$ 时，

$$|W(z)|\geqslant|w(z)|^p\prod_{k=1}^{p}(1-|a_k|/|w(z)|)\geqslant|w(z)|^p/2^p,$$

即

$$|w(z)|^p\leqslant\begin{cases}2^p|W(z)|, & z\in E_+\\(2a)^p, & z\in E_-\end{cases}$$

因此

$$\begin{aligned}pm(r,w)&=\frac{1}{2\pi}\int_0^{2\pi}\overset{+}{\log}|w(re^{i\varphi})|^p d\varphi\\&=\frac{1}{2\pi}\left(\int_{E_+}+\int_{E_-}\right)\overset{+}{\log}|w(re^{i\varphi})|^p d\varphi\\&\leqslant m(r,W)+p\overset{+}{\log}(2a)+p\log 2.\end{aligned}$$

再应用 Jensen 公式于函数$W(z)$,则有

$$\begin{aligned}m(r,W)=m\left(r,\frac{1}{W}\right)+N\left(r,\frac{1}{W}\right)\\-N(r,W)+\log|W(0)|.\end{aligned}$$

由 $1/W(z)=\sum_{k=1}^{p}A_k/(w(z)-a_k)$, $A_k=\prod_{j\neq k}1/(a_j-a_k)$, 便有

$$\begin{aligned}m\left(r,\frac{1}{W}\right)&=m\left(r,\frac{1}{w'}\sum_{k=1}^{p}A_kw'/(w-a_k)\right)\\&\leqslant m\left(r,\frac{1}{w'}\right)+\sum_{k=1}^{p}m\left(r,\frac{w'}{w-a_k}\right)+O(1).\end{aligned}$$

再次对 $w'(z)$ 应用 Jensen 公式得

$$m\left(r,\frac{1}{w'}\right)=m(r,w')+N(r,w')$$

$$-N\left(r,\frac{1}{w'}\right)+\log\frac{1}{|w'(0)|}\leqslant m(r,w)$$

$$+m\left(r,\frac{w'}{w}\right)+N(r,w')-N\left(r,\frac{1}{w'}\right)$$

$$+\log\frac{1}{|w'(0)|},$$

因此

$$m\left(r,\frac{1}{W}\right)\leqslant m(r,w)+N(r,w')-N\left(r,\frac{1}{w'}\right)$$

$$+m\left(r,\frac{w'}{w}\right)+\sum_{k=1}^{p}m\left(r,\frac{w'}{w-a_k}\right)+O(1).$$

又因 a_k 是判别的有穷复数，故有

$$N\left(r,\frac{1}{W}\right)=\sum_{k=1}^{p}N\left(r,\frac{1}{w-a_k}\right)$$

和

$$N(r,W)=pN(r,w).$$

综上诸式便得

$$pm(r,w)\leqslant m(r,w)+\sum_{k=1}^{p}N\left(r,\frac{1}{w-a_k}\right)$$

$$+N(r,w')-N\left(r,\frac{1}{w'}\right)-pN(r,w)$$

$$+m\left(r,\frac{w'}{w}\right)+\sum_{k=1}^{p}m\left(r,\frac{w'}{w-a_k}\right)+K.$$

由此即得 (2.2.11).

2.2.7. 对数导数基本引理及其推广

为了处理第二基本不等式中的余项 $S(r,w)$，我们来证明对数导数基本引理. 为此先证明

引理 2.1 设 $x_1, \cdots, x_n \geqslant 0$ 且 $0<\alpha<1$，则

$$\left(\sum_{k=1}^{n} x_k\right)^\alpha \leqslant \sum_{k=1}^{n} x_k^\alpha. \tag{2.2.13}$$

证明 若 $\sum_{k=1}^{n} x_k = S = 0$，则 (2.2.13) 式显然成立. 故不妨设 $S>0$，因此 $S/x_k \geqslant 1$，且对于 $0<\alpha<1$ 有 $\left(\frac{x_k}{S}\right)^\alpha \geqslant \frac{x_k}{S}$. 于是

$$1 = \sum_{k=1}^{n} \frac{x_k}{S} \leqslant \sum_{k=1}^{n} \left(\frac{x_k}{S}\right)^\alpha = \frac{1}{S^\alpha} \sum_{k=1}^{n} x_k^\alpha.$$

此即为所要求的不等式.

引理 2.2 设 $\varphi(x)$ 是区间 $[a, b]$ 上的正值函数，且 $\log \varphi(x)$ 可积，则有

$$\frac{1}{b-a}\int_a^b \log \varphi(x)dx \leqslant \log \left\{\frac{1}{b-a}\int_a^b \varphi(x)dx\right\}. \tag{2.2.14}$$

证明 令 $m = \frac{1}{b-a}\int_a^b \varphi(x)dx$ 和 $\psi(x) = \varphi(x) - m$，因此

$$\frac{1}{b-a}\int_a^b \psi(x)dx = \frac{1}{b-a}\int_a^b \varphi(x)dx - m = 0.$$

由于

$$\log \varphi(x) = \log \left\{m\left(1 + \frac{\psi(x)}{m}\right)\right\} \leqslant \log m + \frac{\psi(x)}{m},$$

于是对上式积分立即得

$$\frac{1}{b-a}\int_a^b \log \varphi(x)dx \leqslant \log m + \frac{1}{m}\cdot\frac{1}{b-a}$$

$$\cdot\int_a^b \psi(x)dx = \log \left\{\frac{1}{b-a}\int_a^b \varphi(x)dx\right\}.$$

下面定理的证明是 W. Ngoan 和 W. Ostrowski[1] 给出的.

定理 2.11 (对数导数基本引理) 设 $w(z)$ 是 $|z|<\infty$ 内非常数亚纯函数，且 $w(0)=1$，则对于 $0<r<R$ 和 $0<\alpha<1$ 有

$$m\left(r, \frac{w'}{w}\right) \leqslant \frac{1}{\alpha} \log \left\{1 + \frac{24}{1-\alpha}\right.$$

$$\cdot\left(\frac{R}{R-r}\right)^{1+\alpha}\frac{T(R,w)}{r^{\alpha}}\Bigg\}. \qquad (2.2.15)$$

证明 令 $\zeta=\rho e^{i\varphi}, z=re^{i\theta}$,则 (2.2.5) 能写为

$$\log w(z)=\frac{1}{2\pi}\int_0^{2\pi}\log|w(\zeta)|\frac{\zeta+z}{\zeta-z}d\varphi$$

$$+\sum_{|a_k|<\rho}\log\frac{\rho(z-a_k)}{\rho^2-\bar{a}_k z}$$

$$-\sum_{|b_j|<\rho}\log\frac{\rho(z-b_j)}{\rho^2-\bar{b}_j z}+ic.$$

对上式求导数得

$$\frac{w'(z)}{w(z)}=\frac{1}{2\pi}\int_0^{2\pi}\log|w(\zeta)|\frac{2\zeta}{(\zeta-z)^2}d\varphi$$

$$+\sum_{|a_k|<\rho}\left(\frac{1}{z-a_k}+\frac{\bar{a}_k}{\rho^2-\bar{a}_k z}\right)$$

$$-\sum_{|b_j|<\rho}\left(\frac{1}{z-b_j}+\frac{\bar{b}_j}{\rho^2-\bar{b}_j z}\right),$$

于是

$$\left|\frac{w'(z)}{w(z)}\right|\leqslant\frac{1}{2\pi}\int_0^{2\pi}\big|\log|w(\zeta)|\big|\frac{2\rho}{(\rho-r)^2}d\varphi$$

$$+\sum_{|a_k|<\rho}\left|\frac{1}{z-a_k}+\frac{\bar{a}_k}{\rho^2-\bar{a}_k z}\right|$$

$$+\sum_{|b_j|<\rho}\left|\frac{1}{z-b_j}+\frac{\bar{b}_j}{\rho^2-\bar{b}_j z}\right|.$$

根据最大模原理,对于 $|c|<\rho$ 有

$$\left|\frac{1}{z-c}+\frac{\bar{c}}{\rho^2-\bar{c}z}\right|=\left|\frac{1}{z-c}\left(1+\frac{\bar{c}}{\rho}\frac{\rho(z-c)}{\rho^2-\bar{c}z}\right)\right|$$

$$\leqslant\frac{1}{|z-c|}\left(1+\frac{|c|}{\rho}\right)\leqslant\frac{2}{|z-c|}.$$

注意到 $\big|\log|x|\big|=\log^+|x|+\log^+\dfrac{1}{|x|}$, 因此进一步有

$$\left|\frac{w'(z)}{w(z)}\right|\leqslant\frac{2\rho}{(\rho-r)^2}\left\{m(\rho,w)+m\left(\rho,\frac{1}{w}\right)\right\}$$

$$+2\left\{\sum_{|a_k|<\rho}\frac{1}{|z-a_k|}+\sum_{|b_j|<\rho}\frac{1}{|z-b_j|}\right\}.$$

令 $\{a_k\}\cup\{b_j\}=\{c_l\}$，并按其模的增长重新排列使得 $0<|c_1|\leqslant|c_2|\leqslant\cdots$，应用第一基本定理并计及 $w(0)=1$，取 $\rho=\frac{1}{2}(R+r)$ 便得

$$\left|\frac{w'(z)}{w(z)}\right|\leqslant\frac{4\rho}{(\rho-r)^2}T(\rho,w)+\sum_{|c_l|<\rho}\frac{2}{|z-c_l|}$$

$$\leqslant\frac{16R}{(R-r)^2}T(R,w)+\sum_{|c_l|<\rho}\frac{2}{|z-c_l|}.$$

由此援用引理 2.1 有

$$\log\left|\frac{w'(z)}{w(z)}\right|\leqslant\frac{1}{\alpha}\log\left(1+\left|\frac{w'(z)}{w(z)}\right|\right)^\alpha$$

$$\leqslant\frac{1}{\alpha}\log\left\{1+\frac{16R}{(R-r)^2}T(R,w)\right.$$

$$\left.+\sum_{|c_l|<\rho}\frac{2}{|z-c_l|}\right\}^\alpha\leqslant\frac{1}{\alpha}$$

$$\cdot\log\left\{1+16\frac{(RT(R,w))^\alpha}{(R-r)^{2\alpha}}+\sum_{|c_l|<\rho}\frac{2}{|z-c_l|^\alpha}\right\},$$

再由引理 2.2 便得

$$m\left(r,\frac{w'}{w}\right)\leqslant\frac{1}{\alpha}\cdot\frac{1}{2\pi}\int_0^{2\pi}\log\left\{1+16\frac{(RT(R,w))^\alpha}{(R-r)^{2\alpha}}\right.$$

$$\left.+\sum_{|c_l|<\rho}\frac{2}{|z-c_l|^\alpha}\right\}d\theta\leqslant\frac{1}{\alpha}$$

$$\cdot\log\left\{1+\frac{16(RT(R,w))^\alpha}{(R-r)^{2\alpha}}+\sum_{|c_l|<\rho}\frac{2}{2\pi}\int_0^{2\pi}\frac{d\theta}{|re^{i\theta}-c_l|^\alpha}\right\}.$$

下面进一步计算 $\int_0^{2\pi}\frac{d\theta}{|re^{i\theta}-c_l|^\alpha}$. 令 $c_l=ce^{i\beta}$, $c=|c_l|>0$,

则知

$$\int_0^{2\pi}\frac{d\theta}{|re^{i\theta}-c_l|^\alpha}=\int_0^{2\pi}\frac{d\theta}{|re^{i(\theta-\beta)}-c|^\alpha}\leqslant4\int_0^{\frac{\pi}{2}}\frac{d\theta}{|re^{i\theta}-c|^\alpha}$$

$$\leqslant\frac{4}{r^\alpha}\left(\frac{\pi}{2}\right)^\alpha\int_0^{\frac{\pi}{2}}\frac{d\theta}{\theta^\alpha}=\frac{2\pi}{(1-\alpha)r^\alpha}.$$

因此，

$$\sum_{|c_l|<\rho}\frac{1}{2\pi}\int_0^{2\pi}\frac{2d\theta}{|re^{i\theta}-c_l|^\alpha}\leqslant\frac{2(n(\rho,0)+n(\rho,\infty))}{(1-\alpha)r^\alpha}.$$

由于当 $a=0$ 或∞时

$$N(R,a)\geqslant\int_\rho^R\frac{n(t,a)dt}{t}\geqslant n(\rho,a)\int_\rho^R\frac{dt}{t}$$

$$\geqslant n(\rho,a)\frac{R-\rho}{R}=\frac{R-r}{2R}n(\rho,a),$$

故有

$$n(\rho,0)+n(\rho,\infty)\leqslant\frac{2R}{R-r}(N(R,0)$$

$$+N(R,\infty))\leqslant\frac{4RT(R,w)}{R-r}.$$

于是，

$$\sum_{|c_l|<\rho}\frac{1}{2\pi}\int_0^{2\pi}\frac{2d\theta}{|re^{i\theta}-c_l|^\alpha}\leqslant\frac{8RT(R,w)}{(1-\alpha)(R-r)r^\alpha}.$$

综上各式便得

$$m\left(r,\frac{w'}{w}\right)\leqslant\frac{1}{\alpha}\log\left\{1+\frac{T(R,w)}{(1-\alpha)r^\alpha}\right.$$

$$\left.\cdot\left(\frac{16R^\alpha r^\alpha}{(R-r)^{2\alpha}}+\frac{8R}{R-r}\right)\right\}\leqslant\frac{1}{\alpha}$$

$$\log\left\{1+\frac{24}{1-\alpha}\left(\frac{R}{R-r}\right)^{1+\alpha}\frac{T(R,w)}{r^\alpha}\right\}.$$

推论 1° $w(z)$ 如定理 2.11 所设，若 $w(0)\neq 0$，则有

$$m\left(r,\frac{w'}{w}\right)<2\log^+T(R,w)+3\log\frac{R}{R-r}$$

$$+\log^+\frac{1}{r}+2\log^+\log^+\frac{1}{|w(0)|}+10. \tag{2.2.16}$$

事实上，令 $W(z)=w(z)/w(0)$，应用 (2.2.15) 于 $W(z)$ 并注意到 $\frac{W'(z)}{W(z)}=\frac{w'(z)}{w(z)}$ 和 $T(r,W)\leqslant T(r,w)+\log^+\frac{1}{|w(0)|}$，取 $\alpha=\frac{1}{2}$，即得

$$m\left(r,\frac{w'}{w}\right)=m\left(r,\frac{W'}{W}\right)\leqslant 2\log\left\{1+48\left(\frac{R}{R-r}\right)^{\frac{3}{2}}\right.$$

$$\left.\cdot\frac{T(R,W)}{r^{1/2}}\right\}\leqslant 2\log 48+3\log\frac{R}{R-r}$$

$$+\log^+\frac{1}{r}+2\log^+T(R,W)+2\log 2$$

$$\leqslant 2\log^+ T(R,w)+3\log\frac{R}{R-r}+\log^+\frac{1}{r}$$

$$+2\log^+\log^+\frac{1}{|w(0)|}+2\log 96.$$

推论 2° $w(z)$ 如定理 2.11 所设，又 $w(0)\neq 0$，则对任意正整数 l，有

$$m\left(r,\frac{w^{(l)}}{w}\right)<A_l\log^+T(R,w)+B_l\log^+\frac{R}{R-r}$$

$$+C_l\log^+\frac{1}{r}+D_l\log^+\log^+\frac{1}{|w(0)|}+E_l, \tag{2.2.17}$$

其中 A_l, B_l, C_l, D_l 和 E_l 是仅与 l 有关的常数.

事实上，当 $l=1$ 时，(2.2.17) 即为 (2.2.16). 因此，假设 $s=1,2,\cdots,l-1$ 时有

$$m\left(r,\frac{w^{(s)}}{w}\right)\leqslant A_s\log^+T(R,w)+B_s\log^+\frac{R}{R-r}$$

$$+C_s\log^+\frac{1}{r}+D_s\log^+\log^+\frac{1}{|w(0)|}+E_s.$$

今证明 $s=l$ 时上式仍成立. 首先，对 $\log w(z)$ 求 l 次导数得

$$(\log w(z))^{(l)}=\frac{w^{(l)}(z)}{w(z)}+P_l\left(\frac{w'}{w},\frac{w''}{w},\cdots,\frac{w^{(l-1)}}{w}\right),$$

其中 $P_l\left(\frac{w'}{w},\cdots,\frac{w^{(l-1)}}{w}\right)$ 是其变元的常系数多项式. 因此有

$$\left|\frac{w^{(l)}(z)}{w(z)}\right|\leqslant|(\log w(z))^{(l)}|+\left|P_l\left(\frac{w'}{w},\cdots,\frac{w^{(l-1)}}{w}\right)\right|. \tag{2.2.18}$$

下面类似于定理 2.11 的证明，对 $|(\log w(z))^{(l)}|$ 进行估计. 首先对 (2.2.5) 求 l 次导数得

$$(\log w(z))^{(l)}=\frac{l!}{2\pi}\int_0^{2\pi}\log|w(\zeta)|\frac{2\zeta}{(\zeta-z)^{l+1}}d\varphi$$

$$-(l-1)!\sum_{|a_k|<\rho}\left\{\frac{1}{(a_k-z)^l}-\frac{\bar{a}_k^l}{(\rho^2-\bar{a}_kz)^l}\right\}$$

$$+(l-1)!\sum_{|b_j|<\rho}\left\{\frac{1}{(b_j-z)^l}-\frac{\bar{b}_j^l}{(\rho^2-\bar{b}_jz)^l}\right\}.$$

先设 $w(0)=1$,则

$$\left|\frac{l!}{2\pi}\int_0^{2\pi}\log|w(\zeta)|\frac{2\zeta}{(\zeta-z)^{l+1}}d\varphi\right|\leqslant\frac{l!4\rho}{(\rho-r)^{l+1}}T(\rho,w).$$

同样,对于 $|c|<\rho$ 有

$$\left|\frac{1}{(c-z)^l}-\frac{\bar{c}^l}{(\rho^2-\bar{c}z)^l}\right|=\frac{1}{|z-c|^l}$$

$$\cdot\left|1-\frac{\bar{c}^l}{\rho^l}\left(\frac{\rho(c-z)}{\rho^2-\bar{c}z}\right)^l\right|\leqslant\frac{2}{|z-c|^l}.$$

令 $\{a_k\}\cup\{b_j\}=\{c_j\}$,并取 $\rho=\frac{1}{2}(R+r)$ 可得

$$|(\log w(z))^{(l)}|\leqslant\frac{2^{l+3}R\cdot l!}{(R-r)^{l+1}}T(R,w)$$

$$+2\cdot(l-1)!\sum_{|c_j|<\rho}\frac{1}{|z-c_j|^l}.$$

应用引理 2.1 和引理 2.2,并取 $\alpha<1/l$,便有

$$\frac{1}{2\pi}\int_0^{2\pi}\log^+|(\log w(z))^{(l)}|d\theta$$

$$\leqslant\frac{1}{\alpha}\log\left\{1+\frac{2^{l+3}\cdot l!(RT(R,w))^\alpha}{(R-r)^{(l+1)\alpha}}\right.$$

$$\left.+2\cdot(l-1)!\sum_{|c_j|<\rho}\frac{1}{2\pi}\int_0^{2\pi}\frac{d\theta}{|re^{i\theta}-c_j|^{\alpha l}}\right\}.$$

但知 $\int_0^{2\pi}\frac{d\theta}{|re^{i\theta}-c_j|^{\alpha l}}\leqslant\frac{2\pi}{(1-\alpha l)r^{\alpha l}}$,于是

$$2\cdot(l-1)!\sum_{|c_j|<\rho}\frac{1}{2\pi}\int_0^{2\pi}\frac{d\theta}{|re^{i\theta}-c_j|^{\alpha l}}$$

$$\leqslant\frac{2\cdot(l-1)!}{(1-\alpha l)r^{\alpha l}}(n(\rho,0)+n(\rho,\infty))$$

$$\leqslant \frac{8\cdot(l-1)!}{(1-\alpha l)r^{\alpha l}}\cdot\frac{R}{R-r}T(R,w).$$

从而可得

$$\frac{1}{2\pi}\int_0^{2\pi}\overset{+}{\log}|(\log w(z))^{(l)}|d\theta \leqslant \frac{1}{2}$$

$$\cdot\log\left\{1+\frac{2^{l+3}l!}{1-\alpha l}\left(\frac{R}{R-r}\right)^{1+\alpha l}\frac{T(R,w)}{r^{\alpha l}}\right\}.$$

当 $w(0)\neq 0$, 1 时以 $W(z)=w(z)/w(0)$ 代替之，并取 $\alpha=\frac{1}{2l}$ 即得

$$\frac{1}{2\pi}\int_0^{2\pi}\overset{+}{\log}|(\log w(z))^{(l)}|d\theta \leqslant 2l\overset{+}{\log}T(R,w)$$

$$+3l\log\frac{R}{R-r}+l\overset{+}{\log}\frac{1}{r}+2l\overset{+}{\log}\overset{+}{\log}\frac{1}{|w(0)|}$$

$$+2l(l+6)\log 2+2l\log l!.$$

由 (2.2.18) 和归纳假设，便导出

$$m\left(r,\frac{w^{(l)}}{w}\right)\leqslant\frac{1}{2\pi}\int_0^{2\pi}\overset{+}{\log}|(\log w(z))^{(l)}|d\theta$$

$$+\sum_{s=1}^{l-1}\gamma_s m\left(r,\frac{w^{(s)}}{w}\right)+K_l\leqslant A_l\overset{+}{\log}T(R,w)$$

$$+B_l\log\frac{R}{R-r}+C_l\overset{+}{\log}\frac{1}{r}$$

$$+D_l\overset{+}{\log}\overset{+}{\log}\frac{1}{|w(0)|}+E_l.$$

推论 3° 设 $w(z)$ 是有穷级亚纯函数，其级为 ρ，则

$$\overline{\lim_{r\to\infty}}\frac{m\left(r,\frac{w'}{w}\right)}{\log r}\leqslant \mathrm{Max}\{\rho-1,0\}.$$

事实上，在 (2.2.15) 中令 $R=2r$，对 $\varepsilon>0$ 和足够大的 r 有

$$m\left(r,\frac{w'}{w}\right)\leqslant\frac{1}{\alpha}\log\left(1+\frac{24}{1-\alpha}2^{1+\alpha}\frac{(2r)^{\rho+\varepsilon}}{r^{\alpha}}\right).$$

若 $\rho<1$, 可取 $\varepsilon>0$ 和 $0<\alpha<1$ 满足

$$\rho+\varepsilon<\alpha<1,$$

于是上式成为

$$m\left(r, \frac{w'}{w}\right) \leqslant \frac{1}{\alpha} \log\left(1+\frac{24}{1-\alpha} 2^{1+\alpha+\rho+\varepsilon} r^{\rho+\varepsilon-\alpha}\right).$$

由此即得

$$\varlimsup_{r\to\infty} \frac{m\left(r, \frac{w'}{w}\right)}{\log r}=0.$$

今若 $\rho\geqslant 1$, 则对足够大的 r, 有

$$m\left(r, \frac{w'}{w}\right) \leqslant \frac{1}{\alpha}(\rho+\varepsilon-\alpha)\log r+O(1),$$

从而

$$\varlimsup_{r\to\infty} \frac{m\left(r, \frac{w'}{w}\right)}{\log r} \leqslant \frac{1}{\alpha}(\rho+\varepsilon-\alpha).$$

令 $\varepsilon\to 0$ 和 $\alpha\to 1$, 即得所证.

2.2.8. 第二基本定理的余项

为了进一步处理第二基本定理的余项 $S(r, w)$ 中的 $\log T(R, w)$,我们先证明下述关于单调函数的一个引理.

引理 2.3 设 $T(r)$ 是在 $r_0\leqslant r<\infty$ 上的连续非减函数, 且 $T(r_0)\geqslant 1$,则除去 r 的一个集合 E_0 外有

$$T\left(r+\frac{1}{T(r)}\right)<2T(r), \tag{2.2.19}$$

且 E_0 的线测度不超过 2.

证明 设 r_1 是使得 (2.2.19) 式不成立的 r 值的下确界, 若 $r_1=\infty$, 则表明 (2.2.19) 式对所有 $r\geqslant r_0$ 都成立. 今设 $r_1<\infty$ 并令

$$r_1'=r_1+\frac{1}{T(r_1)}.$$

由于 $T(r)$ 是连续的，故有 $T(r_1')=T\left(r_1+\frac{1}{T(r_1)}\right)\geqslant 2T(r_1)$.

其次，令 r_2 是 $r\geqslant r_1'$ 中使 (2.2.19) 不成立的 r 值的下确界，并令

$$r_2'=r_2+\frac{1}{T(r_2)}.$$

一般地，设 r_n 是 $r\geqslant r_{n-1}'$ 中使 (2.2.19) 式不成立的 r 值的下确界，则令

$$r_n'=r_n+\frac{1}{T(r_n)}.$$

如果上面的手续经有限 N 次以后即中止，则知使 (2.2.19) 不成立的 r 值集 $E_0\subset\bigcup_{n=1}^{N}[r_n,r_n']$；如果上面的过程无限止的进行，则只要指出 $\lim_{n\to\infty}r_n=\infty$，便有

$$E_0\subset\bigcup_{n=1}^{\infty}[r_n,r_n'].$$

现在证明对后一种情形有 $\lim_{n\to\infty}r_n=\infty$. 事实上，如果不然，则 $\lim_{n\to\infty}r_n=\bar{r}<\infty$. 由于 $r_n<r_n'\leqslant r_{n+1}(n=1,2,\cdots)$，故 $\lim_{n\to\infty}r_n'=\bar{r}$. 因此，$\lim_{n\to\infty}(r_n'-r_n)=0$. 此外，由于 $T(r)$ 是单调增的，故对所有 n

$$r_n'-r_n=\frac{1}{T(r_n)}\geqslant\frac{1}{T(\bar{r})}>0,$$

这便导出矛盾. 因此，$E_0\subset\bigcup_{n=1}^{\infty}[r_n,r_n']$. 即 E_0 的线测度 $\leqslant\sum_{n=1}^{\infty}(r_n'-r_n)$. 由 $T(r)$ 的连续性，

$$T(r_{n+1})\geqslant T(r_n')=T\left(r_n+\frac{1}{T(r_n)}\right)\geqslant 2T(r_n)$$
$$\geqslant\cdots\geqslant 2^nT(r_1)\geqslant 2^n,$$

因此

$$\sum_{n=1}^{\infty}(r_n'-r_n)=\sum_{n=1}^{\infty}\frac{1}{T(r_n)}\leqslant\sum_{n=1}^{\infty}\frac{1}{2^{n-1}}=2.$$

定理 2.12 设 $w(z)$ 是 $\mathbf{C}$ 上的亚纯函数，$S(r, w)$ 是定理 2.10 中式 (2.2.12) 确定的余项，则当 $w(z)$ 为有穷级时，对所有 r 值满足

$$S(r, w) = O(\log r);$$

当 $w(z)$ 为无穷级时，

$$S(r, w) = O\{\log(rT(r, w))\},$$

可能须除去一个测度为有穷的 r 值集 E.

证明 我们首先应用定理 2.11 的推论 1° 于 $m\left(r, \frac{w'}{w}\right)$，并取 $R = r + \frac{1}{T(r,w)}$，$r \geqslant r_0$，$T(r_0, w) \geqslant 1$. 于是，由引理 2.3 便知，当 $r \bar{\in} E_0$ 时，

$$m\left(r, \frac{w'}{w}\right) < 2\log T(r,w) + 3\log(1+rT(r,w)) + O(1) = O\{\log(rT(r,w))\}.$$

又注意到 $T(r, w-a_j) = T(r, w) + O(1)$，类似地，当 $r \bar{\in} E_0 \cup [0, r_0]$ 时，

$$m\left(r, \frac{w}{w-a_j}\right) = O\{\log(rT(r, w))\}.$$

综上各式即有

$$S(r, w) = O\{\log(rT(r, w))\}, \quad r \bar{\in} E,$$

其中 $E = E_0 \cup [0, r_0]$.

当 $w(z)$ 为有穷级时，直接由定理 2.11 的推论 3° 便得

$$m\left(r, \frac{w'}{w}\right) = O(\log r) \text{ 和 } m\left(r, \frac{w'}{w-a_j}\right) = O(\log r),$$

于是有

$$S(r, w) = O(\log r).$$

根据上面的讨论，第二基本定理可叙述为以下的形状.

定理 2.10′ $w(z)$ 如定理 2.10 所设，又令 $a_k (k = 1, 2, \cdots, p)$ 是 $p(\geqslant 3)$ 个判别的复数(有穷或否)，则

$$(p-2)T(r, w) < \sum_{k=1}^{p} N\left(r, \frac{1}{w-a_k}\right)$$

$$-N_1(r,w)+S(r,w),\qquad (2.2.20)$$

其中 $S(r, w)$ 具有定理 2.12 中的性质.

证明 分两种情形讨论之：如果 $a_k\in \mathbf{C}$, 则由于 $N(r, w)\leqslant T(r, w)$,由 (2.2.11) 式即导出

$$(p-2)T(r, w)<\sum_{k=1}^{p} N\left(r, \frac{1}{w-a_k}\right)$$
$$-N_1(r, w)+S(r, w),$$

其中

$$S(r, w)=m\left(r, \frac{w'}{w}\right)+\sum_{k=1}^{p} m\left(r, \frac{w'}{w-a_k}\right)+O(1).$$

如果某个 a_k 为无穷，比如 $a_p=\infty$，在 (2.2.11) 式中以 $p+1$ 代 p,则有

$$(p-2)T(r, w)<\sum_{k=1}^{p-1} N\left(r, \frac{1}{w-a_k}\right)$$
$$+N(r, w)-N_1(r, w)+S(r, w);$$

其中

$$S(r, w)=m\left(r, \frac{w'}{w}\right)$$
$$+\sum_{k=1}^{p-1} m\left(r, \frac{w'}{w-a_k}\right)+O(1).$$

应用定理 2.12 于余项 $S(r, w)$ 即得所求.

2.2.9. 亏量、亏值与重值

第二基本定理表明，不变和 $m(r, a)+N(r, a)$ 中，一般地 $N(r, a)$ 大于 $m(r, a)$. 为了度量异于正常值的偏差，Nevanlinna 引入亏量、亏值的概念,并得到重要的亏量关系.

首先,我们令 $\bar{n}(r, a)=\bar{n}\left(r, \frac{1}{w-a}\right)$ 表示 $|z|<r$ 内 $w(z)$ 的判别 a 值点个数. 继令

$$\bar{N}(r, a)=\bar{N}\left(r, \frac{1}{w-a}\right)$$

$$= \int_0^r \frac{\bar{n}(t, a) - \bar{n}(0, a)}{t} dt + \bar{n}(0,a)\log r.$$

定义 2.5 我们称

$$\delta(a) = \delta(a, w) = 1 - \overline{\lim_{r\to\infty}} \frac{N(r, a)}{T(r,w)}$$

是 $w(z)$ 关于 a 的亏量. 若 $\delta(a) > 0$,则称 a 是一亏值. 又称

$$\vartheta(a) = \vartheta(a,w) = \underline{\lim_{r\to\infty}} \frac{N(r, a) - \bar{N}(r, a)}{T(r, w)}$$

为 a 的分支指标和

$$\Theta(a) = \Theta(a,w) = 1 - \overline{\lim_{r\to\infty}} \frac{\bar{N}(r, a)}{T(r,w)}$$

为 a 的分支量.

由定义可知,对于 $\varepsilon > 0$, 当 $r \geqslant r_0$ 时,

$$\frac{N(r, a)}{T(r,w)} \leqslant 1 - \delta(a) + \varepsilon,$$

$$\frac{N(r, a)}{T(r,w)} - \frac{\bar{N}(r, a)}{T(r,w)} \geqslant \vartheta(a) - \varepsilon,$$

由此便得

$$\frac{\bar{N}(r, a)}{T(r,w)} \leqslant 1 - [\delta(a) + \vartheta(a)] + 2\varepsilon,$$

从而有

$$\Theta(a) \geqslant \delta(a) + \vartheta(a).$$

此外,由引进的记号 $\bar{N}(r,a)$, (2.2.20) 式可写为

$$(p-2)T(r, w) \leqslant \sum_{k=1}^{p} \bar{N}(r, a_k) + S(r, w). \quad (2.2.21)$$

事实上, 若 z_0 是 $w(z) - a$ $(a \in \mathbf{C})$ 的 τ 重零点, 则它是 $w'(z) = (w(z) - a)'$ 的 $\tau - 1$ 重零点.因此,$n\left(r, \frac{1}{w'}\right)$ 包含 $|z| < r$ 内所有重 a 值点的个数, 其中 $a \in \mathbf{C}$, 且每个 τ 重 a 值点被计算 $\tau - 1$ 次. 因此, 当 $a_k \in \mathbf{C}$ 时, $\sum N(r, a_k) - N\left(r, \frac{1}{w'}\right) \leqslant \sum \bar{N}(r, a_k)$. 此外,如果 z_0 是 $w(z)$ 的 τ 重极点,则它是 $w'(z)$

的 $\tau+1$ 重极点，因此 $n(r,w')=n(r,w)+\bar{n}(r,w)$。从而，无论 $\{a_k\}$ 有穷与否，都有

$$(p-2)T(r,w)\leqslant\sum_{k=1}^{p}N(r,a_k)$$

$$-N\left(r,\frac{1}{w'}\right)+N(r,w')-2N(r,w)$$

$$+S(r,w)\leqslant\sum_{k=1}^{p}\bar{N}(r,a_k)+S(r,w).$$

定理 2.13 设 $w(z)$ 是 $\mathbf{C}$ 上非常数亚纯函数，则至多有可数多个 $a\in\hat{\mathbf{C}}$ 使得 $\Theta(a)>0$，并且

$$\sum_{a\in\hat{\mathbf{C}}}\Theta(a)\leqslant 2. \tag{2.2.22}$$

证明 首先应用 (2.2.21) 式于 $w(z)$ 和 $\{a_k\}(k=1,2,\cdots,p)$，于是有

$$\sum_{k=1}^{p}\left(1-\frac{\bar{N}(r,a_k)}{T(r,w)}\right)\leqslant 2+\frac{S(r,w)}{T(r,w)},$$

进而可得

$$\sum_{k=1}^{p}\varliminf_{r\to\infty}\left(1-\frac{\bar{N}(r,a_k)}{T(r,w)}\right)=\sum_{k=1}^{p}\left(1-\varlimsup_{r\to\infty}\frac{\bar{N}(r,a_k)}{T(r,w)}\right)$$

$$\leqslant 2+\varliminf_{r\to\infty}\frac{S(r,w)}{T(r,w)}\leqslant 2+\lim_{\substack{r\to\infty\\ r\overline{\in}E}}\frac{S(r,w)}{T(r,w)}=2.$$

上式表明，使得 $\Theta(a)\geqslant\dfrac{1}{p}$ 的 a 至多有 $2p$ 个。因此，集合

$$A_p=\left\{a,\ a\in\hat{\mathbf{C}},\ \frac{1}{p}\leqslant\Theta(a)<\frac{1}{p-1}\right\}$$

至多有 $2p$ 个元素，于是

$$A=\{a\in\hat{\mathbf{C}},\ \Theta(a)>0\}=\bigcup_{p=1}^{\infty}A_p$$

至多有可数多个元素，并且对 A 中任意 p 个都有 $\sum\limits_{k=1}^{p}\Theta(a_k)\leqslant 2$。因此 (2.2.22) 式成立。

推论 至多有可数多个 $a\in\hat{\mathbf{C}}$，使得 $\delta(a)>0$，并且

$$\sum_{a\in\hat{\mathbf{C}}}\delta(a)\leqslant 2.$$

上式称为 Nevanlinna 亏量关系.

亏量概念考虑了亚纯函数不同值点的分布密度的更精细的差异，这点超越了早先 Picard, Borel 的结果. 但亏量关系与 Picard-Borel 定理仍然有着本质的联系，这就是 Picard-Borel 定理中例外值个数的上界 2 恰是总亏量的上界.

定理 2.14 设 $w(z)$ 是 $\mathbf{C}$ 上的亚纯函数，$a_k\in\hat{\mathbf{C}}(k=1,2,\cdots,p)$. 若 $w(z)-a_k$ 的每个零点的重级 $\geqslant\tau_k$，则

$$\sum_{k=1}^{p}\left(1-\frac{1}{\tau_k}\right)\leqslant 2.$$

证明 由第一基本定理

$$\varlimsup_{r\to\infty}\frac{\bar{N}(r,a)}{T(r,w)}\leqslant\varlimsup_{r\to\infty}\frac{\bar{N}(r,a)}{(1+o(1))N(r,a)}\leqslant\frac{1}{\tau_k},$$

于是

$$\sum_{k=1}^{p}\left(1-\frac{1}{\tau_k}\right)\leqslant\sum_{k=1}^{p}\left(1-\varlimsup_{r\to\infty}\frac{\bar{N}(r,a_k)}{T(r,w)}\right)\leqslant 2.$$

特别地，如果 $\tau_k\geqslant 2$，则称 a_k 为完全重值. 由定理 2.14 可知，至多有 4 个完全重值.

2.2.10. 亚纯函数的唯一性定理

设 $w(z)$ 是 $\mathbf{C}$ 上亚纯函数，令 $E(a,w)=\{z\in\mathbf{C},w(z)=a\}$，且 τ 重值点算 τ 个. 又令 $\bar{E}(a,w)$ 表示 $w(z)$ 的判别的 a 值点集. 若 $w(z)$ 为有理函数，则知 $w(z)$ 由 3 个值点集 $E(a_j,w)(j=1,2,3)$ 唯一地确定. 另外，由于存在两个判别的超越亚纯函数 $w_1(z)=e^z$ 和 $w_2(z)=e^{-z}$，它们具有 4 个公共的值点集，即 $E(0,w_1)=E(0,w_2)=\varnothing$，$E(\infty,w_1)=E(\infty,w_2)=\varnothing$，$E(1,w_1)=E(1,w_2)=\{2k\pi i,k=0,\pm1,\cdots\}$ 和 $E(-1,w_1)=E(-1,w_2)=\{(2k+1)\pi i,k=0,\pm1,\cdots\}$. R. Nevanlinna 证明了以下的唯一性定理.

定理 2.15（5 值定理） 设 $w_1(z)$ 和 $w_2(z)$ 为两个亚纯函数，若 $\bar{E}(a_j, w_1) = \bar{E}(a_j, w_2)$，$j = 1, 2, \cdots, 5$，则必有 $w_1(z) \equiv w_2(z)$。

证明 令

$$\bar{N}\left(r, \frac{1}{w_1 - a_j}\right) = \bar{N}\left(r, \frac{1}{w_2 - a_j}\right) = N_j(r), j = 1,2,\cdots,5.$$

应用第二基本定理于 $w_k(z)$ 和 $\{a_j\}(k = 1,2; j = 1,2,\cdots,5)$，则

$$3T(r, w_k) < \sum_{j=1}^{5} N_j(r) + S(r, w_k),$$

其中 $S(r, w_k) = m\left(r, \frac{w_k'}{w_k}\right) + \sum_{j=1}^{5} m\left(r, \frac{w_k'}{w_k - a_j}\right) + O(1)$. 如果 $w_k(z)$ 为有理函数，即 $w_k(z) = P_k(z)/Q_k(z)$，$P_k(z)$ 和 $Q_k(z)$ 是多项式，则易知当 $|z| \to \infty$ 时，$\frac{w_k'(z)}{w_k(z)} = \frac{P_k'(z)}{P_k(z)} - \frac{Q_k'(z)}{Q_k(z)} \to 0$. 因此，当 $r \to \infty$ 时，

$$m\left(r, \frac{w_k'}{w_k}\right) = o(1),$$

同样有

$$m\left(r, \frac{w_k'}{w_k - a_j}\right) = o(1).$$

若 $w_k(z)$ 为超越亚纯函数，由定理 2.12 有

$$m\left(r, \frac{w_k'}{w_k - a_j}\right) = O\{\log(rT(r, w))\},$$

可能要除去一个总长为有穷的例外区间序列. 因此，无论如何都有

$$T(r, w_k) \leqslant \frac{1}{3} \sum_{j=1}^{5} N_j(r) + o\{T(r, w_k)\},$$

或

$$T(r, w_k) \leqslant \left(\frac{1}{3} + o(1)\right) \sum_{j=1}^{5} N_j(r).$$

由此导出

$$T(r, w_1) + T(r, w_2) \leqslant \left(\frac{2}{3} + o(1)\right) \sum_{j=1}^{5} N_j(r).$$

今若 $w_1(z) \not\equiv w_2(z)$,则有

$$\sum_{j=1}^{5} N_j(r) \leqslant N\left(r, \frac{1}{w_1 - w_2}\right)$$
$$\leqslant T(r,w_1) + T(r,w_2) + O(1).$$

结合上述两式便得

$$T(r,w_1) + T(r,w_2) \leqslant \left(\frac{2}{3} + o(1)\right)(T(r,w_1) + T(r,w_2)).$$

这就导出矛盾,因此定理得证.

R. Nevanlinna 在 [1] 中还证明了

定理 2.16 (4 值定理) 设 $w_1(z)$ 和 $w_2(z)$ 是 **C** 上两个亚纯函数,如果 $\bar{E}(a_j, w_1) = \bar{E}(a_j, w_2)(j = 1, 2, \cdots, 4)$,则当 $r \bar{\in} E$ 时有

1° $\lim\limits_{r\to\infty} \dfrac{T(r, w_1)}{T(r, w_2)} = 1,$

2° $\lim\limits_{r\to\infty} \sum\limits_{j=1}^{4} \dfrac{\bar{N}\left(r, \dfrac{1}{w_k - a_j}\right)}{T(r, w_k)} = 2, k = 1, 2,$

3° 对任意 $a \neq a_j$,有

$$\lim_{r\to\infty} \frac{\bar{N}\left(r, \dfrac{1}{w_k - a}\right)}{T(r, w_k)} = 1,$$

其中 E 是线测度为有穷的 r 值集.

证明 类似于定理 2.15 的证明可得

$$2T(r, w_k) \leqslant (1 + o(1)) \sum_{j=1}^{4} N_j(r), \ k = 1, 2$$

和

$$\sum_{j=1}^{4} N_j(r) \leqslant T(r, w_1) + T(r, w_2) + O(1).$$

结合上两式便得

$$T(r, w_1) \leqslant (1 + o(1))T(r, w_2)$$

和

$$T(r, w_2) \leqslant (1 + o(1))T(r, w_1).$$

由此即得 1°.

其次,由结论 1° 可得

$$\begin{aligned} 2T(r, w_k) &\leqslant (1 + o(1)) \sum_{i=1}^{4} N_i(r) \\ &\leqslant (1 + o(1))(T(r, w_1) + T(r, w_2)) \\ &= (2 + o(1))T(r, w_k), \ k = 1, 2. \end{aligned}$$

由此即得 2°

今若 $a \neq a_i$,应用第二基本定理于 $w_k(z)$ 和 $\{a_i\} \cup \{a\}$ 得

$$\begin{aligned} 3(1 + o(1))T(r, w_k) &\leqslant \sum_{i=1}^{4} N_i(r) \\ &+ \bar{N}\left(r, \frac{1}{w_k - a}\right) \leqslant 2(1 + o(1)) \\ &\cdot T(r, w_k) + \bar{N}\left(r, \frac{1}{w_k - a}\right), \end{aligned}$$

于是

$$T(r, w_k) \leqslant (1 + o(1))\bar{N}\left(r, \frac{1}{w_k - a}\right).$$

由此即得 3°.

§2.3 代数体函数的特征函数与第一基本定理

设 $w(z)$ 为 ν 值代数体函数. 若在 z_0 点 $w(z)$ 有 λ 个分支取 $a(\neq \infty)$ 为值,且在 z_0 点邻域有表示式

$$w(z) = a + b_\tau(z - z_0)^{\tau/\lambda} + b_{\tau+1}(z - z_0)^{\frac{\tau+1}{\lambda}} + \cdots.$$

仿 E. Ullrich[1] 一文引入记号

$$n(r, a) = n\left(r, \frac{1}{w - a}\right) = \sum_{w=a} \tau,$$

上式求和是对位于 $|z| < r$ 内 $w(z) - a$ 之零点而作, 且 τ 重零点计算 τ 次. 若在 $z = z_0$ 点有 λ 个分支取∞为值,且有展式

$$w(z) = b_{-\tau}(z - z_0)^{-\frac{\tau}{\lambda}} + b_{-\tau+1}(z - z_0)^{\frac{-\tau+1}{\lambda}} + \cdots,$$

则以

$$n(r, \infty) = n(r, w) = \sum_{w=\infty} \tau$$

表示 $w(z)$ 的相应的极点个数. 上述 $z = z_0$ 在 $w(z)$ 的 Riemann 曲面 $\widetilde{\mathscr{M}}$ 上的点为 $\lambda - 1$ 级分支点. 今以 $\mathfrak{X}(r)$ 表示 $\widetilde{\mathscr{M}}$ 中位在 $|z| < r$ 上的 ν 叶曲面块,并以

$$n_x(r, w) = \sum(\lambda - 1)$$

表示 $\mathfrak{X}(r)$ 内分支点的个数,且按其分支级计算.

类似于亚纯函数 Nevanlinna 理论中所用的记号,引入 a 值点密指量和分支点密指量如下: 当 $a \neq \infty$ 时,

$$N(r, a) = N\left(r, \frac{1}{w - a}\right) = \frac{1}{\nu} \cdot \int_0^r \frac{n(t, a) - n(0, a)}{t} dt + \frac{1}{\nu} n(0, a) \log r;$$

当 $a = \infty$ 时,

$$N(r, \infty) = N(r, w) = \frac{1}{\nu} \cdot \int_0^r \frac{n(t, w) - n(0, w)}{t} dt + \frac{1}{\nu} n(0, w) \log r.$$

和

$$N_x(r, w) = \frac{1}{\nu} \int_0^r \frac{n_x(t, w) - n_x(0, w)}{t} dt + \frac{1}{\nu} n_x(0, w) \log r.$$

值得指出的是,这里所用的密指量与 Valiron 引进者相同,即当 $a \in \mathbf{C}$ 时, $n\left(r, \frac{1}{w - a}\right) = n\left(r, \frac{1}{\psi(z, a)}\right)$, $N\left(r, \frac{1}{w - a}\right) =$

$\frac{1}{\nu}N\left(r, \frac{1}{\phi(z, a)}\right)$. 特别地，当 $a=0$ 时，$N\left(r, \frac{1}{w}\right)=\frac{1}{\nu}N\left(r, \frac{1}{A_0}\right)$. 当 $a=\infty$ 时，$N(r,w)=\frac{1}{\nu}N\left(r, \frac{1}{A_\nu}\right)$. 当 $\nu=1$，即亚纯函数情形，恒有 $N_x(r, w)\equiv 0$.

由 § 2.1 可知，$\tilde{\mathscr{M}}$ 上 $w(z)$ 的分支点在 $\mathbb{C}$ 上的投影必为判别式 $J(z)$ 的零点. 现设 $\mathscr{L}$ 是 $\mathbb{C}$ 上连结这些点的曲线，然则 $\mathbb{C}\backslash\mathscr{L}$ 上 $w(z)$ 分离为 ν 个单值分支 $w_j(z)(j=1, 2, \cdots, \nu)$. 代数体函数的平均中值函数定义如下：当 $a\in\mathbb{C}$ 时，

$$\begin{aligned} m(r, a) &= \frac{1}{\nu}\sum_{j=1}^{\nu} m\left(r, \frac{1}{w_j-a}\right) \\ &= \frac{1}{\nu}\sum_{j=1}^{\nu}\frac{1}{2\pi}\int_0^{2\pi} \log^+ \frac{1}{|w_j(re^{i\theta})-a|}\, d\theta; \end{aligned}$$

当 $a=\infty$ 时，

$$\begin{aligned} m(r,w) &= \frac{1}{\nu}\sum_{j=1}^{\nu} m(r, w_j) \\ &= \frac{1}{\nu}\sum_{j=1}^{\nu}\frac{1}{2\pi}\int_0^{2\pi} \log^+ |w_j(re^{i\theta})|\, d\theta. \end{aligned}$$

继令

$$T(r, w)=m(r, w)+N(r, w),$$

并称 $T(r, w)$ 为 $w(z)$ 的特征函数.

应用 Jensen 公式立即导出第一基本定理

定理 2.17 设 $w(z)$ 为 (2.1.5) 确定的 ν 值代数体函数，则对 $a\in\mathbb{C}$

$$\begin{aligned} m(r, a)+N(r, a) &= T(r, w) \\ &+\frac{1}{\nu}\log\left|\frac{A_\nu(0)}{\phi(0,a)}\right|+\varepsilon(a, r), \end{aligned} \tag{2.3.1}$$

其中 $|\varepsilon(a, r)|\leqslant \log^+|a|+\log 2$.

证明 由

$$(w_1(z)-a)(w_2(z)-a)\cdots(w_\nu(z)-a)=(-1)^\nu\frac{\phi(z,a)}{A_\nu(z)},$$

应用 Jensen 公式得

$$
\begin{aligned}
& m(r, w-a)-m\left(r, \frac{1}{w-a}\right) \\
& =\frac{1}{\nu} N\left(r, \frac{1}{\psi(z, a)}\right) \\
& -\frac{1}{\nu} N\left(r, \frac{1}{A_\nu}\right)+\frac{1}{\nu} \log \left|\frac{\psi(0, a)}{A_\nu(0)}\right| .
\end{aligned}
$$

[1)]

因此，

$$
m(r, a)+N(r, a)=T(r, w)+\varepsilon(a, r)+\frac{1}{\nu} \log \left|\frac{A_\nu(0)}{\psi(0, a)}\right|,
$$

其中 $\varepsilon(a, r)=m(r, w-a)-m(r, w)$. 注意到

$$
\log^{+}\left|w_j(z)-a\right| \leqslant \log^{+}\left|w_j(z)\right|+\log^{+}|a|+\log 2
$$

和

$$
\log^{+}\left|w_j(z)\right| \leqslant \log^{+}\left|w_j(z)-a\right|+\log^{+}|a|+\log 2,
$$

便得

$$
|\varepsilon(a, r)| \leqslant \log^{+}|a|+\log 2 .
$$

这便是所要证明的.

一般地，若 $\alpha\delta-\beta\gamma \neq 0$，则

$$
T\left(r, \frac{\alpha w+\beta}{\gamma w+\delta}\right)=T(r, w)+O(1). \tag{2.3.2}
$$

事实上，一个一般的分式线性变换能表为下列三种特殊变换的复合，即 $\hat{w}=\alpha w$, $\hat{w}=w+\beta$ 和 $\hat{w}=\frac{1}{w}$. 对于上述三种情形容易指出，$T(r, \hat{w})=T(r, w)+O(1)$，因此有 (2.3.2).

1929 年 H. Cartan[1] 曾对亚纯函数的特征函数得到一个表示式，对代数体函数有相应的公式.

定理 2.18 设 $w(z)$ 是 (2.1.5) 确定的代数体函数，则有

$$
T(r, w)=\frac{1}{2\pi\nu} \int_0^{2\pi} N\left(r, \frac{1}{\psi(z, e^{i\alpha})}\right) d\alpha
$$

---

1) 若亚纯函数 $f(z)=\psi(z, a)/A_\nu(z)$ 在 $z=0$ 点邻域展式为 $f(z)=c_s z^s+c_{s+1}\cdot z^{s+1}+\cdots$, $c_s \neq 0$，则此时代 $\psi(0,a)/A_\nu(0)$ 为 c_s.

$$+\frac{1}{\nu}\sum_{i=1}^{\nu}\log|w_i(0)|. \tag{2.3.3}$$

证明 在

$$\psi(z,e^{i\alpha})=A_\nu(z)(e^{i\alpha}-w_1(z))\cdot(e^{i\alpha}-w_2(z))\cdots(e^{i\alpha}-w_\nu(z))$$

中对 α 从 0 到 2π 积分上式，应用 (2.2.9) 便得

$$\frac{1}{2\pi}\int_0^{2\pi}\log|\psi(z,e^{i\alpha})|d\alpha$$

$$=\log|A_\nu(z)|+\sum_{i=1}^{\nu}\log|w_i(z)|. \tag{2.3.4}$$

令 $z=re^{i\theta}$，上式对 θ 积分并交换积分次序，由 Jensen 公式便有

$$\frac{1}{2\pi}\int_0^{2\pi}N\left(r,\frac{1}{\psi(z,e^{i\alpha})}\right)d\alpha$$

$$+\frac{1}{2\pi}\int_0^{2\pi}\log\left|A_\nu(0)\prod_{i=1}^{\nu}(e^{i\alpha}-w_i(0))\right|d\alpha$$

$$=N\left(r,\frac{1}{A_\nu}\right)+\log|A_\nu(0)|+\sum_{i=1}^{\nu}m(r,w_i),$$

由此即得 (2.3.3)。

推论 1° $T(r,w)$ 是 $\log r$ 的凸增函数。

事实上，由 (2.3.3) 对 r 求导数得

$$r\frac{dT(r,w)}{dr}=\frac{dT(r,w)}{d\log r}=\frac{1}{2\pi\nu}\int_0^{2\pi}n(r,e^{i\alpha})d\alpha.$$

由于 $n(r,e^{i\alpha})$ 是 r 的非负增函数，因此上式右端亦然。这就表明 $T(r,w)$ 是 $\log r$ 的凸增函数。

推论 2°

$$\frac{1}{2\pi}\int_0^{2\pi}m(r,e^{i\alpha})d\alpha\leqslant\log 2. \tag{2.3.5}$$

事实上，应用第一基本定理

$$T(r,w)=m(r,e^{i\alpha})+N(r,e^{i\alpha})$$
$$+\frac{1}{\nu}\log\left|\frac{\phi(0,e^{i\alpha})}{A_\nu(0)}\right|+\varepsilon(e^{i\alpha},r),$$

其中 $|\varepsilon(e^{i\alpha},\ r)|\leqslant\log 2$. 应用 (2.2.9) 于 $\log\left|\frac{\phi(0,e^{i\alpha})}{A_\nu(0)}\right|=$ $\log\left|\prod_{j=1}^{\nu}(e^{i\alpha}-w_j(0))\right|$ 得

$$T(r,w)=\frac{1}{2\pi}\int_0^{2\pi}m(r,e^{i\alpha})d\alpha+\frac{1}{2\pi}$$
$$\cdot\int_0^{2\pi}N(r,e^{i\alpha})d\alpha+\frac{1}{\nu}\sum_{j=1}^{\nu}\log|w_j(0)|$$
$$+\frac{1}{2\pi}\int_0^{2\pi}\varepsilon(e^{i\alpha},r)d\alpha=T(r,w)$$
$$+\frac{1}{2\pi}\int_0^{2\pi}m(r,e^{i\alpha})d\alpha+\frac{1}{2\pi}\int_0^{2\pi}\varepsilon(e^{i\alpha},r)d\alpha,$$

由此便得 (2.3.5)。

G. Valiron[2] 曾引入下面的特征，在某些应用中相当方便，现导出如下：对 $z\in\mathbf{C}$，令 $A(z)=\underset{0\leqslant i\leqslant\nu}{\mathrm{Max}}\{|A_i(z)|\}$，继令

$$\mu(r,A)=\frac{1}{2\pi\nu}\int_0^{2\pi}\log A(re^{i\theta})d\theta.$$

定理 2.19 设 $w(z)$ 为 (2.1.5) 确定的 ν 值代数体函数，则有

$$\left|T(r,w)-\mu(r,A)+\frac{1}{\nu}\log|A_\nu(0)|\right|\leqslant\log 2. \tag{2.3.6}$$

证明 一方面

$$\frac{1}{2\pi}\int_0^{2\pi}\log|\phi(z,e^{i\alpha})|d\alpha$$
$$=\frac{1}{2\pi}\int_0^{2\pi}\log|A_\nu(z)e^{i\alpha\nu}+A_{\nu-1}(z)e^{i\alpha(\nu-1)}$$
$$+\cdots+A_0(z)|d\alpha\leqslant\log\left(\sum_{j=0}^{\nu}|A_j(z)|\right)$$
$$\leqslant\log A(z)+\log(\nu+1),$$

再令 $z=re^{i\theta}$，上式对 θ 求积分并应用等式 (2.3.3) 得

$$T(r, w) + \frac{1}{\nu} \log |A_\nu(0)|$$

$$\leqslant \mu(r, A) + \frac{1}{\nu} \log(1 + \nu).$$

或

$$T(r, w) - \mu(r, A) + \frac{1}{\nu} \log |A_\nu(0)| \leqslant \log 2. \quad (2.3.7)$$

此外，由代数方程的根和系数的关系有

$$\frac{A_j(z)}{A_\nu(z)} = \sum (-1)^\alpha w_{\alpha_1}(z) \cdots w_{\alpha_{\nu-j}}(z),$$

其中 $(\alpha_1, \alpha_2, \cdots, \alpha_{\nu-j})$ 是 $(1, 2, \cdots, \nu)$ 中取 $\nu - j$ 个数的组合，$(-1)^\alpha$ 取 1 或 -1 视置换 $\begin{pmatrix} \alpha_1, \alpha_2, \cdots, \alpha_{\nu-j} \\ 1, 2, \cdots, \nu - j \end{pmatrix}$ 是偶置换或奇置换而定。现对每一 $z \in \mathbf{C}$，令 $|w_{\beta_1}(z) \cdots w_{\beta_{\nu-j}}(z)| = \max\limits_{(\alpha_1, \cdots, \alpha_{\nu-j})} \{ |w_{\alpha_1}(z) \cdots w_{\alpha_{\nu-j}}(z)| \}$，于是

$$\log |A_j(z)| \leqslant \log |A_\nu(z)| + \log |w_{\beta_1}(z) \cdots w_{\beta_{\nu-j}}(z)|$$

$$+ \log c_\nu^j \leqslant \log |A_\nu(z)| + \sum_{j=1}^{\nu} \log^+ |w_j(z)| + \nu \log 2.$$

上式右端与 j 无关，故对任意的 $z \in \mathbf{C}$，

$$\log A(z) \leqslant \log |A_\nu(z)| + \sum_{j=1}^{\nu} \log^+ |w_j(z)| + \nu \log 2.$$

令 $z = re^{i\theta}$ 并对 θ 求积分，应用 Jensen 公式得

$$\mu(r, A) \leqslant T(r, w) + \frac{1}{\nu} \log |A_\nu(0)| + \log 2. \quad (2.3.8)$$

结合 (2.3.7) 和 (2.3.8) 即得 (2.3.6)。

在 § 2.2 节我们曾对亚纯函数引入球面特征函数，这里对代数体函数可以引入相应的特征。由于代数体函数 $w(z)$ 是 Riemann 曲面 $\mathscr{M}$ 上的单值亚纯函数，$w(\tilde{z})$ 是实现 $\mathscr{M}$ 到 $\hat{\mathbf{C}}$ 上的共形映照。像亚纯函数一样，令 $U(w) = \log(1 + |w|^2)$，继令 $V(\tilde{z}) = U(w(\tilde{z})) = \log(1 + |w(\tilde{z})|^2)$，则知 $\Delta_{\tilde{z}} V(\tilde{z}) = |w'(\tilde{z})|^2 \Delta_w$

$\cdot U(w)=\frac{4|w'(\tilde{z})|^2}{(1+|w(\tilde{z})|^2)^2}$. 由定义当 a_i 是 $w(z)$ 的零点时,有 $V(a_i)=0$. 若 b_k 是 $w(z)$ 之极点,并在 b_k 点邻域 $w(z)$ 有表示式

$$w(z)=(z-b_k)^{-\tau_k/\lambda_k}\hat{w}(z),\ \hat{w}(b_k)\neq 0,\infty, \qquad (2.3.9)$$

于是在 b_k 点邻域

$$V(z)=\frac{2\tau_k}{\lambda_k}\log\frac{1}{|z-b_k|}+V_0(z),$$

其中 $V_0(z)$ 在 b_k 点连续可微. 今设 $\tilde{b}_k$ 是 b_k 在 $\tilde{\mathscr{M}}$ 上的点, 又以 $D_\delta(\tilde{b}_k)$ 表示 $\tilde{\mathscr{M}}$ 上以 $\tilde{b}_k$ 为心的 λ_k叶小圆盘, 它在 $\mathbf{C}$ 上的投影为 $\Delta_\delta(b_k)=\{z,\ |z-b_k|<\delta\}$. 继令 $\dot{\mathfrak{X}}(r)=\mathfrak{X}(r)\setminus\cup D_\delta(\tilde{b}_k)$, $\dot{\Gamma}(r)=\partial\dot{\mathfrak{X}}(r)=\{\partial\mathfrak{X}(r)\}\cup\{\cup\partial D_\delta(\tilde{b}_k)\}$. 应用 Green 公式有

$$\iint_{\dot{\mathfrak{X}}(r)}\Delta_{\tilde{z}}V(\tilde{z})d\Omega=\int_{\dot{\Gamma}(r)}\frac{\partial V}{\partial n}ds$$

$$=\int_{\Gamma(r)}\frac{\partial V}{\partial n}ds-\sum\int_{\partial D_\delta(b_k)}\frac{\partial V}{\partial n}ds. \qquad (2.3.10)$$

下面分别计算上式各项. 首先,由 (2.3.9) 有

$$w'(z)=(z-b_k)^{-\frac{\tau_k+\lambda_k}{\lambda_k}}w^*(z),\ w^*(b_k)\neq 0,\ \infty,$$

于是

$$\frac{|w'(z)|^2}{(1+|w(z)|^2)^2}=|z-b_k|^{\frac{2(\tau_k-\lambda_k)}{\lambda_k}}K_k(z),$$

从而

$$\iint_{D_\delta(\tilde{b}_k)}\frac{|w'(\tilde{z})|^2}{(1+|w(\tilde{z})|^2)^2}d\Omega$$

$$\leqslant K\int_0^{2\pi\lambda_k}\int_0^\delta\rho^{2(\tau_k-\lambda_k)/\lambda_k}\rho d\rho d\theta=O(\delta^{2\tau_k/\lambda_k}).$$

因此,当 $\delta\to 0$ 时,(2.3.10) 左端趋于

$$4\iint_{\mathfrak{X}(r)}\frac{|w'(\tilde{z})|^2}{(1+|w(\tilde{z})|^2)^2}d\Omega$$

$$=4\sum_{j=1}^{v}\int_0^r\int_0^{2\pi}\frac{|w_j'(z)|^2d\sigma_z}{(1+|w_j(z)|^2)^2}.$$

其次,

$$\int_{\Gamma(r)} \frac{\partial V}{\partial n} ds = r \frac{d}{dr} \sum_{j=1}^{\nu} \int_0^{2\pi} \log(1+|w_j(z)|^2) d\theta,$$

再由 $V(z)$ 在 b_k 点的性质

$$\int_{\partial D_\delta(b_k)} \frac{\partial V}{\partial n} ds = -4\pi\tau_k + O(\delta),$$

因此当 $\delta \to 0$ 时，

$$\sum \int_{\partial D_\delta(b_k)} \frac{\partial V}{\partial n} ds = -4\pi n(r, w).$$

综上诸式并对 r 求积分便得

$$\frac{1}{\nu} \int_0^r \frac{A(t, w)}{t} dt$$

$$= \frac{1}{2\pi\nu} \sum_{j=1}^{\nu} \int_0^{2\pi} \log \sqrt{1+|w_j(re^{i\theta})|^2} d\theta$$

$$- \frac{1}{\nu} \sum_{j=1}^{\nu} \log \sqrt{1+|w_j(0)|^2} + N(r, w),$$

其中

$$A(r, w) = \frac{1}{\pi} \iint_{\mathfrak{X}(r)} \frac{|w'(\tilde{z})|^2}{(1+|w(\tilde{z})|^2)^2} d\Omega$$

$$= \frac{1}{\pi} \sum_{j=1}^{\nu} \int_0^r \int_0^{2\pi} \frac{|w_j'(re^{i\theta})|^2 r\, dr\, d\theta}{(1+|w_j(re^{i\theta})|^2)^2},$$

并称

$$\mathring{T}(r, A) = \frac{1}{\nu} \int_0^r \frac{A(t, w)}{t} dt$$

为代数体函数的球面特征函数.

像亚纯函数情形一样，我们容易得

1° $A(r, w)$ 有如下的几何意义：若 W_r 表示 $w(\tilde{z})$ 将 Riemann 曲面块 $\mathfrak{X}(r)$ 映于扩充的复平面 $\hat{\mathbb{C}}_w$ 中的像域，F_r 是 W_r 通过测地投影映于 Neumann 球面的曲面块，则 $A(r, w)$ 表示 F_r 的球面面积除以总面积 π，其中曲面面积按映照的重数计算.

2° $\mathring{T}(r, w)$ 是 $\log r$ 的凸增函数.

3° $\mathring{T}(r, w)$ 和 Nevanlinna 特征函数 $T(r, w)$ 仅相差一有

界量. 直接计算可得

$$|\mathring{T}(r,w)-T(r,w)|\leqslant \log 2 + \frac{1}{\nu}\sum_{j=1}^{\nu}\log\sqrt{1+|w_j(0)|^2}.$$

4° $\mathring{T}(r, w)$ 对旋转群 G_1 不变,即若 $S(w)=e^{i\alpha}\dfrac{w-a}{1+\bar{a}w}\in G_1$,则 $\mathring{T}(r, w)=\mathring{T}(r, S(w))$.

5° 设 $a\in\mathbf{C}$,并令

$$\mathring{m}(r,a)=\frac{1}{2\pi\nu}\sum_{j=1}^{\nu}\int_0^{2\pi}\log\frac{1}{k\{w_j(z),a\}}d\theta - \frac{1}{\nu}\sum_{j=1}^{\nu}\log\frac{1}{k\{w_j(0),a\}},$$

则有

$$\mathring{m}(r,a)+N(r,a)=\mathring{T}(r,w).$$

§ 2.4 代数体函数的增长级

定义 2.6 设 $w(z)$ 为代数体函数,则

$$\rho=\varlimsup_{r\to\infty}\frac{\log T(r,w)}{\log r} \text{ 和 } \mu=\varliminf_{r\to\infty}\frac{\log T(r,w)}{\log r}$$

分别称为 $w(z)$ 的级和下级. 若 $0<\rho<\infty$,则

$$\sigma=\varlimsup_{r\to\infty}\frac{T(r,w)}{r^{\rho}}$$

称为型.

由于 $\mu(r, A)$ 和 $\mathring{T}(r, w)$ 与 $T(r, w)$ 仅相差一个有界量,因此定义 2.6 中能代 $T(r, w)$ 以 $\mu(r, A)$ 或 $\mathring{T}(r, w)$.

定理 2.20 设 $w(z)$ 为 (2.1.5) 确定的代数体函数, 其级为 ρ. 又令 ρ_j 是 (2.1.5) 中系数 $A_j(z)$ 的级,则必有

$$\rho_j\leqslant\rho\leqslant\max_{0\leqslant j\leqslant\nu}\{\rho_j\}=\hat{\rho}.$$

证明 首先由 $\mu(r, A)$ 的定义有

$$\nu\mu(r,A)\leqslant\sum_{j=1}^{\nu}m(r,A_j)+\log(\nu+1).$$

若 $\hat{\rho}=\infty$，则显然有 $\rho\leqslant\hat{\rho}$. 因此，不妨设 $\hat{\rho}<\infty$. 于是对给定的 $\varepsilon>0$，当 $r\geqslant r_j$ 时，

$$m(r,A_j)<r^{\rho_j+\varepsilon}.$$

因此，当 $r>\bar{r}$ 时，

$$\sum_{j=0}^{\nu} m(r,A_j)+\log(\nu+1)<r^{\hat{\rho}+\varepsilon}.$$

由此得 $\rho\leqslant\hat{\rho}+\varepsilon$. 再令 $\varepsilon\to 0$，便有 $\rho\leqslant\hat{\rho}$.

其次，令 $A_{jk}(z)=\max\{|A_j(z)|,|A_k(z)|\}$，则知

$$\nu\mu(r,A)\geqslant\mu(r,A_{jk})=\frac{1}{2\pi}\int_0^{2\pi}\log A_{jk}(re^{i\theta})d\theta$$

$$=\frac{1}{2\pi}\int_0^{2\pi}\log\frac{|A_j(re^{i\theta})|}{|A_k(re^{i\theta})|}d\theta+\frac{1}{2\pi}\int_0^{2\pi}\log|A_k(re^{i\theta})|d\theta$$

$$=m\left(r,\frac{A_j}{A_k}\right)+N\left(r,\frac{1}{A_k}\right)+\log|A_k(0)|$$

$$\geqslant T(r,f_{jk})+\log|A_k(0)|, \tag{2.4.1}$$

其中 $f_{jk}(z)=A_j(z)/A_k(z)$. 由此得 $f_{jk}(z)$ 的级 $\rho_{jk}\leqslant\rho$. 但知 $f_{jk}(z)$ 的级 $\rho_{jk}=\max\{\rho_j,\rho_k\}$，因此 $\rho_j\leqslant\rho_{jk}\leqslant\rho$.

推论 设 $w(z)$ 为代数体函数，若

$$\varliminf_{r\to\infty}\frac{T(r,w)}{\log r}<\infty, \tag{2.4.2}$$

则 $w(z)$ 为一代数函数.

事实上，由 (2.4.1) 可得，对所有 $0\leqslant j,k\leqslant\nu$，亚纯函数 $f_{jk}(z)$ 满足

$$\varliminf\frac{T(r,f_{jk})}{\log r}<\infty.$$

根据亚纯函数的性质，所有 $f_{jk}(z)$ 为有理函数. 又因为 $A_0(z)$，$A_1(z)$，$\cdots$，$A_\nu(z)$ 不能具有非常数的公因子，因此必须所有 $A_j(z)(j=0,1,\cdots,\nu)$ 为多项式. 于是 $w(z)$ 退化为一代数函数.

反之，若 $w(z)$ 为一代数函数，则从 Valiron 特征立即得到 (2.4.2) 成立.

§ 2.5 对数导数基本引理

对数导数平均值的基本引理在亚纯函数 Nevanlinna 理论及其在常微分方程的应用中起着十分重要的作用。在亚纯函数的情形是应用 Poisson-Jensen 公式求得的。但对代数体函数不能简单的沿用这个方法。G. Valiron[1] 于 1929 年首先对代数体函数对数导数基本引理给出证明，其主要步骤是先对于不存在 $w(z)$ 的极点、零点和分支点的区域求得 $|\log|w_j(z)||(j=1,2,\cdots,\nu)$ 的上界，然后应用 Hadamard-Borel-Carathéodory 关于全纯函数的实部界囿函数值的定理得到 $|\log w_j(z)|(j=1,2,\cdots,\nu)$ 的上界，再应用 Cauchy 积分公式对 $|w_j'(z)/w_j(z)|$ 作出估计，最后由特征函数 $T(r,w)$ 的增长性完成命题的证明。下面将给出代数体函数对数导数基本引理的证明。为此先证明下述引理

引理 2.4 设 $w(z)$ 是由 (2.1.5) 确定的 ν 值代数体函数，则有

$$N_x(r,w)\leqslant 2(\nu-1)T(r,w)+O(1). \tag{2.5.1}$$

证明 首先我们有

$$n_x(r,w)\leqslant n\left(r,\frac{1}{\mathrm{J}(z)}\right), \tag{2.5.2}$$

其中 $\mathrm{J}(z)=[A_\nu(z)]^{2(\nu-1)}\prod\limits_{1\leqslant j<k\leqslant\nu}[w_j(z)-w_k(z)]^2$ 是判别式。事实上，若 z_0 点有 λ 个 $w(z)$ 的分支取 $a\in\mathbf{C}$ 为值，则在 $J(z)$ 中有 $\frac{1}{2}\lambda(\lambda-1)$ 项包含有因子 $(z-z_0)^{2\tau/\lambda}$，即 $J(z)$ 以 z_0 为零点，其重级至少是 $\frac{1}{2}\lambda(\lambda-1)\cdot\frac{2\tau}{\lambda}=\tau(\lambda-1)\geqslant\lambda-1$。换言之，$w(z)$ 的 $\lambda-1$ 级分支点至少是 $\mathrm{J}(z)$ 的 $\lambda-1$ 级零点。因此，(2.5.2) 成立。

其次，由 Jensen 公式

$$N\left(r,\frac{1}{J(z)}\right)=\frac{1}{2\pi}\int_0^{2\pi}\log|\mathrm{J}(re^{i\theta})|d\theta$$

$$+\log\frac{1}{|J(0)|}=\frac{2(\nu-1)}{2\pi}\int_0^{2\pi}\log|A_\nu(re^{i\theta})|d\theta$$

$$+\frac{1}{2\pi}\int_0^{2\pi}\log\left|\prod_{1\leqslant j<k\leqslant\nu}[w_j(re^{i\theta})-w_k(re^{i\theta})]^2\right|d\theta$$

$$+\log\frac{1}{|J(0)|}\leqslant 2(\nu-1)N\left(r,\frac{1}{A_\nu}\right)$$

$$+2(\nu-1)\sum_{j=1}^{\nu}\frac{1}{2\pi}\int_0^{2\pi}\log^+|w_j(re^{i\theta})|d\theta$$

$$+\sigma_0=2\nu(\nu-1)T(r,w)+\sigma_0,$$

其中 $\sigma_0=2(\nu-1)\log|A_\nu(0)|+\log\frac{1}{|J(0)|}+\nu(\nu-1)\log 2$.

再由定义

$$N_x(r,w)\leqslant\frac{1}{\nu}N\left(r,\frac{1}{J}\right)\leqslant 2(\nu-1)T(r,w)+\sigma_1.$$

值得注意的是，由于代数体函数的多值性，函数导数的极点不仅由函数本身的极点所产生，还由某些分支点所产生，这与亚纯函数有极大的差别. 下面我们给出代数体函数 k 次导数的极点的估计，它在代数体函数理论及其在常微分方程的应用中常被用来得到更为精确的结果(参看何育赞 [2]).

引理 2.5 设 $w(z)$ 是 ν 值代数体函数，则有

$$N(r,w)+k\overline{N}(r,w)\leqslant N(r,w^{(k)})\leqslant N(r,w)$$
$$+k\overline{N}(r,w)+(2k-1)N_x(r,w)+O(1). \quad (2.5.3)$$

证明 当 $w(z)$ 在 z_0 点取有穷值时，根据 (2.1.7)，$w^{(k)}(z)$在 z_0 点邻域有表示式

$$w^{(k)}(z)=(z-z_0)^{\frac{\tau-k\lambda}{\lambda}}\hat{w}_k(z),\quad \hat{w}_k(z_0)\neq 0,\infty.$$

由此可知，当 $k\lambda-\tau>0$ 时，z_0 点是 $w^{(k)}(z)$ 的 $k\lambda-\tau$ 重极点. 当 z_0 是 $w(z)$ 的极点时，由 (2.1.8)

$$w^{(k)}(z)=(z-z_0)^{-\frac{\tau+k\lambda}{\lambda}}\hat{w}_k(z),\quad \hat{w}_k(z_0)\neq 0,\infty.$$

因此

$$n(r, w^{(k)}) = \sum_{w=\infty}(\tau + k\lambda) + \sum_{w\neq\infty}(k\lambda - \tau)^+,$$

其中 $(k\lambda - \tau)^+ = \max\{0, k\lambda - \tau\}$. 由于当 $\lambda > 1$ 时,

$$k\lambda - \tau \leqslant k\lambda - 1 \leqslant (2k-1)(\lambda - 1),$$

又注意到 $1 \leqslant k \leqslant 2k-1$,便得

$$n(r, w^{(k)}) \leqslant \sum_{w=\infty}(\tau + k) + k\sum_{w=\infty}(\lambda - 1)$$

$$+ (2k-1)\sum_{w\neq\infty}(\lambda - 1) \leqslant n(r, w)$$

$$+ k\bar{n}(r, w) + (2k-1)n_x(r, w), \tag{2.5.4}$$

由此立即得到 (2.5.3) 右端的不等式. 此外,

$$n(r, w^{(k)}) \geqslant \sum_{w=\infty}(\tau + k) = n(r, w) + k\bar{n}(r, w),$$

由此便得 (2.5.3) 左边的不等式.

结合引理 2.4 和引理 2.5, 我们有下面的推论.

推论 $w(z)$ 如引理 2.5 所设,则

$$N(r, w^{(k)}) \leqslant N(r, w) + k\bar{N}(r, w)$$

$$+ 2(\nu - 1)(2k-1)T(r, w) + O(1). \tag{2.5.5}$$

定理 2.21 设 $w(z)$ 是 (2.1.5) 确定的 ν 值代数体函数, 则对 $0 < r < t < \infty$ 有

$$m\left(r, \frac{w'}{w}\right) < 10\mathring{\log} T(t, w)$$

$$+ 12\mathring{\log}\frac{r}{t-r} + 3\mathring{\log}\frac{1}{r} + \sigma_0, \tag{2.5.6}$$

其中 σ_0 是仅与 $A_j(z)(j = 0, 1, \cdots, \nu)$ 于原点的性质以及 ν 有关的量.

证明 令 $f(z) = A_j(z)/A_\nu(z), j = 0, 1, \cdots, \nu - 1$, 对 $|z| = r$ 有以下的 Poisson-Jensen 公式,

$$\log|f(z)| = \frac{1}{2\pi}\int_0^{2\pi}\log|f(te^{i\theta})|$$

$$\cdot\frac{t^2 - r^2}{t^2 - 2rt\cos(\theta - \phi) + r^2}d\theta$$

$$+\sum_{|b_j|<t}\log\left|\frac{t^2-\bar{b}_j z}{t(z-b_j)}\right|$$

$$-\sum_{|a_k|<t}\log\left|\frac{t^2-\bar{a}_k z}{t(z-a_k)}\right|,$$

其中 $\{a_k\}$ 和 $\{b_j\}$ 分别是 $f(z)$ 的零点和极点. 注意到 $|z|=r<t$ 时, $\left|\frac{t^2-\bar{a}_k z}{t(z-a_k)}\right|>1$,由上式即得

$$\log|f(z)|\leqslant\frac{t+r}{t-r}T(t,f)+\sum_{|b_j|<t}\log\frac{2t}{|z-b_j|}.$$

对于满足 $|z-b_j|>2h$ 的 z,令 $t=r+h$, $h>0$,则更有

$$\log|f(z)|<\frac{2r+h}{h}T(r+h,f)$$

$$+n(r+h,f)\log\frac{r+h}{h}.$$

根据密指量的定义,

$$[n(r+h,f)-n(0,f)]\log\frac{r+2h}{r+h}$$

$$\leqslant\int_{r+h}^{r+2h}\frac{n(\rho,f)-n(0,f)}{\rho}d\rho$$

$$\leqslant N(r+2h,f)-n(0,f)\log(r+2h),$$

或改写为

$$n(r+h,f)\leqslant\left[N(r+2h,f)+n(0,f)\right.$$

$$\left.\cdot\log\frac{1}{r+h}\right]\Big/\log\frac{r+2h}{r+h}.$$

注意到当 $\frac{h}{r+h}$ 足够小时, $\log\frac{r+2h}{r+h}>\frac{h(2r+h)}{2(r+h)^2}$,由此

$$n(r+h,f)<\frac{2(r+h)}{h}$$

$$\cdot\left[N(r+2h,f)+n(0,f)\log\frac{1}{r}\right],$$

于是

$$\log|f(z)| < \left(\frac{2r+h}{h} + 2\frac{r+h}{h}\log\frac{r+h}{h}\right)$$
$$\cdot\left[T(r+2h,f) + n(0,f)\left(1+\log\frac{1}{r}\right)\right].$$

现设 $A_\nu(z)$ 在圆环 $K=\{z, 0<r-2h<|z|<r+2h\}$ 内无零点，从而 $f(z)$ 在 K 内无极点. 换言之，当 $|z|=r$ 时，$|z-b_j|>2h$. 因此，当 $|z|=r>h$ 时，

$$\log|f(z)| < 11\left(\frac{r}{h}\right)^2\left[T(r+2h,f) + n(0,f)\left(1+\log\frac{1}{r}\right)\right].$$

但由(2.4.1)，$T(r,f)=T(r,f_{j\nu})\leqslant \nu\mu(r,A)+\log 1/|A_\nu(0)|\leqslant \nu\log T(r,w)+\nu\log 2$. 令 $n(0,f)\leqslant n(0,1/A_\nu)=l$，则上式成为

$$\log|f(z)| < 11\left(\frac{r}{h}\right)^2\nu\left[T(r+2h,w)\right.$$
$$\left.+\log 2+\frac{l}{\nu}\left(1+\log\frac{1}{r}\right)\right].$$

此外，若 $|w_j(z)|\geqslant 1$，则有

$$|w_j(z)| = \frac{1}{|A_\nu(z)|}\left|\sum_{k=0}^{\nu-1}A_k(z)w_j^{k-\nu}\right| \leqslant \nu\max_{0\leqslant k\leqslant\nu}\left\{\left|\frac{A_k(z)}{A_\nu(z)}\right|\right\}.$$

若 $|w_j(z)|<1$，则上式更成立. 从而

$$\log|w_j(z)| < 11\nu\left(\frac{r}{h}\right)^2$$
$$\cdot\left[T(r+2h,w)+c_0+c_0'\log\frac{1}{r}\right],$$

其中 $c_0=\log 2+1+\frac{l}{\nu}$, $c_0'=\frac{l}{\nu}$.

类似地考虑 $g(z)=A_j(z)/A_0(z)$. 若在圆环 K 内无 $A_0(z)$ 的零点，从而无 $g(z)$ 的极点，应用相同的计算得到

$$\log\frac{1}{|w_j(z)|} < 11\nu\left(\frac{r}{h}\right)^2$$
$$\cdot\left[T(r+2h,w)+c_1+c_1'\log\frac{1}{r}\right],$$

其中 $c_1=\log 2+\frac{l'}{\nu}+1+\frac{1}{\nu}\log\left|\frac{A_\nu(0)}{A_0(0)}\right|$, $c_1'=\frac{l'}{\nu}$, $l'=n(0,$

$1/A_0) \geqslant n(0, g)$.

结合上两式便有，当 $|z| = r$ 时，

$$| \log |w_j(z)|| < 11\nu \left(\frac{r}{h}\right)^2$$

$$\cdot \left[T(r + 2h, w) + c_2 + c_2' \log \frac{1}{r}\right].$$

现取 $h_1 = \frac{1}{2} h \leqslant \frac{1}{4} r$，则当 $z \in K_1 = \{z, 0 < r - 2h_1 < |z| < r + 2h_1\}$ 时，$|z - b_j| > 2h_1$，$|z - c_k| > 2h_1$，其中 b_j 和 c_k 分别是 $f(z)$ 和 $g(z)$ 的极点。注意到 $z \in K_1$ 时，$\frac{1}{2} r < r - 2h_1 < |z| = r_1 < r + 2h_1 < 2r$，从而有

$$| \log |w_j(z)|| < 11\nu \left(\frac{r_1}{h_1}\right)^2$$

$$\cdot \left[T(r_1 + 2h_1, w) + c_2 + c_2' \log \frac{1}{r_1}\right]$$

$$< 176\nu \left(\frac{r}{h}\right)^2 \left[T(r + 2h, w) + c_3 + c_3' \log \frac{1}{r}\right].$$

今进一步设 $A_0(z)$，$A_\nu(z)$ 和 $J(z)$ 在圆环 K 内无零点，此时 $w(z)$ 在 K 内无零点、极点和分支点。特别在与圆环 K 相切的圆 $D_{2h}(z) = \{\zeta, |\zeta - z| < 2h\}$，$|z| = r$ 内亦然。因此，$\log w_j(\zeta)$ 在 $D_{2h}(z)$ 内全纯。今取 $\log w_j(\zeta)$ 的分支，使得当 $\zeta = z$ 时，$|\arg \log w_j(z)| \leqslant \pi$。应用定理 1.3 于 $\log w_j(\zeta)$ 和 $D_{h_1}(z)$，则当 $\zeta \in D_{h_1}(z)$ 时有

$$| \log w_j(\zeta)| < 2\max_{\zeta \in D_{2h_1}(z)}\{ \log |w_j(\zeta)|\}$$

$$+ 3\{(\log |w_j(z)|)^2 + \pi^2\}^{\frac{1}{2}} < c_\nu \left(\frac{r}{h}\right)^2$$

$$\cdot \left\{T(r + 2h, w) + c_4 + c_4' \log \frac{1}{r}\right\}, \tag{2.5.7}$$

其中 c_ν 为常数。应用 Cauchy 公式

$$\log w_j(z) = \frac{1}{2\pi i} \int_{|\zeta - z| = h_1} \frac{\log w_j(\zeta)}{\zeta - z} d\zeta, \tag{2.5.8}$$

求导数后应用 (2.5.7) 便得

$$\left|\frac{w_j'(z)}{w_j(z)}\right| < c_\nu\left(\frac{r}{h}\right)^2\frac{1}{h}\left\{T(r+2h,w)+c_4+c_4'\overset{+}{\log}\frac{1}{r}\right\}, \tag{2.5.9}$$

于是对上述特殊的 r 值便有

$$m\left(r,\frac{w'}{w}\right)=\frac{1}{2\pi\nu}\sum_{j=1}^{\nu}\int_0^{2\pi}\overset{+}{\log}|w_j(re^{i\theta})|d\theta$$

$$<\overset{+}{\log}T(r+2h,w)+3\overset{+}{\log}\frac{r}{h}+2\log\frac{1}{r}+c_5, \tag{2.5.10}$$

c_5 为仅与 ν 以及 $A_0(z)$, $A_\nu(z)$ 在原点性质有关的常数。

最后,我们将指出 (2.5.10) 对所有 r 都成立。

现取任两个数 r' 和 r'' 合于 $0<r'<r''<\infty$, 继令 $\rho=\frac{1}{2}(r'+r'')$, 由 (2.5.4) 可知,

$$n\left(\rho,\frac{w'}{w}\right)\leqslant n\left(\rho,\frac{1}{w}\right)+n(\rho,w)$$

$$+\bar{n}(\rho,w)+n\left(\rho,\frac{1}{J}\right),$$

并记上式右端之和为 n_0。再由 Jensen 公式得

$$n(\rho,w)\log\frac{r''}{\rho}\leqslant\nu T(r'',w)+l\log\frac{1}{r''}+l\log 2,$$

$$n\left(\rho,\frac{1}{w}\right)\log\frac{r''}{\rho}\leqslant\nu T(r'',w)$$

$$+l'\log\frac{1}{r''}+l'\log 2+\log\left|\frac{A_\nu(0)}{A_0(0)}\right|$$

和

$$n\left(\rho,\frac{1}{J}\right)\log\frac{r''}{\rho}\leqslant 2\nu(\nu-1)T(r'',w)$$

$$+n\left(0,\frac{1}{J}\right)\log\frac{1}{r''}+n\left(0,\frac{1}{J}\right)\log 2$$

$$+2(\nu-1)\log|A_\nu(0)|+\log\frac{1}{|J(0)|}$$

$$+ 2\nu(\nu-1)\log 2.$$

若令 n 表示 $A_0(z)$, $A_\nu(z)$ 和 $J(z)$ 于 $|z|<\rho$ 内零点之总数，则由上述各式可得 n 的如下估计:

$$n \leqslant n_0 \leqslant \hat{n}_0 = \frac{HT(r'', w) + H'\left(1 + \overset{+}{\log}\frac{1}{r''}\right)}{\log\frac{r''}{\rho}}, \quad (2.5.11)$$

其中 $H=\nu(2\nu+1)$, $H'=2l+l'+n\left(0, \frac{1}{J}\right)+2(\nu-1)\cdot\overset{+}{\log}|A_\nu(0)|+\overset{+}{\log}\left|\frac{A_\nu(0)}{A_0(0)}\right|+\overset{+}{\log}\frac{1}{|J(0)|}+2\nu(\nu-1)\log 2$. 总之，$H$ 是仅与 ν 有关的常数，H' 是与 ν 以及 $A_j(z)(j=0, 1, \cdots, \nu)$ 于原点的性质有关的常数.

今取 $h=\frac{r''-r'}{8(\hat{n}_0+2)^3}$，则于区间 $\left(r', r'+\frac{r''-r'}{(\hat{n}_0+2)^2}\right)$ 内至少有一 r 使 (2.5.9) 成立. 事实上，由于在圆环 $K'=\left\{z, r'<|z|<r'+\frac{r''-r'}{(\hat{n}_0+2)^2}\right\}$ 内 $A_0(z)$, $A_\nu(z)$ 和 J(z) 的零点总数小于 $\hat{n}_0$，因此必有一个宽度为 $\frac{r''-r'}{\hat{n}_0(\hat{n}_0+2)^2}$ 的圆环，在其内不含上述三个函数的零点. 取此圆环的中心同心圆半径为 r，即有某个整数 k 合于 $1\leqslant k\leqslant 2\hat{n}_0-1$，使得 $r=r'+k\frac{r''-r'}{2\hat{n}_0(\hat{n}_0+2)^2}$. 由 h 的选取，有 $r+2h<r'+\frac{r''-r'}{(\hat{n}_0+2)^2}<r''$. 又注意到 $\frac{r''}{h}>\frac{r}{h}$ 和 $r'<r$，因此对这样确定的 r，式 (2.5.9) 成立，并且 (2.5.10) 成为

$$m\left(r, \frac{w'}{w}\right) < \overset{+}{\log} T(r'', w) + 3\log\frac{r''}{r''-r'}$$

$$+ 9\log(\hat{n}_0+2) + 2\overset{+}{\log}\frac{1}{r'} + c_6.$$

计及 $\rho=\frac{1}{2}(r'+r'')$，即有 $\log\frac{r''}{\rho}>\frac{r''-r'}{2r''}$. 由 (2.5.11) 便得

$$\log \hat{n}_0<\log\frac{r''}{r''-r'}+\overset{+}{\log}T(r'',w)$$

$$+\overset{+}{\log}\frac{1}{r''}+\log H+\log H'+3\log 2,$$

因此

$$m\left(r,\frac{w'}{w}\right)<10\overset{+}{\log}T(r'',w)$$

$$+12\log\frac{r''}{r''-r'}+3\log\frac{1}{r'}+c_7.$$

最后根据特征函数的增长性，当 $r''\leqslant 2r'$ 时有

$$m\left(r',\frac{w'}{w}\right)\leqslant m\left(r,\frac{w'}{w}\right)+N\left(r,\frac{w'}{w}\right)$$

$$-N\left(r',\frac{w'}{w}\right)<m\left(r,\frac{w'}{w}\right)$$

$$+\frac{\hat{n}_0}{v}\log\frac{r}{r'}\leqslant m\left(r,\frac{w'}{w}\right)$$

$$+\hat{n}_0\frac{r-r'}{r'}\leqslant m\left(r,\frac{w'}{w}\right)$$

$$+\hat{n}_0\frac{r''-r'}{r'(\hat{n}_0+2)^2}\leqslant m\left(r,\frac{w'}{w}\right)+1,$$

即对任意的 $r'<r''\leqslant 2r'$ 有

$$m\left(r',\frac{w'}{w}\right)<10\overset{+}{\log}T(r'',w)$$

$$+12\overset{+}{\log}\frac{r''}{r''-r}+3\overset{+}{\log}\frac{1}{r'}+c_7+1.$$

当 $r''>2r'$ 时上式仍然成立，只须在右端加上 $\log 2$. 因此，令 $r'=r$, $r''=t$, $c_7+1+\log 2=\sigma_0$，即得 (2.5.6).

下面的推论在讨论常微分方程的代数体解时常要用到(参看何育赞论文 [2]).

推论 $w(z)$ 如定理 2.21 所设，则于 $0<r<t<\infty$ 时，

$$m\left(r, \frac{w^{(k)}}{w}\right) < \alpha_k \log^+ T(t, w) + \beta_k \log \frac{t}{t-r} + \gamma_k \log^+ \frac{1}{r} + \sigma_k, \qquad (2.5.12)$$

其中 α_k, β_k 和 γ_k 是仅与 k 及 ν 有关的常数；σ_k 是仅与 k, ν 及 $A_j(z)(j=0, 1, \cdots, \nu)$ 于原点的性质有关的常数.

证明 从 (2.5.10) 出发，假设对于 $s=1, 2, \cdots, k-1$ 和 $|z|=r$ 下式成立

$$m\left(r, \frac{w^{(s)}}{w}\right) < \hat{\alpha}_s \log^+ T(r+2h, w) + \hat{\beta}_s \log^+ \frac{r}{h} + \hat{\gamma}_s \log^+ \frac{1}{r} + \hat{\sigma}_s, \qquad (2.5.13)$$

其中 $\hat{\alpha}_s$, $\hat{\beta}_s$ 和 $\hat{\gamma}_s$ 为仅与 ν 及 s 有关的常数，$\hat{\sigma}_s$ 是与 s, ν 以及 $A_0(z)$ 和 $A_\nu(z)$ 于原点性质有关的常数，则当 $s=k$ 时，(2.5.13) 仍然成立. 事实上，对 (2.5.8) 求 k 次导数得

$$[\log w_j(\zeta)]^{(k)} = \frac{k!}{2\pi i}\int_{|\zeta-z|=h_1} \frac{\log w_j(\zeta)}{(\zeta-z)^{k+1}}\, d\zeta,$$

利用 (2.5.7) 并令 $\zeta = z + he^{i\varphi}$ 便得

$$|[\log w_j(\zeta)]^{(k)}| \leqslant \frac{k!}{2\pi}\int_0^{2\pi} \frac{|\log w_j(\zeta)|}{h^k}\, d\phi$$

$$< c_{\nu_k}\left(\frac{r}{h}\right)^2 \cdot \frac{1}{h^k}\left\{T(r+2h, w) + c_4 + c_4' \log^+ \frac{1}{r}\right\}. \qquad (2.5.14)$$

另外，我们有

$$[\log w_j(\zeta)]^{(k)} = \frac{w_j^{(k)}(\zeta)}{w_j(\zeta)} + P_k(\zeta),$$

其中 $P_k(\zeta) = P_k\left(\frac{w'}{w}, \frac{w''}{w}, \cdots, \frac{w^{(k-1)}}{w}\right)$ 是其变元的常系数多项式. 于是，

$$\left|\frac{w_j^{(k)}(\zeta)}{w_j(\zeta)}\right| \leqslant |[\log w_j(\zeta)]^{(k)}| + |P_k(\zeta)|,$$

由归纳假设和估计式(2.5.14)，并注意到正对数的性质，便得

$$m\left(r, \frac{w^{(k)}}{w}\right) < \hat{\alpha}_k \overset{+}{\log} T(r + 2h, w)$$

$$+ \hat{\beta}_k \log \frac{r}{h} + \hat{\gamma}_k \overset{+}{\log} \frac{1}{r} + \hat{\sigma}_k .$$

上式只对某些特殊的 r 成立. 一般地，根据(2.5.4)，并注意到

$$n\left(\rho, \frac{w^{(k)}}{w}\right) \leqslant n\left(\rho, \frac{1}{w}\right) + n(\rho, w)$$

$$+ k\bar{n}(\rho, w) + (2k - 1)n\left(\rho, \frac{1}{J(z)}\right),$$

又记上式右端和数为 n_0'，仿照定理 2.21 的证明即得(2.5.12).

注 1° 类似于亚纯函数的情形，应用引理 2.3 便得

$$m\left(r, \frac{w^{(k)}}{w}\right) = O\{\log(rT(r, w))\},$$

于无穷级时可能须除去线测度为有穷的 r 值集.

注 2° 根据引理 2.3，并注意到(2.5.5)便得

$$\begin{aligned} T(r, w') &= m(r, w') + N(r, w') \\ &\leqslant m(r, w) + m\left(r, \frac{w'}{w}\right) + N(r, w') + O(1) \\ &\leqslant 2\nu T(r, w) + O\{\log(rT(r, w))\}. \qquad (2.5.15) \end{aligned}$$

§2.6 代数体函数的第二基本定理及其推广

本节首先结合 Valiron, Ullrich 和熊庆来的方法给出代数体函数第二基本定理的证明，然后给出涉及所论函数的导数的第二基本不等式的推广.

定理 2.22 设 $w(z)$ 是(2.1.5)所确定的 ν 值代数体函数，并令 $a_k(k = 1, 2, \cdots, p)$ 是 p 个判别复数(有穷或否)，则有

$$(p - 2\nu)T(r, w) < \sum_{k=1}^{p} N\left(r, \frac{1}{w - a_k}\right)$$

$$- N_1(r, w) + S(r, w), \qquad (2.6.1)$$

其中 $N_1(r, w)$ 是重值点密指量，τ 重值点计算 $\tau - 1$ 次，并且

$$S(r, w) = m\left(r, \frac{w'}{w}\right) + \sum_{k=1}^{p} m\left(r, \frac{w'}{w - a_k}\right) + O(1).$$

(2.6.2)

当 $a_p = \infty$ 时，上式 p 代以 $p-1$.

证明 先设 $a_k \in \mathbb{C}$ $(k = 1, 2, \cdots, p)$，$w_j = w_j(z)$ $(j=1, 2, \cdots, \nu)$ 为 $w(z)$ 的 ν 个分支，则由恒等式

$$\prod_{j=1}^{\nu}\prod_{k=1}^{p}\frac{1}{w_j - a_k}$$
$$= \prod_{j=1}^{\nu}\left\{\sum_{k=1}^{p} A_k \frac{w_j'}{w_j - a_k}\right\} \Big/ \prod_{i=1}^{\nu} w_i', \tag{2.6.3}$$

其中 $A_k = [(a_1 - a_k)\cdots(a_{k-1} - a_k)(a_{k+1} - a_k)\cdots(a_p - a_k)]^{-1}$，$w'(z)$ 为 $w(z)$ 之导数并设它满足方程

$$\psi_1(z, w') \equiv B_\nu(z)(w')^\nu + B_{\nu-1}(z) \cdot (w')^{\nu-1} + \cdots + B_0(z) = 0.$$

令 $z = re^{i\theta}$，应用 Jensen 公式便得

$$I = \frac{1}{2\pi}\int_0^{2\pi} \log\left|\prod_{k=1}^{p}\prod_{j=1}^{\nu}\frac{1}{(w_j(z) - a_k)}\right| d\theta$$
$$= \frac{1}{2\pi}\int_0^{2\pi} \log\left|\prod_{k=1}^{p}\frac{A_\nu(z)}{\psi(z, a_k)}\right| d\theta$$
$$= \sum_{k=1}^{p}\frac{1}{2\pi}\int_0^{2\pi} \log\left|\frac{A_\nu(z)}{\psi(z, a_k)}\right| d\theta$$
$$= pN\left(r, \frac{1}{A_\nu}\right) - \sum_{k=1}^{p} N\left(r, \frac{1}{\psi(z, a_k)}\right)$$
$$+ p\log|A_\nu(0)| - \sum_{k=1}^{p}\log|\psi(0, a_k)|.$$

再根据恒等式 (2.6.3) 有

$$I = \sum_{j=1}^{\nu}\left\{\frac{1}{2\pi}\int_0^{2\pi} \log\left|\prod_{k=1}^{p}\frac{1}{w_j(z) - a_k}\right| d\theta\right.$$
$$\left. - \frac{1}{2\pi}\int_0^{2\pi} \log\left|\prod_{k=1}^{p}(w_j(z) - a_k)\right| d\theta\right\}$$

$$\leqslant \sum_{i=1}^{\nu} \frac{1}{2\pi} \int_0^{2\pi} \log^+ \left| \frac{1}{w_i'(z)} \right| d\theta$$

$$+ \sum_{i=1}^{\nu} \sum_{k=1}^{p} \frac{1}{2\pi} \int_0^{2\pi} \log^+ \left| \frac{w_i'(z)}{w_i(z) - a_k} \right| d\theta$$

$$- \sum_{i=1}^{\nu} \frac{1}{2\pi} \int_0^{2\pi} \log^+ \left| \prod_{k=1}^{p} (w_i(z) - a_k) \right| d\theta + O(1).$$

现对上式右端各项作进一步的估计．首先，

$$\sum_{i=1}^{\nu} \frac{1}{2\pi} \int_0^{2\pi} \log^+ \frac{1}{|w_i'(z)|} d\theta$$

$$= \frac{1}{2\pi} \int_0^{2\pi} \log \left| \prod_{i=1}^{\nu} \frac{1}{w_i'(z)} \right| d\theta + \sum_{i=1}^{\nu} \frac{1}{2\pi} \int_0^{2\pi} \log^+ |w'_i(z)| d\theta$$

$$= N\left(r, \frac{1}{B_\nu}\right) - N\left(r, \frac{1}{B_0}\right)$$

$$+ \log \left| \frac{B_\nu(0)}{B_0(0)} \right| + \nu m(r, w').$$

令 $a = \max\limits_{1 \leqslant k \leqslant p} \{|a_k|\}$ 和 $F_i(z) = (w_i(z) - a_1) \cdots (w_i(z) - a_p)$，易知

$$|w_i(z)|^p \leqslant \begin{cases} 2^p |F_i(z)|, \text{当 } z \in \mathbf{C} \text{ 且使得 } |w_i(z)| > 2a, \\ (2a)^p, \text{其它}, \end{cases}$$

于是

$$\frac{1}{2\pi} \int_0^{2\pi} \log^+ |F_i(z)| d\theta \geqslant p \frac{1}{2\pi} \int_0^{2\pi} \log^+ |w_i(z)| d\theta$$

$$- p \log^+ a - 2p \log 2,$$

因此

$$\sum_{i=1}^{\nu} \frac{1}{2\pi} \int_0^{2\pi} \log^+ |F_i(z)| d\theta \geqslant p\nu m(r, w)$$

$$- p\nu \log a - 2p\nu \log 2.$$

综上各式并应用第一基本定理便得

$$pT(r, w) < T(r, w') + \sum_{k=1}^{p} N\left(r, \frac{1}{w - a_k}\right)$$

$$-N\left(r,\frac{1}{w'}\right)+Q(r,w),\tag{2.6.4}$$

其中 $Q(r,w)=\sum_{k=1}^{p}m\left(r,\frac{w'}{w-a_k}\right)+O(1)$. 又由于

$$T(r,w')\leqslant T(r,w)+N(r,w')$$
$$-N(r,w)+m\left(r,\frac{w'}{w}\right),$$

便得

$$(p-1)T(r,w)<N(r,w)$$
$$+\sum_{k=1}^{p}N\left(r,\frac{1}{w-a_k}\right)-N_1(r)+Q_1(r,w),\tag{2.6.5}$$

其中 $N_1(r)=2N(r,w)-N(r,w')+N\left(r,\frac{1}{w'}\right)$. $Q_1(r,w)=\sum_{k=0}^{p}m\left(r,\frac{w'}{w-a_k}\right)$, $a_0=0$. 由于 $N(r,w)\leqslant T(r,w)$, 因此 (2.6.5) 能改写为

$$(p-2)T(r,w)<\sum_{k=1}^{p}N\left(r,\frac{1}{w-a_k}\right)$$
$$-N_1(r)+Q_1(r,w).\tag{2.6.6}$$

上式当 $\{a_k\}$ 中包含∞时亦成立. 事实上, 在 (2.6.5) 中令 $a_{p+1}=\infty$,再以 $p+1$ 代替 p, 则得 (2.6.6), 其中 $a_p=\infty$, 并且 $Q_1(r,w)=\sum_{k=0}^{p-1}m\left(r,\frac{w'}{w-a_k}\right)$.

下面对 (2.6.6) 中 $N_1(r)$ 作进一步估计,首先有

$$N_1(r)=N_1(r,w)-N_x(r,w),\tag{2.6.7}$$

其中 $N_x(r,w)$ 为分支点密指量,$N_1(r,w)$ 是所有重值点(有穷或否)密指量,每一 τ 重值点被计算 $\tau-1$ 次. 事实上, 若在 z_0 点有 λ 个分支取 $a\in\mathbb{C}$ 为值,其重级为 τ,则由 $w(z)-a=(z-z_0)^{\tau/\lambda}\cdot w_0(z)$ 和 $w'(z)=(z-z_0)^{\frac{\tau-\lambda}{\lambda}}\hat{w}_0(z)$ 便知: 当 $\tau-\lambda>0$ 时, z_0

是 $w'(z)$ 的 $\tau-\lambda$ 重零点；当 $\tau-\lambda<0$ 时，z_0 是 $w'(z)$ 的 $\lambda-\tau$ 重极点。因此，

$$
\begin{aligned}
n_1(r) &= 2n(r,w)-n(r,w')+n\left(r,\frac{1}{w'}\right) \\
&= 2\sum_{w=\infty}\tau-\left\{\sum_{w=\infty}(\tau+\lambda)+\sum_{w\neq\infty}(\lambda-\tau)^+\right\} \\
&\quad+\sum_{w\neq\infty}(\tau-\lambda)^+=\sum_{w=\infty}[(\tau+1)+(\tau-1)] \\
&\quad-\left\{\sum_{w=\infty}[(\tau+1)+(\lambda-1)]\right. \\
&\quad\left.+\sum_{\substack{w\neq\infty\\ \lambda-\tau>0}}[(\lambda-1)-(\tau-1)]\right\}+\sum_{\substack{w\neq\infty\\ \tau-\lambda\geqslant 0}}[(\tau-1) \\
&\quad-(\lambda-1)]=\sum(\tau-1)-\sum(\lambda-1) \\
&= n_1(r,w)-n_x(r,w),
\end{aligned}
$$

由此得 (2.6.7)。将 (2.6.7) 代入 (2.6.6) 便得

$$
\begin{aligned}
(p-2)T(r,w) &< \sum_{k=1}^{p}N\left(r,\frac{1}{w-a_k}\right) \\
&\quad-N_1(r,w)+N_x(r,w)+Q_1(r,w),
\end{aligned}
\tag{2.6.8}
$$

再应用引理 2.4 即得所证。

关于第二基本不等式的余项 $S(r,w)$，能像亚纯函数情形一样得到如下的形式：当 $w(z)$ 为有穷级时，

$$S(r,w)=O(\log r),\quad r\to\infty; \tag{2.6.9}$$

当 $w(z)$ 为无穷级时，

$$S(r,w)=O\{\log(rT(r,w))\},\quad r\to\infty. \tag{2.6.10}$$

可能须除去一个线测度为有穷的 r 值集 E。

事实上，只要应用关于单调函数的 Borel 型引理 2.3 于(2.6.2)中各相加项即得所证。

若注意到

$$\sum_{k=1}^{p}N\left(r,\frac{1}{w-a_k}\right)-N_1(r,w)\leqslant\sum_{k=1}^{p}\bar{N}\left(r,\frac{1}{w-a_k}\right),$$

其中 $\bar{N}\left(r, \frac{1}{w-a}\right)$ 表示判别的 a 值点密指量，则 (2.6.1) 能写为

$$(p-2\nu)T(r, w) < \sum_{k=1}^{p} \bar{N}\left(r, \frac{1}{w-a_k}\right) + O\{\log(rT(r, w))\}, \tag{2.6.11}$$

于无穷级时可能须除去一个线测度为有穷的 r 值集 E。

若代数体函数 $w(z)$ 的分支点密指量满足

$$N_x(r, w) = o\{T(r, w)\},$$

则从 (2.6.8) 式可以得到类似于亚纯函数的第二基本不等式

$$(p-2-o(1))T(r, w) < \sum_{k=1}^{p} N\left(r, \frac{1}{w-a_k}\right) - N_1(r, w) + S(r, w). \tag{2.6.12}$$

关于亚纯函数第二基本定理，H. Milloux[1] 曾结合所论函数的导数得到一个推广，对于代数体函数熊庆来获得相应的结果，他证明[2]

定理 2.23 设 $w(z)$ 是 ν 值代数体函数，$a_k(k=1, 2, \cdots, p)$ 是 p 个判别的有穷复数，$b_j(j=1, 2, \cdots q)$ 是 q 个有穷异于零的判别复数，则有

$$\begin{aligned}[pq-6(\nu-1)]T(r, w) &< \bar{N}(r, w) \\ &+ q\sum_{k=1}^{p} N\left(r, \frac{1}{w-w_k}\right) \\ &+ \sum_{j=1}^{q} N\left(r, \frac{1}{w'-b_j}\right) - \left[N\left(r, \frac{1}{w''}\right) \right. \\ &\left. + (q-1)N\left(r, \frac{1}{w'}\right)\right] + S_1(r, w),\end{aligned} \tag{2.6.13}$$

其中 $S_1(r, w)$ 具有像 (2.6.9) 和 (2.6.10) 式一样的性质.

证明 首先应用 (2.6.5) 于 $w'(z)$ 和 0 及 $\{b_j\}(j=1,2,\cdots, q)$，则有

$$qT(r, w') < N(r, w'') + N\left(r, \frac{1}{w'}\right)$$

$$+\sum_{j=1}^{q} N\left(r, \frac{1}{w'-b_j}\right)-\Big[N(r, w')$$

$$+N\left(r, \frac{1}{w''}\right)\Big]+Q_1(r, w'), \tag{2.6.14}$$

其中 $Q_1(r, w')=\sum_{j=1}^{q} m\left(r, \frac{w''}{w'-b_j}\right)+2m\left(r, \frac{w'}{w}\right)+O(1)$. 再将 (2.6.4) 乘以 q 便有

$$pqT(r, w)<qT(r, w')+q\sum_{k=1}^{p} N\left(r, \frac{1}{w-a_k}\right)$$

$$-qN\left(r, \frac{1}{w'}\right)+qQ(r, w),$$

将 (2.6.14) 代入上式右端即得

$$pqT(r, w)<N(r, w'')+q\sum_{k=1}^{p} N\left(r, \frac{1}{w-a_k}\right)$$

$$+\sum_{j=1}^{q} N\left(r, \frac{1}{w'-b_j}\right)-\Big[N(r, w')$$

$$+N\left(r, \frac{1}{w''}\right)+(q-1)N\left(r, \frac{1}{w'}\right)\Big]+Q_2(r, w),$$

其中 $Q_2(r, w)=qQ(r, w)+Q_1(r, w')$. 再根据引理 2.5 可得 $N(r,w'')\leqslant N(r, w)+2\bar{N}(r, w)+6(v-1)T(r, w)+O(1)$ 和 $N(r, w')\geqslant N(r, w)+\bar{N}(r, w)+O(1)$. 综上诸式便有

$$[pq-6(v-1)]T(r, w)<\bar{N}(r, w)$$

$$+q\sum_{k=1}^{p} N\left(r, \frac{1}{w-a_k}\right)$$

$$+\sum_{j=1}^{q} N\left(r, \frac{1}{w'-b_j}\right)-\Big[N\left(r, \frac{1}{w''}\right)$$

$$+(q-1)N\left(r, \frac{1}{w'}\right)\Big]+Q_2(r, w).$$

最后应用对数导数引理于 $Q_2(r, w)$ 中各项即得 (2.6.13).

在亚纯函数中，对于第二基本定理熊庆来曾引入所论函数之导数求得另一推广[4]，其密指量之系数除关于零点和极点者之外

均为 1,这种形式能应用来讨论唯一性定理. 对于代数体函数有相应的不等式(参见何育赞 [2]).

定理 2.24 设 $w(z)$ 为 ν 值代数体函数, 并令 $a_k(k=1,2,\cdots,p)$ 和 $b_j(j=1,2,\cdots,q)$ 为两组有穷异于零且每组内判别的复数,则有

$$(p+q-6(\nu-1))T(r,w)<(q+1)N\left(r,\frac{1}{w}\right)$$

$$+2\overline{N}(r,w)+\sum_{k=1}^{p}N\left(r,\frac{1}{w-a_k}\right)$$

$$+\sum_{j=1}^{q}N\left(r,\frac{1}{w'-b_j}\right)-\left(N\left(r,\frac{1}{w''}\right)\right.$$

$$\left.+N\left(r,\frac{1}{w'}\right)\right)+S_1(r,w), \tag{2.6.15}$$

其中 $S_1(r,w)$ 具有余项的性质.

证明 首先应用 (2.6.5) 于 $w(z)$, $\{a_k\}(k=0,1,\cdots,p)$ 和 $w'(z)$, $\{b_j\}(j=0,1,\cdots,q)$,其中设 $a_0=b_0=0$,便得

$$pT(r,w)<N(r,w)+\sum_{k=0}^{p}N\left(r,\frac{1}{w-a_k}\right)$$

$$-N_1(r)+Q_1(r,w), \tag{2.6.5$'$}$$

和

$$qT(r,w')<\sum_{j=0}^{q}N\left(r,\frac{1}{w'-b_j}\right)+N(r,w'')$$

$$-N(r,w')-N\left(r,\frac{1}{w''}\right)+Q_1(r,w').$$

再由 Jensen 公式,

$$qT(r,w)=qT\left(r,\frac{1}{w}\right)+O(1)$$

$$\leqslant qT(r,w')+qN\left(r,\frac{1}{w}\right)-qN\left(r,\frac{1}{w'}\right)$$

$$+qm\left(r,\frac{w'}{w}\right)+O(1)\leqslant qN\left(r,\frac{1}{w}\right)$$

$$+ N(r,w'') + \sum_{j=1}^{q} N\left(r, \frac{1}{w'-b_j}\right)$$

$$- \left[(q-1)N\left(r, \frac{1}{w'}\right) + N(r, w')\right.$$

$$\left. + N\left(r, \frac{1}{w''}\right)\right] + Q_2(r, w'), \tag{2.6.5)''}$$

其中

$$Q_2(r, w') = \sum_{j=1}^{q} m\left(r, \frac{w''}{w'-b_j}\right)$$

$$+ 2m\left(r, \frac{w''}{w'}\right) + qm\left(r, \frac{w'}{w}\right) + O(1).$$

把 (2.6.5)′ 与 (2.6.5)″ 相加得

$$(p+q)T(r, w) < N(r,w'') + (q+1)N\left(r, \frac{1}{w}\right)$$

$$+ \sum_{k=1}^{p} N\left(r, \frac{1}{w-a_k}\right) + \sum_{j=1}^{q} N\left(r, \frac{1}{w'-b_j}\right)$$

$$- \left[N(r, w) + N\left(r, \frac{1}{w''}\right) + qN\left(r, \frac{1}{w'}\right)\right] + Q_3(r, w),$$

其中 $Q_3(r, w) = Q_2(r, w') + Q_1(r, w)$.

应用 (2.5.5) 式长化 $N(r, w'')$，再应用定理 2.21 于 $Q_3(r, w)$ 中各项，并注意到 (2.5.15) 即可完成定理的证明.

若令

$$N_\nu\left(r, \frac{1}{w-a}\right) = \frac{1}{\nu}\int_0^r \frac{n_\nu(t, a) - n_\nu(0, a)}{t}\, dt$$

$$+ \frac{1}{\nu} n_\nu(0, a)\log r,$$

其中 $n_\nu(r, a)$ 表示 $w(z) - a$ 在 $|z| < r$ 内之零点数，且其重级不大于 ν 时按重级计算，重级大于 ν 时只算 ν 次，则有

定理 2.24′ $w(z)$, $\{a_j\}$ 和 $\{b_k\}$ 如定理 2.24 所设，则有

$$(p + q - 6(\nu - 1))T(r,w) < 2\overline{N}(r,w)$$

$$+ N_\nu\left(r, \frac{1}{w'}\right) + (q+1)N_\nu\left(r, \frac{1}{w}\right)$$

$$+\sum_{j=1}^{p} N_{\nu}\left(r, \frac{1}{w-a_j}\right)$$

$$+\sum_{k=1}^{q} N_{\nu}\left(r, \frac{1}{w'-b_k}\right)+S_1(r, w), \tag{2.6.16}$$

其中 $S_1(r, w)$ 具有余项的性质.

§ 2.7 代数体函数的亏量、亏值与重值

像亚纯函数情形一样,对代数体函数引入亏量和亏值的概念,并可得到重要的亏量关系.

定义 2.7 设 $w(z)$ 是 C 上 ν 值代数体函数,对 $a\in$ C, 我们称

$$\delta(a)=\delta(a, w)=\varliminf_{r\to\infty}\frac{m\left(r, \frac{1}{w-a}\right)}{T(r, w)}$$

$$=1-\varlimsup_{r\to\infty}\frac{N\left(r, \frac{1}{w-a}\right)}{T(r, w)}$$

为 $w(z)$ 关于 a 的亏量. 若 $\delta(a)>0$,则称 a 是一亏值. 又

$$\vartheta(a)=\vartheta(a,w)=\varliminf_{r\to\infty}\frac{N\left(r, \frac{1}{w-a}\right)-\bar{N}\left(r, \frac{1}{w-a}\right)}{T(r, w)}$$

和

$$\Theta(a)=\Theta(a, w)=1-\varlimsup_{r\to\infty}\frac{\bar{N}\left(r, \frac{1}{w-a}\right)}{T(r, w)}$$

分别称为 a 的分支指标和分支量.

由定义和第一基本定理即可得

$$0\leqslant\delta(a)\leqslant\delta(a)+\vartheta(a)$$

$$\leqslant\varliminf_{r\to\infty}\frac{m\left(r, \frac{1}{w-a}\right)+N\left(r, \frac{1}{w-a}\right)-\bar{N}\left(r, \frac{1}{w-a}\right)}{T(r, w)}$$

$$=\Theta(a)\leqslant 1.$$

我们有下面的亏量关系

定理 2.25 设 $w(z)$ 是 $\mathbf{C}$ 上 ν 值代数体函数，则至多有可数多个 $a\in\hat{\mathbf{C}}$ 使得 $\Theta(a)>0$，并且满足

$$\sum_{a\in\hat{\mathbf{C}}}\Theta(a)\leqslant 2\nu. \tag{2.7.1}$$

证明 首先应用第二基本不等式(2.6.11)于 $w(z)$，$\{a_k\}_1^p$，则有

$$\sum_{k=1}^{p}\left(1-\frac{\bar{N}\left(r,\frac{1}{w-a_k}\right)}{T(r,w)}\right)<2\nu+\frac{S(r,w)}{T(r,w)}.$$

对上式取下极限即得

$$\sum_{k=1}^{p}\varliminf_{r\to\infty}\left(1-\frac{\bar{N}\left(r,\frac{1}{w-a_k}\right)}{T(r,w)}\right)=\sum_{k=1}^{p}\left(1-\varlimsup_{r\to\infty}\frac{\bar{N}\left(r,\frac{1}{w-a_k}\right)}{T(r,w)}\right)\leqslant 2\nu.$$

这就表明，使得 $\Theta(a)>\dfrac{1}{p}$ 的 a 至多有 $2\nu p$ 个。因此，集合

$$A_p=\left\{a\,|\,a\in\hat{\mathbf{C}},\ \frac{1}{p}\leqslant\Theta(a)<\frac{1}{p-1}\right\}$$

至多有 $2\nu p$ 个元素。于是，

$$A=\{a\,|\,a\in\hat{\mathbf{C}},\ \Theta(a)>0\}=\bigcup_{p=1}^{\infty}A_p$$

至多有可数多个元素，并且 A 中任意 p 个都满足 $\sum\limits_{k=1}^{p}\Theta(a_k)\leqslant 2\nu$。因此 (2.7.1) 成立。

推论 设 $w(z)$ 是 ν 值代数体函数，则至多有可数多个 $a\in\hat{\mathbf{C}}$，使得 $\delta(a)>0$，并且

$$\sum_{a\in\mathbf{C}}\delta(a)\leqslant 2\nu.$$

由 (2.7.1) 可知，ν 值代数体函数至多有 2ν 个 $a\in\hat{\mathbb{C}}$，使得 $\Theta(a)=1$. 特别地，至多有 2ν 个 Picard 例外值. 如果考虑重值的影响，则将出现不同的情形，且有些结果与亚纯函数有所不同. 下面我们讨论这个问题. (参看何育赞 [3])

设 γ 为某个正整数，令 $N^{\gamma)}\left(r,\frac{1}{w-a}\right)$ 表示 $w(z)$ 的 a 值点密指量且其重级不大于 γ. 继令

$$N^{(\gamma}\left(r,\frac{1}{w-a}\right)=N\left(r,\frac{1}{w-a}\right)-N^{\gamma)}\left(r,\frac{1}{w-a}\right).$$

类似地，以 $N_1^{\gamma)}(r,a)$ 和 $N_1^{(\gamma}(r,a)$ 表示 $w(z)$ 的重 a 值点密指量的相应量. 由于

$$N_1^{(\gamma}(r,a)\geqslant\frac{\gamma}{\gamma+1}N^{(\gamma}\left(r,\frac{1}{w-a}\right),$$

便有

$$\begin{aligned}N\left(r,\frac{1}{w-a}\right)-N_1(r,a)&\leqslant\frac{1}{\gamma+1}\\&\cdot N\left(r,\frac{1}{w-a}\right)+\frac{\gamma}{\gamma+1}\bar{N}^{\gamma)}\\&\cdot\left(r,\frac{1}{w-a}\right)-\frac{1}{\gamma+1}N_1^{\gamma)}(r,a)\\&\leqslant\frac{1}{\gamma+1}T(r,w)+\frac{\gamma}{\gamma+1}\bar{N}^{\gamma)}\\&\cdot\left(r,\frac{1}{w-a}\right)-\frac{1}{\gamma+1}N_1^{\gamma)}(r,a)+O(1),\end{aligned}$$

其中 $\bar{N}^{\gamma)}\left(r,\frac{1}{w-a}\right)$ 表示重级不大于 γ 的 $w(z)$ 的判别的 a 值点密指量. 现设 $\gamma_k(k=1,2,\cdots,p)$ 是正整数，则 (2.6.1) 成为

$$\begin{aligned}(p-2\nu)T(r,w)&<\sum_{k=1}^{p}\left[N\left(r,\frac{1}{w-a_k}\right)\right.\\&\left.-N_1(r,a_k)\right]+S(r,w)\leqslant\left(\sum_{k=1}^{p}\frac{1}{\gamma_k+1}\right)\end{aligned}$$

$$\cdot T(r,w)+\sum_{k=1}^{p}\frac{\gamma_k}{\gamma_k+1}\overline{N}^{\gamma_k)}$$

$$\cdot\left(r,\frac{1}{w-a_k}\right)+S(r,w),$$

或可写为

$$\left(\sum_{k=1}^{p}\frac{\gamma_k}{\gamma_k+1}-2\nu\right)T(r,w)$$

$$<\sum_{k=1}^{p}\frac{\gamma_k}{\gamma_k+1}\overline{N}^{\gamma_k)}\left(r,\frac{1}{w-a_k}\right)+S(r,w). \tag{2.7.2}$$

由此我们有

定理 2.26 设 $w(z)$ 是 ν 值代数体函数，令

$$\Theta_{\gamma)}(a)=1-\overline{\lim_{r\to\infty}}\frac{\overline{N}^{\gamma)}\left(r,\frac{1}{w-a}\right)}{T(r,w)},$$

则有

$$\sum_{k=1}^{p}\frac{\gamma_k}{\gamma_k+1}\Theta_{\gamma_k)}(a_k)\leqslant 2\nu. \tag{2.7.3}$$

定义 2.8 若 $\Theta_{\gamma)}(a)=1$，则称 a 是 $w(z)$ 的 γ 级简约满亏值.

推论 设 $w(z)$ 是 ν 值代数体函数，则下列情形至多其一出现：

1° 一级简约满亏值不超过 4ν 个；

2° 二级简约满亏值不超过 3ν 个；

3° ν 级简约满亏值不超过 $2\nu+2$ 个；

4° 若 γ 合于 $\nu+1\leqslant\gamma\leqslant 2\nu$，则 γ 级简约满亏值不超过 $2\nu+1$ 个；

5° 当 $\gamma\geqslant 2\nu+1$ 时，γ 级简约满亏值不超过 2ν 个.

注 当同时考虑不同级的满亏值时，可能产生亚纯函数不出现的结果. 例如，若 $w(z)$ 具有 $2\nu+1$ 个 $\nu+1$ 级简约满亏值，则当 $\nu\geqslant 4$ 时，$w(z)$ 还可能有一个一级简约满亏值.

关于单位圆内的代数体函数，我们有下面的定理：

定理 2.27 设 $w(z)$ 是单位圆内的 ν 值代数体函数. 若 $r \to 1$ 时,

$$\frac{T(r, w)}{\log \dfrac{1}{1-r}} \to \infty,$$

则对所有的 $a \in \hat{\mathrm{C}}$ 有 $\Theta_{\gamma)}(a) = 0$，至多除去一可数值集 $\{a\}$，使得 $\Theta_{\gamma)}(a) > 0$，并且满足

$$\sum \Theta_{\gamma)}(a) \leqslant \frac{2\nu(\gamma+1)}{\gamma}. \tag{2.7.4}$$

反之，若

$$\sum \Theta_{\gamma}(a) \geqslant \omega > \frac{2\nu(\gamma+1)}{\gamma},$$

则有

$$\overline{\lim_{r \to 1}} \frac{T(r, w)}{\log \dfrac{1}{1-r}} \leqslant \frac{\gamma+1}{\gamma\omega - 2\nu(\gamma+1)}. \tag{2.7.5}$$

关于代数体函数的重值，我们有

定理 2.28 设 $w(z)$ 是 ν 值代数体函数. 若 $w(z)$ 的每一 $a_k (k=1, 2, \cdots, p)$ 值点之重级不小于 τ_k，则

$$\sum_{k=1}^{p} \frac{1}{\tau_k} \geqslant p - 2\nu. \tag{2.7.6}$$

特别地，若所有 $\tau_k \geqslant 2$，则$p \leqslant 4\nu$.

证明 由 (2.6.11) 有

$$\sum_{k=1}^{p} \left\{ 1 - \frac{\bar{N}\left(r, \dfrac{1}{w-a_k}\right)}{T(r, w)} \right\} < 2\nu + \frac{O\{\log(rT(r, w))\}}{T(r, w)},$$

再根据第一基本定理，上式成为

$$\sum_{k=1}^{p}\left\{1-\frac{\bar{N}\left(r,\frac{1}{w-a_k}\right)}{(1+o(1))N\left(r,\frac{1}{w-a_k}\right)}\right\}$$

$$<2\nu+\frac{O\{\log(rT(r,w))\}}{T(r,w)}.$$

由假设显然有 $\bar{N}\left(r,\frac{1}{w-a_k}\right)\leqslant\frac{1}{\tau_k}N\left(r,\frac{1}{w-a_k}\right)$，于是便得

$$\sum_{k=1}^{p}\left(1-\frac{1}{\tau_k}\right)\leqslant 2\nu.$$

关于整代数体函数的亏值和亏量关系，K. Niino 和 M. Ozawa[1], N. Toda[2] 等人曾获得有趣的结果，它为亚纯函数所不出现者．这里就最简单的情形介绍他们的结果．首先证明下述引理

引理 2.6 设 $g_j(z)(j=1,2,\cdots,p)$ 为 p 个超越整函数，满足

$$\sum_{j=1}^{p}\alpha_j g_j(z)=1,\quad \sum_{j=1}^{p}|\alpha_j|\neq 0, \tag{2.7.7}$$

则有

$$\sum_{j=1}^{p}\delta(0,g_j)\leqslant p-1, \tag{2.7.8}$$

其中 $\delta(0,g_j)=1-\varlimsup_{r\to\infty}\frac{N\left(r,\frac{1}{g_j}\right)}{m(r,g_j)}$.

证明 首先对 (2.7.7) 求 k 次导数得

$$\sum_{j=1}^{p}\alpha_j g_j^{(k)}(z)=0,\ k=1,2,\cdots,p-1.$$

现分两种情形讨论．

1° 若 $g_1(z),g_2(z),\cdots,g_p(z)$ 线性独立，则由方程组

$$\begin{cases}\sum_{j=1}^{p}\alpha_j g_j(z)=1,\\ \sum_{j=1}^{p}\alpha_j g_j(z)\frac{g_j^{(k)}(z)}{g_j(z)}=0,\ k=1,2,\cdots,p-1,\end{cases}$$

能解出 $\alpha_j g_j(z)(j=1, 2, \cdots, p)$,并可表为

$$g_j(z) = \Delta_j(z)/\alpha_j\Delta(z),\ j=1, 2, \cdots, p,$$

其中

$$\Delta(z) = \begin{vmatrix} 1 & \cdots\cdots & 1 \\ g_1'(z)/g_1(z) & \cdots & g_p'(z)/g_p(z) \\ & \cdots\cdots & \\ g_1^{(p-1)}(z)/g_1(z) & \cdots & g_p^{(p-1)}(z)/g_p(z) \end{vmatrix}$$

$$= D(z)/g_1(z)\cdots g_p(z),$$

$$D(z) = \begin{vmatrix} 1 & 1 & \cdots & 1 \\ g_1'(z) & g_2'(z) & \cdots & g_p'(z) \\ & \cdots\cdots & & \\ g_1^{(p-1)}(z) & g_2^{(p-1)}(z) & \cdots & g_p^{(p-1)}(z) \end{vmatrix},$$

和

$$\Delta_j(z) = \begin{vmatrix} 1 & \cdots & \overset{j}{1} & \cdots & 1 \\ g_1'(z)/g_1(z) & \cdots & 0 & \cdots & g_p'(z)/g_p(z) \\ & & \cdots\cdots & & \\ g_1^{(p-1)}(z)/g_1(z) & \cdots & 0 & \cdots & g_p^{(p-1)}(z)/g_p(z) \end{vmatrix},$$

即 $\Delta_j(z)$ 是 $\Delta(z)$ 的第一行第 j 列元素的代数余子式. 应用 Jensen 公式可得

$$\begin{aligned} m(r, g_j) &\leqslant m(r, \Delta_j) + m\left(r, \frac{1}{\Delta}\right) + O(1) \\ &= m(r, \Delta_j) + m(r, \Delta) + N(r, \Delta) \\ &\quad - N\left(r, \frac{1}{\Delta}\right) + O(1). \end{aligned}$$

但知

$$N(r, \Delta) \leqslant N(r, D) + \sum_{j=1}^{p} N\left(r, \frac{1}{g_j}\right),$$

$m(r, \Delta_j) + m(r, \Delta) \leqslant K \sum\limits_{k=1}^{p-1} \sum\limits_{j=1}^{p} m(r, g_j^{(k)}/g_j)$,于是

$$m(r, g_j) \leqslant \sum_{j=1}^{p} N\left(r, \frac{1}{g_j}\right) + O\left\{\sum_{k=1}^{p-1} \sum_{j=1}^{p} m(r, g_j^{(k)}/g_j)\right\}.$$

现令 $m(r) = \max\limits_{1 \leqslant j \leqslant p}\{m(r, g_j)\}$，由亏量定义并注意到对整函数 $g_j(z)$ 有 $m(r, g_j) = T(r, g_j)$，则对任意 $\varepsilon > 0$，存在 r_0 使得当 $r \geqslant r_0$ 时，有

$$N\left(r, \frac{1}{g_j}\right) \leqslant (1 - \delta(0, g_j) + \varepsilon) m(r, g_j)$$
$$\leqslant (1 - \delta(0, g_j) + \varepsilon) m(r), j = 1, 2, \cdots, p.$$

再应用对数导数引理于 $m(r, g_j^{(k)}/g_j), j = 1, 2, \cdots, p, k = 1, \cdots, p - 1$，则得

$$m(r) < \sum_{j=1}^{p} (1 - \delta(0, g_j) + \varepsilon) m(r) + o\{m(r)\}.$$

当某些 $g_j(z)$ 为无穷级整函数时可能须除去线测度为有穷的 r 值集. 上式两端除以 $m(r)$ 并取下极限，然后令 $\varepsilon \to 0$，即得 (2.7.8)

2° 若 $g_1(z), \cdots, g_p(z)$ 线性相关，则知存在 $\beta_1, \cdots, \beta_p \in \mathbf{C}$，$\sum\limits_{j=1}^{p} |\beta_j| \neq 0$，使得 $\sum\limits_{j=1}^{p} \beta_j g_j(z) = 0$. 不妨设 $\beta_p \neq 0$，则有 $g_p(z) = -\frac{1}{\beta_p} \sum\limits_{j=1}^{p-1} \beta_j g_j(z)$. 将此式代入 (2.7.7) 得

$$\sum_{j=1}^{p-1} \gamma_j g_j(z) = 1, \quad \sum_{j=1}^{p-1} |\gamma_j| \neq 0.$$

若 $g_1(z), \cdots, g_{p-1}(z)$ 线性相关，则重复上面的手续得到

$$\sum_{j=1}^{p-2} \hat{\gamma}_j g_j(z) = 1, \quad \sum_{j=1}^{p-2} |\hat{\gamma}_j| \neq 0.$$

如此继续，最后得到 $g_1(z), \cdots, g_s(z)$ 线性无关，且满足

$$\sum_{j=1}^{s} \hat{\alpha}_j g_j(z) = 1,$$

应用 1° 的结论便有 $\sum_{j=1}^{s}\delta(0, g_j)\leqslant s-1$. 注意到当 $j=s+1,\cdots,p$ 时,$\delta(0, g_j)\leqslant 1$,因此 $\sum_{j=s+1}^{p}\delta(0,g_j)\leqslant p-s$, 从而再次得到(2.7.8).

定理 2.29 设 $w(z)$ 是由方程

$$\psi(z, w)\equiv w^2+A_1(z)w+A_0(z)=0$$

确定的 2 值整代数体函数. 若 $w(z)$ 具有三个有穷亏值 a_1, a_2, a_3 且满足

$$\delta(a_1)+\delta(a_2)+\delta(a_3)>2, \tag{2.7.9}$$

则有

1° a_1, a_2, a_3 中必有一个,比如 a_1 是 Picard 例外值;

2° $\delta(a_2)=\delta(a_3)>\frac{1}{2}$;

3° 若 $\delta(a_4)>0$,则必有 $\delta(a_4)\leqslant 1-\delta(a_2)$.

证明 令

$$\psi(z,a_j)=a_j^2+a_jA_1(z)+A_0(z)=g_j(z),\ j=1,2,3. \tag{2.7.10}$$

由上式消去 $A_1(z)$ 和 $A_0(z)$ 得

$$(a_2-a_3)g_1(z)+(a_3-a_1)g_2(z)+(a_1-a_2)g_3(z)$$
$$=(a_1-a_2)(a_2-a_3)(a_1-a_3).$$

进一步可得

$$\begin{cases}\sum_{j=1}^{3}\alpha_j g_j(z)=1,\ \sum_{j=1}^{3}|\alpha_j|\neq 0,\\ \sum_{j=1}^{3}\alpha_j g_j^{(k)}(z)=0,\ k=1,\ 2.\end{cases} \tag{2.7.11}$$

若 $g_1(z), g_2(z), g_3(z)$ 线性无关,则从上方程可以解出

$$g_j(z)=\Delta_j(z)/\alpha_j\Delta(z),\ j=1,\ 2,\ 3.$$

现对每一 $z\in\mathbf{C}$, 定义 $A(z)=\max\{1, |A_1(z)|, |A_0(z)|\}$ 和 $g(z)=\max\{1, |g_1(z)|, g_2(z)|\}$,继令

$$\mu(r, A) = \frac{1}{4\pi}\int_0^{2\pi} \log A(re^{i\theta})d\theta$$

和

$$\mu(r, g) = \frac{1}{4\pi}\int_0^{2\pi} \log g(re^{i\theta})d\theta.$$

从关系式 (2.7.10) 和定理 2.19 易知

$$\mu(r, A) = \mu(r, g) + O(1) = T(r, w) + O(1); \quad (2.7.12)$$

对 $j = 1, 2$,我们还有

$$\log|g_j(z)| \leqslant \log^+|\Delta_j(z)| + \log^+\frac{1}{|\Delta(z)|}$$

$$+ \log^+\frac{1}{|\alpha_j|} \leqslant \sum_{j=1}^{2}\left(\log^+|\Delta_j(z)|\right.$$

$$\left. + \log^+\frac{1}{|\alpha_j|}\right) + \log^+\frac{1}{|\Delta(z)|},$$

从而

$$\log g(z) < \log^+\frac{1}{|\Delta(z)|}$$

$$+ \sum_{j=1}^{2}\left(\log^+|\Delta_j(z)| + \log^+\frac{1}{|\alpha_j|}\right).$$

应用 Jensen 公式可得

$$2\mu(r, g) \leqslant m(r, \Delta_1) + m(r, \Delta_2)$$

$$+ m(r, \Delta) + N(r, \Delta) - N\left(r, \frac{1}{\Delta}\right) + O(1).$$

注意到

$$N(r, \Delta) - N\left(r, \frac{1}{\Delta}\right) = \sum_{j=1}^{3} N\left(r, \frac{1}{g_j}\right) - N\left(r, \frac{1}{D}\right),$$

并应用对数导数引理于 $m(r, \Delta_1)$ 和 $m(r, \Delta_2)$,进一步得到

$$2\mu(r, g) < \sum_{j=1}^{3} N\left(r, \frac{1}{g_j}\right) - N\left(r, \frac{1}{D}\right)$$

$$+ o\left\{\sum_{j=1}^{3} m(r, g_j)\right\},$$

于无穷级情形可能须除去线测度为有穷的 r 值集. 但知 $m(r, g_3) \leqslant m(r, g_1) + m(r, g_2) + O(1) \leqslant 4\mu(r, g) + O(1)$, 因此, $\sum_{j=1}^{3} m(r, g_j) \leqslant 8\mu(r, g) + O(1)$. 于是上式能改写为

$$2\mu(r, g) < \sum_{j=1}^{3} N\left(r, \frac{1}{g_j}\right) - N\left(r, \frac{1}{D}\right) + o\{\mu(r, g)\}.$$

注意到 (2.7.12) 有

$$1 \leqslant \sum_{j=1}^{3} \varlimsup_{r\to\infty} \frac{N\left(r, \frac{1}{g_j}\right)}{2\mu(r, g)} = \sum_{j=1}^{3} \varlimsup_{r\to\infty} \frac{N\left(r, \frac{1}{w - a_j}\right)}{T(r, w)} = \sum_{j=1}^{3} (1 - \delta(a_j)),$$

这就导出 $\sum_{j=1}^{3} \delta(a_j) \leqslant 2$. 这与定理假设矛盾. 因此, 必须 $g_1(z)$, $g_2(z)$, $g_3(z)$ 线性相关, 即存在 $\beta_1, \beta_2, \beta_3 \in \mathbf{C}$, $\sum_{j=1}^{3} |\beta_j| \neq 0$, 使得

$$\sum_{j=1}^{3} \beta_j g_j(z) = 0.$$

上式与 (2.7.11) 结合, 消去 $g_3(z)$ 便得

$$\gamma_1 g_1(z) + \gamma_2 g_2(z) = 1, \ |\gamma_1| + |\gamma_2| \neq 0.$$

此时有 $m(r, g_1) = m(r, g_2) + O(1) = 2\mu(r, g) + O(1)$, 因此

$$1 - \delta(a_j, w) = \varlimsup_{r\to\infty} \frac{N\left(r, \frac{1}{g_j}\right)}{2\mu(r, g)} = \varlimsup_{r\to\infty} \frac{N\left(r, \frac{1}{g_j}\right)}{m(r, g_j)} = 1 - \delta(0, g_j).$$

由条件 (2.7.9) 即有 $\delta(0, g_1) + \delta(0, g_2) = \delta(a_1, w) + \delta(a_2, w) >$

$2-\delta(a_3, w)\geqslant 1$. 根据引理 2.6, $g_1(z)$ 和 $g_2(z)$ 不可能同时为超越整函数，即必有一个是多项式. 不妨设 $g_1(z)$ 为多项式，并且 (2.7.11) 可写为

$$\alpha_2 g_2(z)+\alpha_3 g_3(z)=q(z), \tag{2.7.13}$$

其中 $q(z)=1-\alpha_1 g_1(z)$ 为多项式.

若 $g_1(z)\not\equiv \frac{1}{\alpha_1}$，则 $g_2(z)$ 与 $g_3(z)$ 线性无关，否则将导出 $g_2(z), g_3(z)$ 皆为多项式，从而由 (2.7.10) 导出 $A_1(z), A_0(z)$ 亦为多项式，即 $w(z)$ 退化为代数函数. 因此，$g_2(z)$ 和 $g_3(z)$ 线性无关，且都是超越整函数. 现对 (2.7.13) 求导数，并从

$$\begin{cases}\alpha_2 g_2'(z)+\alpha_3 g_3'(z)=q'(z)\\ \alpha_2 g_2(z)+\alpha_3 g_3(z)=q(z)\end{cases}$$

解出 $g_2(z)$ 得

$$g_2(z)=\frac{q(z)g_3'(z)/g_3(z)-q'(z)}{\alpha_2(g_3'(z)/g_3(z)-g_2'(z)/g_2(z))}=\frac{L(z)}{M(z)},$$

其中

$$L(z)=q(z)g_3'(z)/g_3(z)-q'(z),$$

$$M(z)=\alpha_2(g_3'(z)/g_3(z)-g_2'(z)/g_2(z))=$$

$$\frac{\alpha_2}{g_2(z)g_3(z)}\begin{vmatrix}g_2(z) & g_3(z)\\ g_2'(z) & g_3'(z)\end{vmatrix}.$$

应用 Jensen 公式即得

$$\begin{aligned}m(r,g_2)&\leqslant m(r,L)+m\left(r,\frac{1}{M}\right)+O(1)\\ &\leqslant m(r,L)+m(r,M)+N(r,M)\\ &\quad -N\left(r,\frac{1}{M}\right)+O(1)=N\left(r,\frac{1}{g_2}\right)\\ &\quad +N\left(r,\frac{1}{g_3}\right)+O\{\log(rm(r,g_2)m(r,g_3))\}.\end{aligned} \tag{2.7.14}$$

又注意到在所论的情形有 $m(r, g_2)=m(r, g_3)+O(\log r)=2\mu(r,g)+O(\log r)$. 计及 $g_2(z)$ 和 $g_3(z)$ 是超越的，便得

$$1-\delta(0,g_j)=\overline{\lim_{r\to\infty}}\frac{N\left(r,\frac{1}{g_j}\right)}{m(r,g_j)}$$

$$=\overline{\lim}\frac{N\left(r,\frac{1}{w-a_j}\right)}{\mu(r,g)+O(\log r)}\leqslant 1-\delta(a_j,w),$$

$$j=2,3.$$

再由(2.7.14)便可导出 $\delta(a_2,w)+\delta(a_3,w)\leqslant 1$. 这与所设矛盾. 因此必须 $g_1(z)\equiv\frac{1}{\alpha_1}\neq 0$,这就说明 a_1 是 $w(z)$ 的 Picard 例外值. 从而得 1°.

其次,由关系式 $\alpha_2g_2(z)+\alpha_3g_3(z)=0$, 便有 $N\left(r,\frac{1}{g_2}\right)=N\left(r,\frac{1}{g_3}\right)$,或 $N\left(r,\frac{1}{w-a_2}\right)=N\left(r,\frac{1}{w-a_3}\right)$, 即有 $\delta(a_2,w)=\delta(a_3,w)$. 再由(2.7.9)并计及 $\delta(a_1,w)=1$,便得 $\delta(a_1)+\delta(a_2)+\delta(a_3)=1+2\delta(a_2)>2$. 从而得到 2° 的结论.

最后,若有 $a_4\in\mathbf{C}$,使得 $\delta(a_4)>0$,则从方程

$$\begin{cases}a_1^2+a_1A_1(z)+A_0(z)=\frac{1}{\alpha_1},\\ a_3^2+a_3A_1(z)+A_0(z)=g_3(z),\\ a_4^2+a_4A_1(z)+A_0(z)=g_4(z),\end{cases}$$

其中 $\alpha_1=-\frac{a_2-a_3}{a_1-a_2}$, 得

$$(a_4-a_1)g_3(z)+(a_1-a_3)g_4(z)$$
$$=-(a_1-a_3)(a_2-a_4)(a_4-a_3)$$

或

$$\gamma_1g_3(z)+\gamma_2g_4(z)=1.$$

由于 $g_3(z)$, $g_4(z)$ 是超越的,否则将导出 $A_0(z)$, $A_1(z)$ 为多项式,并且 $\delta(0,g_j)=\delta(a_j,w)$, $j=3,4$. 因此,由引理 2.6 便有

$$\delta(a_3,w)+\delta(a_4,w)=\delta(0,g_3)+\delta(0,g_4)\leqslant 1,$$

从而得 3°. 定理证毕.

N. Toda[3] 还证明了下述一般命题

定理 2.30 设 $w(z)$ 是方程 (2.1.5) 确定的 $\nu(\geqslant 3)$ 值超越整代数体函数，又设 $a_j(j=0, 1, \cdots, \nu)$ 是判别的有穷复数，使得 $g_j(z)=\psi(a_j, z)(j=0, 1, \cdots, \nu)$ 中任意 $\nu-1$ 个是线性无关的，并且对 $\{a_j\}$ 中任意 $\nu-3$ 个 $\{a_{j_k}\}(k=1, \cdots, n-3)$，满足

$$\sum_{j=0}^{n} \delta(a_j, w)+\sum_{k=1}^{n-3} \delta(a_{j_k}, w)>2n-3,$$

则 $\{a_j\}(j=0, 1, \cdots, \nu)$ 中至少有一个是 $w(z)$ 的 Picard 例外值。

§ 2.8 具有多个亏值的代数体函数

A. Edrei 和 W. H. J. Fuchs[1] 曾证明，具有两个亏值的亚纯函数其下级为正。M. Ozawa[2] 和顾永兴[1]将其推广到代数体函数的情形。

定理 2.31 设 $w(z)$ 是 (2.1.5) 确定的 ν 值代数体函数，并以 $a_j(j=1, 2, \cdots, \nu+1)$ 为亏值，则其下级为正。

证明 设 $a_j \in \mathbb{C}(j=1, 2, \cdots, \nu)$, $a_{\nu+1} \in \hat{\mathbb{C}}$. 令

$$\begin{aligned}\psi(z, a_j) &= A_\nu(z)a_j^\nu+A_{\nu-1}(z)a_j^{\nu-1}+\cdots+A_0(z)\\ &= g_j(z),\ j=1, 2, \cdots, \nu+1.\end{aligned}$$

当 $a_{\nu+1}=\infty$ 时，$g_{\nu+1}(z)=A_\nu(z)$. 令 $z=re^{i\theta}$, $\zeta=Re^{i\varphi}$, $R=\sigma r$ 且 $\sigma>1$，应用 Poisson-Jensen 公式于 $g_j(z)/g_{\nu+1}(z)$ 得

$$\begin{aligned}\log\left|\frac{g_j(z)}{g_{\nu+1}(z)}\right| &= \frac{1}{2\pi}\int_0^{2\pi} \log\left|\frac{g_j(\zeta)}{g_{\nu+1}(\zeta)}\right|\\ &\quad\cdot \frac{R^2-r^2}{R^2-2Rr\cos(\phi-\theta)+r^2}\,d\phi\\ &\quad+\sum \log\left|\frac{R^2-\bar{\beta}_k^{(j)}z}{R(z-\beta_k^{(j)})}\right|-\sum\log\left|\frac{R^2-\bar{\alpha}_l^{(j)}z}{R(z-\bar{\alpha}_k^{(j)})}\right|,\end{aligned}$$

其中 $\{\alpha_l^{(j)}\}$ 和 $\{\beta_k^{(j)}\}$ 分别是 $g_j(z)/g_{\nu+1}(z)$ 在圆 $\{z, |z|<R\}$ 内的零点和极点. 由于

$$\frac{R^2-r^2}{R^2-2rR\cos(\theta-\varphi)+r^2}=\operatorname{Re}\left\{\frac{\zeta+z}{\zeta-z}\right\}$$

$= 1 + \mathrm{Re}\left\{\frac{2z}{\zeta - z}\right\}$，因此上式能长化为

$$\log\left|\frac{g_j(z)}{g_{\nu+1}(z)}\right| \leqslant \frac{1}{2\pi}\int_0^{2\pi} \log\left|\frac{g_j(\zeta)}{g_{\nu+1}(\zeta)}\right| d\varphi$$
$$+ \frac{1}{(\sigma-1)\pi}\int_0^{2\pi}\left|\log\left|\frac{g_j(\zeta)}{g_{\nu+1}(\zeta)}\right|\right| d\varphi$$
$$+ \sum \log\left|\frac{R^2 - \bar{\beta}_k^{(j)} z}{R(z - \beta_k^{(j)})}\right|. \tag{2.8.1}$$

由于

$$\frac{1}{\pi}\int_0^{2\pi} \log\left|\frac{g_j(\zeta)}{g_{\nu+1}(\zeta)}\right| d\varphi = N\left(R, \frac{1}{g_j}\right)$$
$$- N\left(R, \frac{1}{g_{\nu+1}}\right) + O(1),$$

$$\frac{1}{2\pi}\int_0^{2\pi}\left|\log\left|\frac{g_j(\zeta)}{g_{\nu+1}(\zeta)}\right|\right| d\varphi = m\left(R, \frac{g_j}{g_{\nu+1}}\right)$$
$$+ m\left(R, \frac{g_{\nu+1}}{g_j}\right) \leqslant 2T\left(R, \frac{g_j}{g_{\nu+1}}\right) + O(1),$$

又注意到 $g_j(z)/g_{\nu+1}(z)$ 的极点 $\{\beta_k^{(j)}\}$ 包含于 $g_{\nu+1}(z)$ 的零点集 $\{\beta_k\}$ 之中，因此 (2.8.1) 成为

$$\log\left|\frac{g_j(z)}{g_{\nu+1}(z)}\right| \leqslant N\left(R, \frac{1}{g_j}\right) - N\left(R, \frac{1}{g_{\nu+1}}\right)$$
$$+ \frac{4}{\sigma-1}\ T\left(R, \frac{g_j}{g_{\nu+1}}\right)$$
$$+ \sum_{|\beta_k|<R} \log\left|\frac{R^2 - \bar{\beta}_k z}{R(z - \beta_k)}\right| + O(1).$$

今对每一 $z \in \mathbf{C}$，令

$g(z) = \max\limits_{1\leqslant j\leqslant \nu+1}\{|g_j(z)|\}$ 和 $g_{j,\nu+1}(z) = \max\{|g_j(z)|, |g_{\nu+1}(z)|\}$，

继令

$$\mu(r, g) = \frac{1}{2\pi\nu}\int_0^{2\pi} \log g(re^{i\theta})d\theta \text{ 和}$$

$$\mu(r, g_{j,\nu+1}) = \frac{1}{2\pi}\int_0^{2\pi} \log g_{j,\nu+1}(re^{i\theta})d\theta,$$

并注意到 $T\left(r, \frac{g_j}{g_{\nu+1}}\right) = \mu(r, g_{j,\nu+1}) + O(1) \leqslant \nu\mu(r, g)$ $+ O(1)$，则有

$$\log g(z) - \log|g_{\nu+1}(z)| \leqslant \max_{1\leqslant j\leqslant \nu+1}\left\{N\left(R, \frac{1}{g_j}\right)\right\}$$

$$-N\left(R, \frac{1}{g_{\nu+1}}\right) + \frac{4\nu}{\sigma-1}\mu(R, g)$$

$$+ \sum_{|\beta_k|<R}\log\left|\frac{R^2 - \bar{\beta}_k z}{R(z-\beta_k)}\right| + O(1).$$

置 $z = re^{i\theta}$，对上式求积分，并计及

$$\frac{1}{2\pi}\int_0^{2\pi}\log|g_{\nu+1}(z)|d\theta = N\left(r, \frac{1}{g_{\nu+1}}\right) + O(1)$$

和

$$\frac{1}{2\pi}\int_0^{2\pi}\sum_{|\beta_k|<R}\log\left|\frac{R^2 - \bar{\beta}_k z}{R(z-\beta_k)}\right|d\theta$$

$$= \frac{1}{2\pi}\int_0^{2\pi}\log\left|\prod_{|\beta_k|<R}\frac{R^2 - \bar{\beta}_k z}{R(z-\beta_k)}\right/$$

$$\left.\prod_{|\beta_k|<r}\frac{R^2 - \bar{\beta}_k z}{R(z-\beta_k)}\right|d\theta = N\left(R, \frac{1}{g_{\nu+1}}\right)$$

$$-N\left(r, \frac{1}{g_{\nu+1}}\right),$$

最后得到

$$\mu(r, g) \leqslant \max_{1\leqslant j\leqslant \nu+1}\left\{\frac{1}{\nu}N\left(R, \frac{1}{g_j}\right)\right\}$$

$$+ \frac{4}{\sigma-1}\mu(R, g) + O(1).$$

令 $\gamma = \max\limits_{1\leqslant j\leqslant \nu+1}\{1-\delta(a_j, w)\} < 1$，取 c' 和 c 合于 $\gamma < c' < c < 1$，注意到 $\mu(r, g) = \mu(r, A) + O(1) = T(r, w) + O(1)$，则当 $R \geqslant r_0$ 时，有

$$\frac{1}{\nu}N\left(R, \frac{1}{g_j}\right) < c'T(R, w) = c'\mu(R, g) + O(1),$$

于是

$$\mu(r, g) < \left(\frac{4}{\sigma - 1} + c\right) \mu(R, g).$$

取 $\sigma = 1 + \dfrac{4}{c(1-c)}$ 即得

$$\mu(\sigma^m r_0, g) > \frac{1}{c(2-c)} \mu(\sigma^{m-1} r_0, g) > \cdots$$

$$> \left(\frac{1}{c(2-c)}\right)^m \mu(r_0, g).$$

对任一 $r \geqslant r_0$，存在 m，使得 $\sigma^m r_0 \leqslant r < \sigma^{m+1} r_0$，于是

$$\frac{\log \mu(r, g)}{\log r} > \frac{\log \mu(\sigma^m r_0, g)}{\log (\sigma^{m+1} r_0)}$$

$$> \frac{m \log \dfrac{1}{c(2-c)} + \log \mu(r_0, g)}{(m+1) \log \sigma + \log r_0}.$$

从而

$$\mu = \varliminf_{r\to\infty} \frac{\log T(r, w)}{\log r}$$

$$= \varliminf_{r\to\infty} \frac{\log \mu(r, g)}{\log r} \geqslant \frac{\log \dfrac{1}{c(2-c)}}{\log \sigma}.$$

令 $c \to \gamma$，得

$$\mu \geqslant \log \frac{1}{\gamma(2-\gamma)} \Big/ \log \left(1 + \frac{4}{\gamma(1-\gamma)}\right) > 0.$$

定理证毕.

M. Ozawa 曾提出如下的问题： ν 值代数体函数 $w(z)$ 具有 $\nu + 1$ 个满亏值时，它的级是否为整数？

N. Toda 给出肯定的回答，他证明

定理 2.32 设 $w(z)$ 是 ν 值代数体函数. 若 $w(z)$ 具有 $\nu + 1$ 个满亏值，则 $w(z)$ 的级或为整数或为无穷.

有兴趣的读者可以参看 N. Toda [2].

§ 2.9 代数体函数的唯一性问题

代数体函数的唯一性定理首先为 Valiron[3] 所研究，他曾宣布过如下的结果而未有详证：设 $w(z)$ 和 $\hat{w}(z)$ 为两个 ν 值代数体函数，若对 $4\nu+1$ 个 $a_j \in \hat{\mathbb{C}}$ $(j=1,2,\cdots,4\nu+1)$，$w(z)$ 和 $\hat{w}(z)$ 具有相同的 a_j 值点且有相同的重级，则必 $w(z)\equiv\hat{w}(z)$. 这里我们给出代数体函数唯一性定理一个证明，所得结果较 Valiron 获得的更为理想(参看何育赞 [1]).

现设 $w(z)$ 和 $\hat{w}(z)$ 分别由 (2.1.5) 和

$$\Phi(z,\hat{w}) \equiv B_\mu(z)\hat{w}^\mu + B_{\mu-1}(z)\hat{w}^{\mu-1} + \cdots + B_0(z) = 0, \quad (2.1.5)'$$

所确定. 不失一般性，我们设 $\mu \leqslant \nu$. 令 $\bar{n}_0(r,a)$ 表示 $w(z)=a$ 和 $\hat{w}(z)=a$ 在圆 $|z|<r$ 内公共值点数，且每一值点只计算一次. 继令

$$\bar{N}_0(r,a) = \frac{\mu+\nu}{2\mu\nu}\int_0^r \frac{\bar{n}_0(t,a)-\bar{n}_0(0,a)}{t}dt + \frac{\mu+\nu}{2\mu\nu}\bar{n}_0(0,a)\log r$$

及

$$\bar{N}_{12}(r,a) = \bar{N}\left(r,\frac{1}{w-a}\right) + \bar{N}\left(r,\frac{1}{\hat{w}-a}\right) - 2\bar{N}_0(r,a).$$

我们有

定理 2.33 设 $w(z)$ 和 $\hat{w}(z)$ 分别是 ν 值和 μ 值代数体函数，且 $\mu\leqslant\nu$. 若对 $4\nu+1$ 个 $a_j\in\hat{\mathbb{C}}$ $(j=1,2,\cdots,4\nu+1)$ 函数 $w(z)$ 和 $\hat{w}(z)$ 有相同的 a_j 值点，但不计其重级，则必 $w(z)\equiv\hat{w}(z)$.

证明 首先应用第二基本定理于 $w(z)$，$\hat{w}(z)$ 和 $a_j(j=1,2,\cdots,4\nu+1)$. 于是令 $p=4\nu+1$ 便有

$$(p-2\nu)T(r,w) < \sum_{j=1}^{p}\bar{N}\left(r,\frac{1}{w-a_j}\right) + S(r,w)$$

和

$$(p-2\mu)T(r,\hat{w})<\sum_{j=1}^{p}\overline{N}\left(r,\frac{1}{\hat{w}-a_j}\right)+S(r,\hat{w}).$$

上两式相加,并应用上面的记号又计及 $\mu\leqslant\nu$ 便得

$$(p-2\nu)[T(r,w)+T(r,\hat{w})]<\sum_{j=1}^{p}\overline{N}_{12}(r,a_j)$$

$$+2\sum_{j=1}^{p}\overline{N}_0(r,a_j)+O\{\log(rT(r,w)T(r,\hat{w}))\}.$$

(2.9.1)

当两函数 $w(z)$ 和 $\hat{w}(z)$ 其中之一为无穷级时,可能须除去一列总长为有穷的区间序列.

今若 $w(z)\not\equiv\hat{w}(z)$,则知

$$\sum\bar{n}_0(r,a)\leqslant n\left(r,\frac{1}{R(\psi,\Phi)}\right),$$

其中 $R(\psi,\Phi)$ 是 $\psi(z,w)$ 和 $\Phi(z,\hat{w})$ 的结式,即

$$R(\psi,\Phi)=[A_\nu(z)]^\mu[B_\mu(z)]^\nu\prod_{\substack{1\leqslant j\leqslant\nu\\1\leqslant k\leqslant\mu}}[w_j(z)-\hat{w}_k(z)].$$

由 Jensen 公式,

$$N\left(r,\frac{1}{R(\psi,\Phi)}\right)=\frac{1}{2\pi}\int_0^{2\pi}\log|R(\psi,\Phi)|d\theta$$

$$+\log\left|\frac{1}{R(\psi,\phi)}\right|_{z=0}=\frac{\mu}{2\pi}\int_0^{2\pi}\log|A_\nu(re^{i\theta})|d\theta$$

$$+\frac{\nu}{2\pi}\int_0^{2\pi}\log|B_\mu(re^{i\theta})|d\theta$$

$$+\frac{1}{2\pi}\int_0^{2\pi}\log\left|\prod_{\substack{1\leqslant j\leqslant\nu\\1\leqslant k\leqslant\mu}}[w_j(re^{i\theta})-\hat{w}_k(re^{i\theta})]\right|d\theta+O(1)$$

$$\leqslant\mu\nu[T(r,w)+T(r,\hat{w})]+O(1),$$

从而有

$$\sum\overline{N}_0(r,a)\leqslant\frac{2\mu\nu}{\mu+\nu}\{T(r,w)+T(r,\hat{w})\}$$

$$+O(1)\leqslant\nu\{T(r,w)+T(r,\hat{w})\}+O(1).$$

将上式代入 (2.9.1)，便得

$$(p-4\nu)[T(r,w)+T(r,\hat{w})]<\sum_{j=1}^{p}\bar{N}_{12}(r,a_j)$$

$$+O\{\log(rT(r,w)T(r,\hat{w}))\}. \tag{2.9.2}$$

由假设，$w(z)$ 和 $\hat{w}(z)$ 对于 $4\nu+1$ 个 $a_j\in\hat{\mathbf{C}}$ 具有相同之值点(不计其重级)，此时对如是的 a_j 值有 $\bar{N}_{12}(r,a_j)=0$. 于是 (2.9.2) 成为

$$T(r,w)+T(r,\hat{w})<O\{\log(rT(r,w)T(r,w))\}.$$

这里我们考虑超越代数体函数，因此上式不能成立；因此，必须 $w(z)\equiv\hat{w}(z)$. 定理证毕.

下面的例说明定理 2.33 的结论是精确的. 设 $u(z)$ 和 $v(z)$ 是分别由以下方程确定的函数

$$\phi(z,u)\equiv(1+2e^{z})u^2-3-4e^{z}=0$$

和

$$\Phi(z,v)\equiv(1+2e^{-z})v^2-3-4e^{-z}=0.$$

显然，$u(z)\not\equiv v(z)$. 现令 $a_1=\sqrt{3}$, $a_2=-\sqrt{3}$, $a_3=\sqrt{2}$, $a_4=-\sqrt{2}$, $a_5=1$, $a_6=-1$, $a_7=\sqrt{7/3}$, $a_8=-\sqrt{7/3}$. 我们可检证 $\bar{E}(a_j,u)=\bar{E}(a_j,v)(j=1,2,\cdots,8)$. 事实上，因为 $u(z)$ 的 a 值点即是 $\phi(z,a)$ 的零点. 对 $j=1,2$, 我们有 $\phi(z,a_j)=2e^{z}\neq0$, 即 $u(z)$ 以 a_1, a_2为 Picard 例外值，$\bar{E}(a_j,u)=\phi$; 类似地，对 $j=1,2$, $\Phi(z,a_j)=2e^{-z}\neq0$, 即 $\bar{E}(a_j,v)=\phi$; 对于 $j=3,4$, 有 $\phi(z,a_j)=\phi(z,a_j)=-1\neq0$, 即 $u(z)$ 和 $v(z)$ 均以 a_3, a_4 为 Picard 例外值，$\bar{E}(a_j,u)=\bar{E}(a_j,v)=\phi$. 对于 $j=5,6$, 由 $\phi(z,a_j)=-2(e^{z}+1)$, 得 $\bar{E}(a_j,u)=\{(2k+1)\pi i,k\in\mathbf{Z}\}$;同样，对 $j=5,6$，由 $\Phi(z,a_j)=-2(e^{-z}+1)$, 得 $\bar{E}(a_j,v)=\{(2k+1)\pi i,k\in\mathbf{Z}\}$, 即有 $\bar{E}(a_j,u)=\bar{E}(a_j,v)$; 对于 $j=7,8$, 由 $\phi(z,a_j)=\dfrac{2}{3}(e^{z}-1)$, 得 $\bar{E}(a_j,u)=\{2k\pi i,k\in\mathbf{Z}\}$. 同样，由 $\Phi(z,a_j)=\dfrac{2}{3}(e^{-z}-1)$，得 $\bar{E}(a_j,v)=\{2k\pi i,$

$k\in \mathbf{Z}\}$,从而 $\bar{E}(a_j, u)=\bar{E}(a_j, v)$.

何育赞[3]还讨论了重值对唯一性问题的影响并证明

定理2.34 $w(z)$ 和 $\hat{w}(z)$ 如定理 2.33 所设. 令 $\bar{E}^{\gamma_j)}(a_j, w)$ 表示 $w(z)-a_j$ 的零点集,其重级不大于 γ_j 者每一值点只计算一次,高于 γ_j 者略去不计. $\bar{E}^{\gamma_j)}(a_j, \hat{w})$ 表示 $\hat{w}(z)-a_j$ 的相应零点集. 现若 $\bar{E}^{\gamma_j)}(a_j, w)=\bar{E}^{\gamma_j)}(a_j, \hat{w})$, $j=1, 2, \cdots, p$, 并满足

$$\sum_{j=1}^{p}\frac{\gamma_j}{\gamma_j+1}-2\nu\frac{2\gamma+1}{\gamma+1}>0, \tag{2.9.3}$$

其中 $\gamma=\max\limits_{1\leqslant j\leqslant p}\{\gamma_j\}$, 则 $w(z)\equiv\hat{w}(z)$.

证明 不妨设 $\mu\leqslant\nu$. 应用 (2.7.2) 于 $w(z)$, $\hat{w}(z)$ 和 $a_j(j=1, 2, \cdots, p)$,则有

$$\begin{aligned}\left(\sum_{j=1}^{p}\frac{\gamma_j}{\gamma_j+1}-2\nu\right)T(r, w) &< \sum_{j=1}^{p}\frac{\gamma_j}{\gamma_j+1}\bar{N}^{\gamma_j)}\left(r, \frac{1}{w-a_j}\right)\\ &\quad + S(r, w)\end{aligned} \tag{2.9.4}$$

和

$$\begin{aligned}\left(\sum_{j=1}^{p}\frac{\gamma_j}{\gamma_j+1}-2\mu\right)T(r, \hat{w})\\ <\sum_{j=1}^{p}\frac{\gamma_j}{\gamma_j+1}\bar{N}^{\gamma_j)}\left(r, \frac{1}{\hat{w}-a_j}\right)+S(r, w).\end{aligned} \tag{2.9.5}$$

令 $\bar{n}_0^{\gamma)}(r, a)$ 表示 $w(z)-a$ 和 $\hat{w}(z)-a$ 在 $|z|<r$ 内之公共零点数,其重级不大于 γ,且每一零点只计算一次. 继置

$$\begin{aligned}\bar{N}_0^{\gamma)}(r, a)&=\frac{\mu+\nu}{2\mu\nu}\int_0^r\frac{\bar{n}_0^{\gamma)}(t, a)-\bar{n}_0^{\gamma)}(0, a)}{t}dt\\ &\quad+\frac{\mu+\nu}{2\mu\nu}\bar{n}_0^{\gamma)}(0, a)\log r\end{aligned}$$

和

$$\bar{N}_{12}^{\gamma)}(r, a)=\bar{N}^{\gamma)}\left(r, \frac{1}{w-a}\right)$$

$$+\overline{N}^{\gamma)}\left(r, \frac{1}{\hat{w}-a}\right)-2\overline{N}_0^{\gamma)}(r, a).$$

将 (2.9.4) 与 (2.9.5) 相加并应用上面所引入的记号并计及 $\mu \leqslant \nu$ 便得

$$\begin{aligned}&\left(\sum_{j=1}^{p}\frac{\gamma_j}{\gamma_j+1}-2\nu\right)(T(r, w)+T(r, \hat{w}))\\&<\sum_{j=1}^{p}\frac{\gamma_j}{\gamma_j+1}\overline{N}_{12}^{\gamma_j)}(r, a_j)+\frac{2\gamma}{\gamma+1}\\&\cdot\sum_{j=1}^{p}\overline{N}_0^{\gamma_j)}(r, a_j)+O\{\log(rT(r, w)T(r, \hat{w}))\},\end{aligned} \tag{2.9.6}$$

其中 $\gamma=\max\limits_{1\leqslant j\leqslant p}\{\gamma_j\}$. 今若 $w(z)\not\equiv\hat{w}(z)$，则如定理 2.33 的证明一样有

$$\begin{aligned}\frac{2\mu\nu}{\mu+\nu}\sum\overline{N}_0^{\gamma_j)}(r, a_j)&\leqslant N\left(r, \frac{1}{R(\Psi, \Phi)}\right)\\&\leqslant\mu\nu(T(r, w)+T(r, \hat{w}))+O(1),\end{aligned}$$

于是 (2.9.6) 成为

$$\begin{aligned}&\left(\sum_{j=1}^{p}\frac{\gamma_j}{\gamma_j+1}-2\nu\frac{2\gamma+1}{\gamma+1}\right)(T(r, w)\\&\quad+T(r, \hat{w}))<\sum_{j=1}^{p}\frac{\gamma_j}{\gamma_j+1}\overline{N}_{12}^{\gamma_j)}(r, a_j)\\&\quad+O\{\log(rT(r, w)T(r, \hat{w}))\}.\end{aligned}$$

现在由上式出发计及 (2.9.3)，仿定理 2.33 的证明即可完成定理 2.34 的证明.

当 $\gamma_1=\gamma_2=\cdots=\gamma_p=\gamma$ 时，我们有下面的

推论 ν 值代数体函数 $w(z)$ 由给定下列条件之一唯一地确定:

1° $6\nu+1$ 个值点集 $\overline{E}^{1)}(a_j, w)$;

2° $5\nu+1$ 个值点集 $\overline{E}^{2)}(a_j, w)$;

3° $4\nu+3$ 个值点集 $\overline{E}^{\nu)}(a_j, w)$;

4° $4\nu+2$ 个值点集 $\bar{E}^{\gamma)}(a_j, w)$，其中 γ 合于 $\nu+1\leqslant\gamma\leqslant 2\nu$；

5° $4\nu+1$ 个值点集 $\bar{E}^{\gamma)}(a_j, w)$，$r\geqslant 2\nu+1$.

注 我们还可以考虑由不同级的简约值点集唯一确定代数体函数的问题. 另外，在亚纯函数的情形，熊庆来[3]曾考虑由函数及其导数的值点集来确定所论函数的问题，对于代数体函数，可以从定理 2.24 出发得到相应的结果.

关于代数体函数的奇异方向可参阅 N. Toda [1]，吕以辇和顾永兴 [1].

§ 2.10 全纯函数的线性组合与代数体函数

1933 年 H. Cartan[1] 讨论了 $p(\geqslant 2)$ 个全纯函数线性组合 $a_1g_1(z)+a_2g_2(z)+\cdots+a_pg_p(z)$ 的零点分布问题，并建立了相当于亚纯函数的 Nevanlinna 基本定理. 特别地，若取 $a_j=a^{j-1}$，$j=1, 2, \cdots, p\,(=\nu+1)$，则相当于考虑 ν 值代数体函数的值分布问题. 这里我们简单地介绍全纯函数线性组合值分布的基本定理及其在代数体函数中的应用.

令 $a=(a_1, a_2, \cdots, a_p)$，$p\geqslant 2$，$a_j\in\mathbf{C}$，$G(z)=G=(g_1(z), g_2(z), \cdots, g_p(z))$，其中 $\{g_j(z)\}$ 是线性无关的整函数. 对于每个 $z\in\mathbf{C}$，定义

$$g(z)=\max_{1\leqslant j\leqslant p}\{|g_j(z)|\},$$

继令

$$T(r,G)=\frac{1}{2\pi}\int_0^{2\pi}\log g(re^{i\theta})d\theta-\log g(0).$$

推论 1° 若 $w(z)$ 为不取零为值的整函数，则

$$T(r, wG)=T(r, G),\tag{2.10.1}$$

其中 $wG=(w(z)g_1(z), w(z)g_2(z), \cdots, w(z)g_p(z))$.

事实上，令 $(wg)(z)=\max\limits_{1\leqslant j\leqslant p}\{|w(z)g_j(z)|\}$，于是

$$T(r, wG)=\frac{1}{2\pi}\int_0^{2\pi}\log(wg)(re^{i\theta})d\theta$$

$$-\log(wg)(0)=\frac{1}{2\pi}\int_0^{2\pi}\log g(re^{i\theta})d\theta$$

$$-\log g(0)+\frac{1}{2\pi}\int_0^{2\pi}\log|w(re^{i\theta})|d\theta$$

$$-\log|w(0)|=T(r,G).$$

推论 2° 设 $A(z)=(a_{jk}(z))$ 是 $p\times p$ 函数矩阵，其中 $a_{jk}(z)$ $(1\leqslant j,k\leqslant p)$ 是 z 的有理函数，且 $\det A(z)\not\equiv 0$. 又设 $G_1(z)=G(z)\cdot A(z)=\left(\sum_{j=1}^{p}a_{j1}(z)g_j(z),\cdots,\sum_{j=1}^{p}a_{jp}(z)g_j(z)\right)$，则有

$$T(r,G_1)=T(r,G)+O(\log r). \tag{2.10.2}$$

事实上，对每一 $z\in\mathbb{C}$，存在 $j_0(z)=j_0$ 使得 $|g_{j_0}(z)|=\max\limits_{1\leqslant j\leqslant p}\{|g_j(z)|\}$. 于是 $|\hat{g}_k(z)|=\left|\sum_{j=1}^{p}a_{jk}(z)g_j(z)\right|\leqslant|g_{j_0}(z)|\sum_{j=1}^{p}|a_{jk}(z)|$. 因此，对 $k=1,\cdots,p$ 和 $z\in\mathbb{C}$ 有

$$\log|\hat{g}_k(z)|\leqslant\log g(z)+\log\left(\sum_{k=1}^{p}\sum_{j=1}^{p}|a_{jk}(z)|\right).$$

令 $\hat{g}(z)=\max\limits_{1\leqslant k\leqslant p}\{|\hat{g}_k(z)|\}$，则有

$$\log\hat{g}(z)\leqslant\log g(z)+\log\left(\sum_{j,k=1}^{p}|a_{jk}(z)|\right).$$

类似地，由 $G(z)=G_1(z)\cdot\hat{A}(z)=\left(\sum_{j=1}^{p}\hat{a}_{j1}(z)\hat{g}_j(z),\cdots,\sum_{j=1}^{p}\hat{a}_{jp}(z)\hat{g}_j(z)\right)$，其中 $\hat{A}(z)$ 是 $A(z)$ 的逆矩阵，可得到

$$\log g(z)\leqslant\log\hat{g}(z)+\log\left(\sum_{j,k=1}^{p}|\hat{a}_{jk}(z)|\right),$$

其中 $\{\hat{a}_{jk}(z)\}$ 是 z 的有理函数. 由上述两式即得 (2.10.2).

定义 2.9 设 $\mathrm{a}^{(k)}=(a_1^{(k)},\cdots,a_p^{(k)})$, $k=1,2,\cdots,q(\geqslant p)$. 若 $\{\mathrm{a}^{(k)}\}$ 中任意 p 个向量都线性无关，则称 $\{\mathrm{a}^{(k)}\}$ $(k=1,2,\cdots,q)$ 是允许向量组. 令 $F_k(z)=G(z)\cdot\mathrm{a}^{(k)}=\sum_{j=1}^{p}a_j^{(k)}g_j(z)$, 若

$\{\mathrm{a}^{(k)}\}$ 是允许向量组，则称 $\{F_k(z)\}(k=1,2,\cdots,q)$ 是允许线性组合。

令 $n(r,\mathrm{a})$ 表示 $G(z)\cdot\mathrm{a}=\sum_{j=1}^{p}a_jg_j(z)$ 在 $|z|<r$ 内零点数，并按其重级计算。继令 $n_{p-\gamma}(r,\mathrm{a})$ 表示 $G(z)\cdot\mathrm{a}$ 的零点数，且当重级不大于 $p-\gamma$ 时按重级计算，否则只计算 $p-\gamma$ 次。又令 $\bar{n}_1(r,\mathrm{a})=n(r,\mathrm{a})-n_{p-1}(r,\mathrm{a})$，相应地定义密指量如下

$$N_{p-\gamma}(r,\mathrm{a})=N_{p-\gamma}(r,G\cdot\mathrm{a}=0)$$

$$=\int_0^r\frac{n_{p-\gamma}(t,\mathrm{a})-n_{p-\gamma}(0,\mathrm{a})}{t}dt+n_{p-\gamma}(0,\mathrm{a})\log r.$$

H. Cartan 证明[1]

定理 2.35 $G(z)$，$\{F_k(z)\}_{k=1,2,\cdots,q}$ 如上所设，并设 $\{F_k(z)\}$ 是允许组合，则有

$$(q-p)T(r,G)<\sum_{k=1}^{q}N_{p-1}(r,F_k=0)+S(r,G),\tag{2.10.3}$$

其中

$$S(r,G)=O\{\log(rT(r,G))\},$$

于无穷级时可能须除去一列总长为有限的例外区间序列。

为了证明定理 2.33，先证下列引理。

引理 2.7 设 $\{\mathrm{a}^{(k)}\}(k=1,2,\cdots,q)$ 为允许向量组，继令 $F_k(z)=G(z)\cdot\mathrm{a}^{(k)}$。对每一 $z\in\mathbf{C}$，按模的递减排置 $|F_{\alpha_1}(z)|\geqslant|F_{\alpha_2}(z)|\geqslant\cdots\geqslant|F_{\alpha_q}(z)|$，则对于 $1\leqslant j\leqslant p$ 和 $1\leqslant k\leqslant q-p+1$ 有

$$|g_j(z)|\leqslant K|F_{\alpha_k}(z)|,\tag{2.10.4}$$

其中 K 为与 $\{a_i^{(k)}\}$ 有关的常数。

证明 对每一 $z\in\mathbf{C}$，设 h 合于 $1\leqslant h\leqslant q-p+1$，从方程组

$$\begin{cases}F_{\alpha_h}(z)=a_1^{(\alpha_h)}g_1(z)+\cdots+a_p^{(\alpha_h)}g_p(z)\\F_{\alpha_{q-p+2}}(z)=a_1^{(\alpha_{q-p+2})}g_1(z)+\cdots+a_p^{(\alpha_{q-p+2})}g_p(z)\\\cdots\\F_{\alpha_q}(z)=a_1^{(\alpha_q)}g_1(z)+\cdots+a_p^{(\alpha_q)}g_p(z)\end{cases}$$

解出 $g_1(z),\cdots,g_p(z)$，并表示为 $F_{\alpha_h}(z),F_{\alpha_{q-p+2}}(z),\cdots,F_{\alpha_q}(z)$ 的常系数线性组合. 由 $F_{\alpha_j}(z)$ 的脚标排列次序的规定即得所证.

推论 1° 对每一 $z\in\mathbf{C}$，至少有 $q-p+1$ 个 $F_j(z)\neq 0$.

事实上，由假设 $\{g_j(z)\}$ 不在同一点取零值. 根据估计式 (2.10.4) 即知，对每一 $z\in\mathbf{C}$ 至少有 $q-p+1$ 个 $F_j(z)\neq 0$.

推论 2° 设 $(\beta_1,\beta_2,\cdots,\beta_{q-p})$ 是 $(1,2,\cdots,q)$ 中任意 $q-p$ 个数的组合，对每一 $z\in\mathbf{C}$，定义

$$F(z)=\max_{\{(\beta_1,\cdots,\beta_{q-p})\}}\{\log|F_{\beta_1}(z)\cdots F_{\beta_{q-p}}(z)|\},$$

则有

$$(q-p)T(r,G)\leqslant\frac{1}{2\pi}\int_0^{2\pi}F(re^{i\theta})d\theta+O(1).\qquad(2.10.5)$$

证明 由引理 2.7，对每一 $z\in\mathbf{C}$，

$$|g_j(z)|\leqslant K|F_{\alpha_1}(z)|$$

$$\cdots$$

$$|g_j(z)|\leqslant K|F_{\alpha_{q-p}}(z)|.$$

由此，

$$|g_j(z)|^{q-p}\leqslant K^{q-p}|F_{\alpha_1}(z)\cdots F_{\alpha_{q-p}}(z)|$$
$$\leqslant K^{q-p}\max_{\{(\beta_1,\cdots,\beta_{q-p})\}}\{|F_{\beta_1}(z)\cdots F_{\beta_{q-p}}(z)|\},$$

从而

$$(q-p)T(r,G)=(q-p)\frac{1}{2\pi}\int_0^{2\pi}\log g(re^{i\theta})d\theta$$
$$-(q-p)\log g(0)\leqslant\frac{1}{2\pi}\int_0^{2\pi}F(re^{i\theta})d\theta+O(1).$$

定理 2.35 的证明. 由定义

$$\begin{pmatrix}F_{\alpha_1}(z)\cdots F_{\alpha_p}(z)\\ F'_{\alpha_1}(z)\cdots F'_{\alpha_p}(z)\\ \cdots\\ F^{(p-1)}_{\alpha_1}(z)\cdots F^{(p-1)}_{\alpha_p}(z)\end{pmatrix}=\begin{pmatrix}g_1(z)\cdots g_p(z)\\ g'_1(z)\cdots g'_p(z)\\ \cdots\\ g^{(p-1)}_1(z)\cdots g^{(p-1)}_p(z)\end{pmatrix}\begin{pmatrix}a_1^{(\alpha_1)}\cdots a_1^{(\alpha_p)}\\ a_2^{(\alpha_1)}\cdots a_2^{(\alpha_p)}\\ \cdots\\ a_p^{(\alpha_1)}\cdots a_p^{(\alpha_p)}\end{pmatrix},$$

即有

$$W(F_{\alpha_1}, \cdots, F_{\alpha_p}) = c(\alpha_1, \cdots, \alpha_p)W(g_1, \cdots, g_p),$$

其中 $W(\psi_1, \cdots, \psi_p)$ 为 $\psi_1(z), \cdots, \psi_p(z)$ 的 Wronski行列式，$c(\alpha_1, \cdots, \alpha_p)$ 表示上式右端常数矩阵的行列式. 由假设 $\{a^{(k)}\}$ 是允许向量组，故 $c(\alpha_1, \cdots, \alpha_p) \neq 0$. 又因 $(g_1(z), \cdots, g_p(z))$ 是线性独立的，故 $W(g_1, \cdots, g_p) \neq 0$. 现设 $\alpha_1, \cdots, \alpha_p, \beta_1, \cdots, \beta_{q-p}$ 是 $(1, 2, \cdots q)$ 的一个排列，则有

$$\frac{F_{\alpha_1}(z)\cdots F_{\alpha_p}(z)F_{\beta_1}(z)\cdots F_{\beta_{q-p}}(z)}{c^{-1}(\alpha_1, \cdots, \alpha_p)W(F_{\alpha_1}, \cdots, F_{\alpha_p})}$$

$$= \frac{c(\alpha_1, \cdots, \alpha_p)F_{\beta_1}(z)\cdots F_{\beta_{q-p}}(z)}{\begin{vmatrix} 1 & \cdots & 1 \\ \dfrac{F'_{\alpha_1}(z)}{F_{\alpha_1}(z)} & \cdots & \dfrac{F'_{\alpha_p}(z)}{F_{\alpha_p}(z)} \\ \cdots\cdots\cdots & & \\ \dfrac{F^{(p-1)}_{\alpha_1}(z)}{F_{\alpha_1}(z)} & \cdots & \dfrac{F^{(p-1)}_{\alpha_p}(z)}{F_{\alpha_p}(z)} \end{vmatrix}}$$

$$= \frac{F_1(z)\cdots F_q(z)}{W(g_1, \cdots, g_p)} = H(z).$$

令 $W_{\alpha_1\cdots\alpha_p}(z) = W(F_{\alpha_1}, \cdots, F_{\alpha_p})/F_{\alpha_1}(z)\cdots F_{\alpha_p}(z)$，并对每一 $z \in \mathbf{C}$，定义

$$W(z) = \max\{\log|W_{\alpha_1\cdots\alpha_p}(z)|\},$$

注意到 $H(z)$ 与 $\alpha_1, \cdots, \alpha_p, \beta_1, \cdots, \beta_{q-p}$ 之排列无关，因此

$$F(z) = W(z) + \log|H(z)|,$$

从而

$$\frac{1}{2\pi}\int_0^{2\pi} F(re^{i\theta})d\theta = \frac{1}{2\pi}\int_0^{2\pi} W(re^{i\theta})d\theta$$

$$+ \frac{1}{2\pi}\int_0^{2\pi} \log|H(re^{i\theta})|d\theta.$$

现进一步估计上式右端两项。

关于第一项，显然有

$$\frac{1}{2\pi}\int_0^{2\pi} W(re^{i\theta})\,d\theta \leqslant K\sum_{k=1}^{p-1}\sum_{i=1}^{q} m\left(r, \frac{F_{ai}^{(k)}}{F_{ai}}\right)$$
$$= Q(r, G).$$

关于第二项，由 Poisson-Jensen-Nevanlinna 公式，有

$$\frac{1}{2\pi}\int_0^{2\pi} \log|H(re^{i\theta})|\,d\theta$$
$$= N\left(r, \frac{1}{H}\right) - N(r, H) + \log|H(0)|.$$

又由引理 2.7 的推论 1°，对任一 $z\in \mathbf{C}$，存在 $\beta_1, \beta_2, \cdots, \beta_{q-p}$ 使得 $F_{\beta_1}(z)\cdots F_{\beta q-p}(z)\neq 0$。因此，$H(z)$的零点必为 $W_{\alpha_1\cdots\alpha p}(z)$ 之极，即为 $W_{\alpha_1\alpha_1\cdots\alpha p}(z) = \Sigma(-1)^k \dfrac{F_{\alpha_1}^{(k_1)}(z)}{F_{\alpha_1}(z)}\cdots\dfrac{F_{\alpha_p}^{(k_p)}(z)}{F_{\alpha_p}(z)}$ 的某些相加项 $\dfrac{F_{\alpha_1}^{(k_1)}(z)}{F_{\alpha_1}(z)}\cdots\dfrac{F_{\alpha_p}^{(k_p)}(z)}{F_{\alpha_p}(z)}$ 之极，其重级不超过这些相加项相应的重级之最大者，此外，显然这些项的极由其因子的分母之零点所产生。今若 z_0 是 $F_{\alpha_i}(z)$ 的 γ_i 重零点，则必为 $F_{\alpha_i}^{(k_i)}(z)$ 的 $\gamma_i - k_i$ 重零点。因此，z_0 是 $F_{\alpha_i}^{(k_i)}(z)/F_{\alpha i}(z)$ 的 k_i 重极点。但知 $1\leqslant k_i\leqslant p-1$，故

$$n\left(r, \frac{1}{H}\right)\leqslant \sum_{i=1}^{q} n_{p-1}(r, F_i = 0)$$
$$= \sum_{i=1}^{q} n_{p-1}(r, \mathrm{a}^{(i)}).$$

由引理 2.7 的推论 2° 便得

$$(q-p)T(r, G)\leqslant \sum_{i=1}^{q} N_{p-1}(r, F_i = 0)$$
$$- N(r, H) + Q(r, G),$$

应用对数导数平均值引理即得 (2.10.3)。

定义 2.10 设 $w(z)$ 是 (2.1.5) 所确定的 ν 值代数体函数，若

$A_\nu(z), A_{\nu-1}(z), \cdots, A_0(z)$ 线性无关，则称 $w(z)$ 是一般型代数体函数。

定理 2.36 设 $w(z)$ 是 ν 值一般型代数体函数，$a_k \in \mathbf{C}$，$k = 1, 2, \cdots, q$ 是 $q(>\nu+1)$ 个判别的复数，则有

$$(q-\nu-1)T(r,w) < \sum_{k=1}^{q} N_\nu\left(r, \frac{1}{w-a_k}\right) + S(r, w), \tag{2.10.6}$$

其中 $S(r, w)$ 具有余项的性质。

证明 令 $G = (A_\nu(z), A_{\nu-1}(z), \cdots, A_0(z))$，继令 $\mathrm{a}^{(k)} = (a_k^\nu, a_k^{\nu-1}, \cdots, a_k, 1)$，$k = 1, 2, \cdots, q$。由于 $\{a_k\}$ 是判别的复数，故 $\mathrm{a}^{(k)}$ 是允许向量组，并且 $\psi_k(z) = \psi(z, a_k) = G(z) \cdot \mathrm{a}^{(k)} = \sum_{j=0}^{\nu} a_k^j A_j(z)$ 是允许线性组合。应用定理 2.35 便得

$$(q-\nu-1)T(r, G) < \sum_{k=1}^{q} N_\nu(r, \psi_k = 0) + S(r, G). \tag{2.10.7}$$

此外，显然有 $N_\nu(r, \psi_k = 0) = \nu N_\nu\left(r, \frac{1}{w-a_k}\right)$。又由定理 2.19 有

$$T(r, G) = \nu T(r, w) + O(1).$$

综上各式即得 (2.10.6)。

由 (2.10.6) 出发可以讨论一般型代数体函数的亏量关系和唯一性问题，并可考虑重值对一般型代数体函数的亏值数和唯一性定理的影响。另外应用定理 2.35 还可以得到亚纯函数第二基本定理的推广(何育赞 [5])

定理 2.37 设 $w(z)$ 是 $\mathbf{C}$ 上亚纯函数，$\{\varphi_j(z)\}$，$j = 1, 2, \cdots p-1$ 为线性无关的亚纯函数且满足

$$T(r, \varphi_j) = o\{T(r, w)\}, \qquad j = 1, 2, \cdots, p-1.$$

又令

$$\psi_k(z) = \sum_{j=1}^{p-1} a_j^k \varphi_j(z), \qquad k = 1, 2, \cdots, q,$$

其中对 $k = 1, 2, \cdots, q$, $\{\mathrm{a}^k\} = \{(a_1^k, \cdots, a_{p-1}^k, -1)\}$ 是允许向量组,则有

$$(q - p - o(1))T(r, w) < qN_{p-1}(r, w) + \sum_{k=1}^{q} N_{p-1}\left(r, \frac{1}{w - \psi_k}\right) + S(r, w),$$

其中 $S(r, w)$ 具有余项的性质。

第三章　复域的常微分方程理论初步

自然科学中的物理、天文以及数学中的几何学和工程技术中的许多一般规律可以用常微分方程来描述，而这些问题的解决有待于对方程的解的认识. 如果方程的解能用已知初等函数的有限组合表示出来，那末人们便能从这些函数的性质了解方程的解的性质. 但数学家们很快发现,这种可积类型的方程极为罕见,因而提出直接从微分方程出发来研究解的性质. 特别是 Cauchy 曾指出,在对微分方程作相当广泛的假设下,它的积分是复变数的解析函数. 因此,把微分方程的解视为由其定义的解析函数,应用复变函数论的一般方法,从方程本身来研究解的性质,便构成了常微分方程的解析理论.常微分方程解析理论的先驱性工作是由 Cauchy, Riemann, Fuchs, Painlevé 和 Poincaré 等人作出的.

§3.1　Cauchy 存在与唯一性定理

微分方程理论中最基本的问题是已给方程是否有解和研究解的性质. 实际问题中常常是求适合某些补充条件的特解，如下述的定解问题,即 Cauchy 问题:

$$\begin{cases}\dfrac{dw}{dz}=f(z,\ w),\\ w(z_0)=w_0.\end{cases}\tag{3.1.1}$$

在复域中通常应用幂级数展式和优函数方法来证明解的存在和唯一性. 为此,我们先介绍优级数和优函数.

我们用 $\mathbf{C}^n$ 表示 n 维复空间. 设在以 $(z_1^0, z_2^0, \cdots, z_n^0)$ 为心的多圆柱

$$P_\rho=\{(z_1,\ \cdots,\ z_n)\in\mathbf{C}^n,\ |z_j-z_j^0|<\rho_j,\ j=1,\ 2,\cdots,\ n\}$$

内有两个幂级数

$$\sum_{m_1+\cdots+m_n\geqslant 0} a^{(m_1,\cdots,m_n)}(z_1-z_1^0)^{m_1}\cdots(z_n-z_n^0)^{m_n} \quad (3.1.2)$$

和

$$\sum_{m_1+\cdots+m_n\geqslant 0} A^{(m_1,\cdots,m_n)}(z_1-z_1^0)^{m_1}\cdots(z_n-z_n^0)^{m_n}, \quad (3.1.3)$$

其中 $m_j(j=1,2,\cdots,n)$ 为非负整数. 若对所有的系数恒有

$$|a^{(m_1,\cdots,m_n)}|\leqslant A^{(m_1,\cdots,m_n)},$$

则称(3.1.3)是(3.1.2)的优级数. 若(3.1.2)和(3.1.3)在 P_ρ 内分别收敛于 $f(z_1,\cdots,z_n)$ 和 $F(z_1,\cdots,z_n)$, 则称 F 为 f 的优函数, 并记为 $f\ll F$.

下面我们来考察求一个多复变数全纯函数的优函数的方法(关于多复变数全纯函数的初等性质,请参看 H. Cartan [2]). 设 $f(z_1,\cdots,z_n)$ 是多圆柱 P_ρ 内的全纯函数,于是有

$$f(z_1,\cdots,z_n)=\sum a^{(m_1,\cdots,m_n)}(z_1-z_1^0)^{m_1}\cdots(z_n-z_n^0)^{m_n}. \quad (3.1.4)$$

若取 $\bar{P}_{\rho'}=\{(z_1,\cdots,z_n)\in \mathbf{C}^n, |z_j-z_j^0|\leqslant\rho_j'<\rho_j, j=1,2,\cdots,n\}$,则 $f(z_1,\cdots,z_n)$ 在 $\bar{P}_{\rho'}$ 上全纯,因此存在 $M>0$,使得 $(z_1,\cdots,z_n)\in\bar{P}_{\rho'}$ 且有

$$|f(z_1,\cdots,z_n)|\leqslant M. \quad (3.1.5)$$

现在, 令 $z_j-z_j^0=\rho_j'e^{i\theta_j}$, $j=1,2,\cdots,n$,于是(3.1.4)成为

$$f(z_1,\cdots,z_n)=\sum_{m_1+\cdots+m_n\geqslant 0} a^{(m_1,\cdots,m_n)}(\rho_1')^{m_1}\cdots(\rho_n)^{m_n} \times e^{i(m_1\theta_1+\cdots+m_n\theta_n)}, \quad (3.1.6)$$

上式两端取共轭便得

$$\bar{f}(z_1,\cdots,z_n)=\sum_{m_1+\cdots+m_n\geqslant 0} \bar{a}^{(m_1,\cdots,m_n)}(\rho_1')^{m_1}\cdots(\rho_n')^{m_n} \times e^{-i(m_1\theta_1+\cdots+m_n\theta_n)}, \quad (3.1.7)$$

将(3.1.6)和(3.1.7)相乘,对 $\theta_1,\cdots,\theta_n$ 从 0 到 2π 积分并注意到

$$\int_0^{2\pi} e^{i(m_j-m_j')\theta_j}d\theta_j=\begin{cases}0, & m_j\neq m_j',\\ 2\pi, & m_j=m_j'.\end{cases}$$

便有

$$\frac{1}{(2\pi)^n}\int_0^{2\pi} d\theta_1\cdots\int_0^{2\pi} f\bar{f}d\theta_n = \sum |a^{(m_1,\cdots,m_n)}|^2(\rho_1')^{2m_1}\cdots(\rho_n')^{2m_n}.$$

根据(3.1.5)有

$$|a^{(m_1,\cdots,m_n)}| \leqslant M/(\rho_1')^{m_1}\cdots(\rho_n')^{m_n}.$$

若取 $A^{(m_1,\cdots,m_n)} = M/(\rho_1')^{m_1}\cdots(\rho_n')^{m_n}$，便得 $f(z_1,\cdots,z_n)$ 的一个优函数

$$F(z_1,\cdots,z_n) = \sum M\left(\frac{z_1-z_1^0}{\rho_1'}\right)^{m_1}\cdots\left(\frac{z_n-z_n^0}{\rho_n'}\right)^{m_n}$$

$$= M\left[\sum_{m_1=0}^{\infty}\left(\frac{z_1-z_1^0}{\rho'}\right)^{m_1}\right]\cdots\left[\sum_{m_n=0}^{\infty}\left(\frac{z_n-z_n^0}{\rho_n'}\right)^{m_n}\right]$$

$$= M\Big/\left(1-\frac{z_1-z_1^0}{\rho_1'}\right)\cdots\left(1-\frac{z_n-z_n^0}{\rho_n'}\right).$$

对于给定的全纯函数 $f(z_1,\cdots,z_n)$，除了上述的 Cauchy 优函数外，还能有其它的优函数。例如，由于

$$\sum_{m_2+\cdots+m_n=m}\left(\frac{z_2-z_2^0}{\rho_2'}\right)^{m_2}\cdots\left(\frac{z_n-z_n^0}{\rho_n'}\right)^{m_n}$$

$$\ll \left(\frac{z_2-z_2^0}{\rho_2'}+\cdots+\frac{z_n-z_n^0}{\rho_n'}\right)^m,$$

则得到 $F(z_1,\cdots,z_n)$ 的一个优函数

$$G(z_1,\cdots,z_n) = M\Big/\left(1-\frac{z_1-z_1^0}{\rho_1'}\right)\left\{1-\right.$$

$$\left.-\left(\frac{z_2-z_2^0}{\rho_2'}+\cdots+\frac{z_n-z_n^0}{\rho_n'}\right)\right\}.$$

现在，我们应用优函数的方法证明如下定理：

定理 3.1 (Cauchy) 设 $f_s(z,w_1,\cdots,w_n)(s=1,2,\cdots,n)$ 在多圆柱 $P=\{(z,w_1,\cdots,w_n)\in \mathbf{C}^{n+1},\ |z-z_0|<r,\ |w_s-w_s^0|<\rho_s,\ s=1,2,\cdots,n\}$ 内为全纯函数，则方程组的初值问题

$$\begin{cases}\dfrac{dw_s}{dz}=f_s(z,w_1,\cdots,w_n)\\ w_s(z_0)=w_s^0\end{cases}\qquad s=1,2,\cdots,n \quad (3.1.8)$$

至少在圆

$$D=\{z\in \mathbf{C}, |z-z_0|<r_1(1-e^{-\frac{1}{2nM}\cdot\frac{\rho}{r_1}})\}$$

内存在唯一的全纯解，其中 $0<\rho<\min\limits_{1\leqslant s\leqslant n}\{\rho_s\}$，$0<r_1<r$，$M(>0)$ 是只与 r，ρ 及 f_s 有关的一个常数.

证明 首先将问题稍稍化简. 令 $Z=z-z_0$, $W_s=w_s-w_s^0$, $s=1,\cdots,n$,于是,问题化为

$$\begin{cases}\dfrac{dW_s}{dZ}=\hat{f}_s(Z, W_1,\cdots,W_n)\\ W_s(0)=0,\end{cases}\tag{3.1.9}$$

其中 $\hat{f}_s(Z,W_1,\cdots,W_n)$ 在多圆柱

$$\{(Z,W_1,\cdots,W_n)\in\mathbf{C}^{n+1}, |Z|<r, |W_s|<\rho_s,\ s=1,\cdots,n\}$$

内全纯.

现在,设幂级数

$$W_s=\varphi_s(Z)=\sum_{m\geqslant 0}a_s^{(m)}Z^m\tag{3.1.10}$$

形式地满足方程组 (3.1.9). 将 (3.1.10) 和 $\hat{f}_s$ 的幂级数展式 $\sum a_s^{(m_0,m_1,\cdots,m_n)}Z^{m_0}W_1^{m_1}\cdots W_n^{m_n}$ 代入(3.1.9)，比较两端关于 Z 的同次幂的系数,得到

$$\begin{cases}a_s^{(0)}=\varphi_s(0)=0\\ a_s^{(1)}=\left(\dfrac{d\varphi_s}{dZ}\right)_0=\hat{f}_s(0,\cdots,0)=a_s^{(0,\cdots,0)}\\ a_s^{(2)}=\dfrac{1}{2!}\left(\dfrac{d^2\varphi_s}{dZ^2}\right)_0=\dfrac{1}{2!}\left(\dfrac{\partial\hat{f}_s}{\partial Z}+\dfrac{\partial\hat{f}_s}{\partial W_s}\dfrac{d\varphi_s}{dZ}\right)_0\\ \qquad=\dfrac{1}{2!}[a_s^{(1,0,\cdots,0)}+a_s^{(0,\cdots,0)}a_s^{(0,\cdots,0,1,0,\cdots,0)}]\\ \cdots\cdots\\ a_s^{(m)}=\dfrac{1}{m!}\left(\dfrac{d^m\varphi_s}{dZ^m}\right)_0=P^{(m)}(a_s^{(0,\cdots,0)},\cdots,a_s^{(0,\cdots,0,m-1,0,\cdots,0)})\\ \qquad\cdots\cdots\end{cases}$$

其中 $P^{(m)}$ 是 $a_s^{(m_0,\cdots,m_n)}$ 的正系数多项式且指标为 $m_0+m_1+\cdots+m_n\leqslant m-1$ 者. 于是，$a_s^{(m)}$ 能相继定出. 又知全纯函数由其各阶导数在一点的值确定，而全纯解的展式的系数是用唯一的方

式所确定的，因而若问题(3.1.9)存在全纯解，则解是唯一的。

下面我们证明幂级数(3.1.10)在某个圆内收敛。我们取 r_1 和 ρ 使得 $0 < r_1 < r, 0 < \rho < \min\limits_{1\leqslant s\leqslant n}\{\rho_s\}$，则在闭多圆柱 $\{(Z, W_1, \cdots, W_n) \in \mathbf{C}^{n+1}, |Z| \leqslant r_1, |W_s| \leqslant \rho, s = 1, \cdots, n\}$ 上 $|\hat{f}_s(Z, W_1, \cdots, W_n)| \leqslant M$. 由上面可知

$$\hat{f}_s(Z, W_1, \cdots, W_n) \ll F(Z, W_1, \cdots, W_n)$$
$$= M\Big/\left(1 - \frac{Z}{r_1}\right)\left(1 - \frac{W_1 + \cdots + W_n}{\rho}\right).$$

再考察辅助微分方程组

$$\frac{dW_s}{dZ} = F(Z, W_1, \cdots, W_n), s = 1, \cdots, n. \qquad (3.1.11)$$

上面的式子两端减 $\frac{dW_1}{dZ} = F(Z, W_1, \cdots, W_n)$ 得到

$$\frac{dW_s}{dZ} = \frac{dW_1}{dZ}, \qquad s = 2, \cdots, n,$$

故方程组(3.1.11)具有相同初值 $W_s(0) = 0$ 的积分是恒等的，即 $W_1(Z) \equiv \cdots \equiv W_n(Z)$. 因此，(3.1.11)可用一个方程

$$\begin{cases} \dfrac{dW}{dZ} = M\Big/\left(1 - \dfrac{Z}{r_1}\right)\left(1 - \dfrac{nW}{\rho}\right) \\ W(0) = 0 \end{cases} \qquad (3.1.11)'$$

来代替. 与方程组(3.1.9)相仿，可以找出级数

$$W = \sum_{m\geqslant 0} B_m Z^m \qquad (3.1.12)$$

作为方程(3.1.11)′的解的形式展开式. 这个级数的系数是通过展开式

$$\frac{M}{\left(1 - \dfrac{Z}{r_1}\right)\left(1 - \dfrac{W_1 + \cdots + W_n}{\rho}\right)}$$
$$= \sum b^{(m_0, m_1, \cdots, m_n)} Z^{m_0} W_1^{m_1} \cdots W_n^{m_n}$$

的系数，借助于与前面相同的公式

$$B_m = P^{(m)}(b^{(0,\cdots,0)}, \cdots, b^{(0,\cdots,m-1)})$$

来确定的。根据优函数的性质有

$$|a_s^{(m)}| = |P^{(m)}(a_s^{(0,\cdots,0)}, \cdots, a_s^{(0,\cdots,m-1)})|$$
$$\leqslant P^{(m)}(b^{(0,\cdots,0)}, \cdots, b^{(0,\cdots,m-1)}) = B_m,$$

因此在(3.1.12)的收敛处,(3.1.10)是绝对收敛的。

另一方面,方程(3.1.11)′能分离变数并得到

$$\left(1 - \frac{nW}{\rho}\right) dW = MdZ \Big/ \left(1 - \frac{Z}{r_1}\right),$$

对上式两边积分就有

$$\left(1 - \frac{nW}{\rho}\right)^2 = \frac{2nMr_1}{\rho} \log\left(1 - \frac{Z}{r_1}\right) + K.$$

当 $K = 1$ 时这个积分满足初始条件,于是有

$$W = \frac{\rho}{n}\left\{1 - \sqrt{1 + \frac{2nMr_1}{\rho} \log\left(1 - \frac{Z}{r_1}\right)}\right\}.$$

此函数的奇点为 $\log\left(1 - \frac{Z}{r_1}\right)$的奇点 $Z = r_1$ 和根号中的表达式为零的点 $Z = r_1(1 - e^{-\frac{1}{2nM}\frac{\rho}{r_1}})(<r_1)$. 于是, $W(Z)$ 在$|Z| < r_1(1- e^{-\frac{1}{2nM}\frac{\rho}{r_1}})$ 内是全纯的,(3.1.12)在此圆内收敛,从而(3.1.10)在此圆内收敛于全纯函数。

推论 若方程

$$\frac{d^n w}{dz^n} = f(z, w, w', \cdots, w^{(n-1)}) \tag{3.1.13}$$

的右端 $f(z, w, \cdots, w^{(n-1)})$ 在点 $(z_0, w_0, w_0', \cdots, w_0^{(n-1)})$ 的邻域中全纯,则方程(3.1.13)在点 z_0 的邻域中存在满足条件

$$w(z_0) = w_0,\ w'(z_0) = w_0',\ \cdots,\ w^{(n-1)}(z_0) = w_0^{(n-1)}$$

的全纯解,并且是唯一的。

事实上,令

$$\frac{dw}{dz} = w_1, \frac{dw_1}{dz} = w_2, \cdots, \frac{dw_{n-1}}{dz} = f(z, w, w_1, \cdots, w_{n-1}),$$

即化为定理 3.1 的情形。

关于微分方程的解的存在与唯一性定理还有其它的证明方

法. 下面用逐次逼近法证明.

定理 3.2 (Picard) 设方程(3.1.1)的右端 $f(z, w)$在双圆柱 $P=\{(z, w)\in \mathbf{C}^2, |z-z_0|\leqslant r_1, |w-w_0|\leqslant r_2\}$ 上全纯, 并且 $\max\limits_{P}\{|f(z, w)|\}\leqslant M$. 则在 $D=\{z\in \mathbf{C}, |z-z_0|<r\}$ $(r<\min\{r_1, r_2/M\})$ 内存在唯一的全纯解 $w(z)$,使得 $w(z_0)=w_0$.

证明 先考虑常数 $w=w_0$ 为方程的第一个近似解. 由

$$\frac{dw_1(z)}{dz}=f(z, w_0), \qquad w_1(z_0)=w_0$$

和

$$w_1(z)=w_0+\int_{z_0}^{z} f(\zeta, w_0)d\zeta$$

确定下一个近似解. 现用递推手续置

$$\frac{dw_n(z)}{dz}=f(z, w_{n-1}(z)), \qquad w_n(z_0)=w_0$$

和

$$w_n(z)=w_0+\int_{z_0}^{z} f(\zeta, w_{n-1}(\zeta))d\zeta$$

确定第 $n+1$ 个近似解. 如此继续得到

$$\{w_n(z)\}, \qquad n=0, 1, 2, \cdots. \tag{3.1.14}$$

现令 $r=\min\{r_1, r_2/M\}$, 我们先验证,当 $z\in D$ 时,上面进行的手续是合理的,即 $(z, w_n(z))\in P$. 事实上

$$|w_1(z)-w_0|=\left|\int_{z_0}^{z} f(\zeta, w_0)d\zeta\right|\leqslant M|z-z_0|\leqslant r_2.$$

今设 $z\in D$ 时有 $|w_{n-1}(z)-w_0|\leqslant r_2$, 则将 $w_{n-1}(z)$ 代入 $f(z, w)$ 时有意义,于是同样有

$$|w_n(z)-w_0|\leqslant r_2.$$

下面证明(3.1.14)的收敛性. 为此,我们置

$$w_n(z)=w_0+(w_1(z)-w_0)+\cdots+(w_n(z)-w_{n-1}(z)),$$

因此,只须证明级数 $\sum(w_n(z)-w_{n-1}(z))$ 收敛即可.

由于 $f(z, w)$ 在 P 上是全纯的, $f(z, w)$ 在 P 上是 w 的全纯函数(参见 H. Cartan[2], p. 135), $\dfrac{\partial f}{\partial w}$ 在 P 上是全纯的, 因此存在

仅依赖于P和$\left|\dfrac{\partial f}{\partial w}\right|$的正常数$K$使得

$$|f(z, w_2) - f(z, w_1)| = \left|\int_{w_1(z)}^{w_2(z)} \frac{\partial f(z, w)}{\partial w} dw\right|$$
$$\leqslant K|w_2(z) - w_1(z)|,$$

根据 $w_n(z)$ 的构造便有

$$|w_2(z) - w_1(z)| \leqslant \int_{z_0}^{z} |f(\zeta, w_1(\zeta) - f(\zeta, w_0)| \, |d\zeta|$$
$$\leqslant K\int_0^{|z-z_0|} |w_1(\zeta) - w_0| \, |d\zeta|$$
$$\leqslant MK\int_0^{|z-z_0|} r\,dr = \frac{MK|z-z_0|^2}{2}.$$

由归纳法可证

$$|w_n(z) - w_{n-1}(z)| \leqslant \frac{MK^{n-1}|z-z_0|^n}{n!} \leqslant \frac{MK^{n-1}r^n}{n!}.$$

由此可知，当 $z \in D$ 时，级数 $\sum(w_n(z) - w_{n-1}(z))$ 绝对且一致收敛. 由 Weierstrass 定理，在D内

$$w(z) = \lim_{n\to\infty} w_n(z)$$

是全纯的，并且 $w(z_0) = \lim\limits_{n\to\infty} w(z_0) = w_0$. 又对所有的 n，当 $z \in D$ 时，$|w_n(z) - w_0| \leqslant r_2$，故有$|w(z) - w_0| \leqslant r_2$，并且

$$w(z) = \lim_{n\to\infty} w_n(z) = w_0 + \lim_{n\to\infty}\int_{z_0}^{z} f(\zeta, w_{n-1}(\zeta))d\zeta$$
$$= w_0 + \int_{z_0}^{z} f(\zeta, w(\zeta))d\zeta.$$

通过求导数有

$$\frac{dw(z)}{dz} = f(z, w(z)),$$

即 $w(z)$ 是方程(3.1.1)的解.

如定理 3.1 一样，可证明(3.1.1)的全纯解是唯一的. 因为每一个全纯函数能由它在 z_0 的各阶导数的值唯一确定，而这些导数的值可通过(3.1.1)唯一确定，即

$$w(z_0)=w_0,\quad w'(z_0)=f(z_0,w_0),$$
$$w''(z_0)=\frac{\partial f(z_0,w_0)}{\partial z}+\frac{\partial f(z_0,w_0)}{\partial w}w'(z_0),\cdots.$$
定理证毕.

现在,我们考虑这样一个问题：是否存在以 z_0 为奇点的解析函数 $w(z)$,在某一曲线 L 上它是方程(3.1.1)的解,且当 z 沿 L 趋近于 z_0 时,$w(z)$ 趋近于 w_0,而其导数趋近于 $w'=f(z_0,w_0)$?

在研究这个问题时,我们必须规定 z 趋近于 z_0 的具体含义. 如果说这对于可求长的 L 是清楚的话,那末对于不可求长的 L 还必须作若干说明.

定义 3.1 若对于任一 $\varepsilon>0$,总可以找到一点 $a\in L$,使得对于曲线 L 上所有在 a 后面的点 z,有 $|z-z_0|<\varepsilon$,也就是说 z 沿着曲线 L 趋近于 z_0(z_0 可以只是 L 的渐近点).

现设 $f(z,w)$ 在 (z_0,w_0) 的邻域中全纯,则存在 $r_1>0$ 及 $r_2>0$,使得 $f(z,w)$ 在 $P=\{(z,w)\in\mathbf{C}^2,\ |z-z_0|\leqslant r_1,\ |w-w_0|\leqslant r_2\}$ 上是全纯的,并且 $|f(z,w)|<M$. 设 $P_1=\left\{(z,w)\in\mathbf{C}^2,|z-z_0|\leqslant\frac{r_1}{2},\ |w-w_0|\leqslant\frac{r_2}{2}\right\}$,在 P_1 的内部任取 (z_1,w_1),则 $f(z,w)$ 在 $P_2=\left\{(z,w)\in\mathbf{C}^2,\ |z-z_1|\leqslant\frac{r_1}{2},\ |w-w_1|\leqslant\frac{r_2}{2}\right\}$ 上是全纯的,且 $|f(z,w)|<M$. 根据定理 3.2,方程(3.1.1)在圆 $|z-z_1|<\frac{r}{2}=\min\left\{\frac{r_1}{2},\ r_2/2M\right\}$ 内存在全纯解 $w(z)$,使得 $w(z_1)=w_1$. 只要 $(z_1,w_1)\in P_1$,全纯解的收敛半径 $\frac{r}{2}$ 就不变. 当 z 沿曲线 L 趋近于 z_0 时,设有(3.1.1)的解趋近于 w_0,于是总可以在 L 上取一点 z_1,使得 $|z_0-z_1|<\frac{r}{2}$,并且使得(3.1.1)的解(可能除去 z_0 外,在 L 上是全纯的)的对应值满足条件
$$|w_0-w_1|<\frac{r_2}{2}.$$

因为 $|z_0 - z_1| < \frac{r}{2}$，故 z_0 在圆 $|z - z_1| < \frac{r}{2}$ 的内部，因而解 $w(z)$ 在 z_0 全纯．这与定理 3.2 所得到的全纯解相同．从而证得了

定理 3.3 (Painlevé) 如果方程 $w' = f(z, w)$ 的右端 $f(z, w)$ 在 (z_0, w_0) 处全纯，则除了当 $z = z_0$ 时取值 w_0 的全纯解外，就不再存在有任何其它的解析函数解，且当 z 趋近于 z_0 时它趋近于 w_0．

§3.2 奇点

由 Cauchy 存在与唯一性定理知道，微分方程解的奇点只可能在不满足定理 3.1 的条件的那些点处产生．如果分析这些不正常点的各种状态，就有可能说明奇点的实质意义．例如，微分方程

$$w' = 1/2zw \tag{3.2.1}$$

的右端当 $z \neq 0$ 与 $w \neq 0$ 时是全纯的．为了考察在 $z = \infty$ 的情形，作代换 $z = \frac{1}{z_1}$，得到

$$\frac{dw}{dz_1} = -1/2z_1w,$$

其右端当 $z_1 = 0$ $(z = \infty)$ 时不全纯．因此，(3.2.1) 的解在点 $z = 0, \infty$ 与 $w = 0$ 处可能有奇点．实际上，方程(3.2.1)的积分为

$$w(z) = \sqrt{\log(Cz)},$$

其中 C 为积分常数．$z = 0, \infty$ 是它的超越奇点，而 $z = C^{-1}$ 是它的代数枝点．如果将(3.2.1)写为

$$2wzw' - 1 = 0,$$

它对 w' 的偏导数在 $z = 0$ 与 $w = 0$ 处为零，因而是退化的．由此可见，微分方程的解的奇点是特殊的、退化的、具有某种不确定性或无限性的那些点．

定义 3.2 微分方程的积分的奇点，其位置与确定积分的初始值无关者，称为固定奇点．积分的奇点，其位置与初始值有关者，

称为流动奇点．当绕奇点环行一周回到起始位置时，积分的值改变，此奇点称为临界奇点；当绕寄点环行时，积分的值不改变，此奇点称为非临界奇点．

极点是非临界奇点，代数枝点和对数枝点都是临界奇点．

不难举出各种不同奇点的微分方程的例子．如方程

$$w' = -w^2 \tag{3.2.2}$$

有积分 $w(z) = 1/(z + C)$，以 $z = -C$ 为流动(非临界)极点．此例也表明，Cauchy 定理是一个"局部性"定理．虽然(3.2.2)在有限的双圆柱内满足定理 3.1 的条件，但不存在在有限平面内的全纯积分，这是由于存在流动奇点而引起的．例如方程

$$2w' = -w^3$$

有积分 $w(z) = 1/\sqrt{z + C}$，以 $z = -C$ 为流动临界极点．方程

$$w' = -w/z^2$$

有积分 $w(z) = \exp\left(\frac{1}{z} + C\right)$，以 $z = 0$ 为固定本性奇点．方程

$$w'' = w'^2(2w - 1)/(1 + w^2)$$

有积分 $w(z) = \operatorname{tg}[\log(Cz + C_1)]$，以 $z = \left[\exp\left(k\pi + \frac{\pi}{2}\right) - C_1\right] / C$ 为流动极点，以 $z = -C_1/C$ 为流动本性奇点．

下面我们对一阶方程

$$\frac{dw}{dz} = \frac{P(z, w)}{Q(z, w)}, \qquad w(z_0) = w_0 \tag{3.2.3}$$

的奇点进行详细地讨论．其中 $P(z, w) = \sum_{j=0}^{p} a_j(z) w^j$, $Q(z, w) = \sum_{k=0}^{q} b_k(z) w^k$, $\{a_j(z)\}$ 和 $\{b_k(z)\}$ 是 z 的代数体函数．

首先，我们列举方程(3.2.3)的解的可能有的固定奇点．第一类是 $\{a_j(z)\}$ 和 $\{b_k(z)\}$ 的奇点，即代数体函数可能有的奇点：代数分枝点、分枝极点、极点和本性奇点 $z = \infty$．这类点的个数至多可数(在代数函数的情况下为有穷)，记为

$$S_1:\{s_j\}.$$

第二类是使得 $Q(t_j, w)$ 恒为零的点 $S_2=\{t_j\}$. 此时在点 $z=t_j$ 处所有的代数体函数 $b_0(z), b_1(z), \cdots, b_q(z)$ 为零. 设 $V_j(z, u)=0$ 是确定代数体函数 $b_j(z)$ 的代数方程, 则 S_2 是 $V_j(z, 0)$ 的公共根且至多是可数多个. 若 $b_j(z)$ 是代数函数,并令 $m_j=\deg[V_j(z, 0)]$, 则显然公共根的个数不超过 m_j. 因此, 在至少有一个代数函数的情况下, S_2 的个数是有穷的.

第三类是结式 $R(P, Q)$ 的零点 $S_3=\{e_j\}$,即表示存在 u_0 使得 $P(e_j, u_0)=Q(e_j, u_0)=0$. 但知

$$R(P,Q)=\begin{vmatrix} a_P(z), a_{P-1}(z),\cdots, a_0(z), 0,\cdots,0 \\ 0, \quad a_P(z),\cdots, a_1(z), a_0(z), 0,\cdots,0 \\ \cdots\cdots \\ 0,\cdots, \qquad ,0, a_P(z), \cdots, \quad a_0(z) \\ b_q(z), b_{q-1}(z),\cdots, b_0(z), 0,\cdots,0 \\ 0, \quad b_q(z),\cdots, b_1(z), b_0(z), 0\cdots,0 \\ \cdots\cdots \\ 0,\cdots, \qquad ,0, b_q(z),\cdots, \quad b_0(z) \end{vmatrix}\begin{matrix} \left.\vphantom{\begin{matrix}a\\a\\a\\a\end{matrix}}\right\} q+1 \\ \left.\vphantom{\begin{matrix}a\\a\\a\\a\end{matrix}}\right\} P+1 \end{matrix}$$

这是一个代数体函数, 它的零点至多可数. 在代数函数的情形是有穷多个.

第四类是如下的点集: 当 (3.2.3) 的解为无穷时, 用代换 $w=\dfrac{1}{u}$,则(3.2.3)变为

$$\frac{du}{dz}=-\frac{u^2P\left(z,\dfrac{1}{u}\right)}{Q\left(z,\dfrac{1}{u}\right)}=\frac{P_1(z, u)}{Q_1(z, u)}, \qquad (3.2.3)'$$

其中 P_1 和 Q_1 分别是系数为 $\{a_j(z)\}$ 和 $\{b_k(z)\}$ 的 u 的多项式. 此方程的固定奇点也是(3.2.3)的固定奇点. 集 S_1 和 S_2 不变, 但 $R(P_1, Q_1)$ 的零点集不一定与 $R(P, Q)$ 的零点集相同. 因为 $P_1(z, 0)=0$ 和 $Q_1(z, 0)=0$ 的公共根包含在 $R(P_1, Q_1)$的

零点集内，而这些公共根不在 $R(P, Q)$ 的零点集中考虑．增加的这些点集记为 $S_4=\{f_j\}$．它至多是可数多个，在代数函数的情况下是有穷多个．

令 $S=S_1\cup S_2\cup S_3\cup S_4$，$S$ 是方程(3.2.3)的积分的可能的固定奇点集．

注 S 的点不一定是解的奇点．例如

$$w'=1+z^{3/2}w-z^{1/2}w^3 \quad 和 \quad w'=mw/z,$$

$z=0$ 是上述两个方程的奇点．$w=z$ 是第一个方程的特解，在 $z=0$ 是全纯的．第二个方程的积分为 $w=Cz^m$．$C=0$ 时对任何的 m，它在 $z=0$ 处是全纯的；$C\neq 0$ 时当 m 为正整数时在 $z=0$ 全纯．当 m 为负整数时以 $z=0$ 为极点；当 m 为有理数时以 $z=0$ 为代数分枝点或分枝极点．其余的情形以 $z=0$ 为超越枝点．

现在我们来考虑方程(3.2.3)的积分的解析开拓．以下我们总是假定，路径 L 满足定义 3.1 中的条件．

设 $F(z, w)=P(z, w)/Q(z, w)$ 在 (z_0, w_0) 全纯，$z_0\bar{\in} S$，则由定理 3.1，存在局部全纯解 $w(z)$．从解析开拓的观点来看，这就给出了一个解析函数元素 $w(z; z_0, w_0)$．设它可沿从 z_0 出发的路径 L 解析开拓到 z_1，$F[z, w(z; z_0, w_0)]$ 沿着同一路径进行解析开拓．现在我们研究当 z 沿着 L 趋于 z_1 时，解 $w(z)$ 的性质．显然，有如下的几种可能性：

1° $w(z; z_0, w_0)\to w_1$，$F(z, w)$ 在 (z_1, w_1) 是全纯的．

2° $F(z, w)$ 在 (z_1, w_1) 不全纯，但 $[F(z,w)]^{-1}$ 在(z_1,w_1)全纯且 $Q(z_1, w)\neq 0$．

3° 如 2°一样，但 $Q(z_1, w)\equiv 0$．

4° $P(z, w)$ 和 $Q(z, w)$ 在 (z_1, w_1) 全纯，但它们在 (z_1, w_1) 全为零．

5° $P(z, w)$ 和 $Q(z, w)$ 中至少有一个在 (z_1, w_1) 不全纯．

6° 当 $z\to z_1$ 时 $w(z; z_0, w_0)\to\infty$．

7° 当 $z \to z_1$ 时 $w(z; z_0, w_0)$ 不趋于任何有穷或无穷的极限.

我们将证明：在 1° 的情形 $z = z_1$ 不是解的奇点；在 2° 的情形 $z = z_1$ 是流动代数枝点；在 3°—5° 和 7° 的情形 $z = z_1$ 属于 S；在 6° 的情形 $z = z_1$ 可以是固定的或流动的奇点.

定理 3.4 若(3.2.3)的给定解的解析开拓在 z 沿 L 趋近于 z_1 时趋于 w_1，且 $F(z, w)$ 在 (z_1, w_1) 全纯，则局部解 $w(z; z_1, w_1)$ 给出给定解在 $w(z; z_1, w_1)$ 为全纯的圆内的解析开拓.

证明 对于 L 上的所有点 z^*，包括 $z = z_1$ 在内，局部全纯解 $w(z; z^*, w^*)$ 存在. $w(z; z_1, w_1)$ 在圆 $|z - z_1| < r$ 内是全纯的. 存在 $z^* \in L$ 使得 $|z^* - z_1| < r$，根据定理 3.3，$w(z; z^*, w^*) \equiv w(z; z_1, w_1)$，即 $w(z; z_1, w_1)$ 是 $w(z; z_0, w_0)$ 的解析开拓.

定理 3.5 若 z 沿 L 趋于 z_1 时，$w(z; z_0, w_0) \to w_1$，$P(z, w)$ 和 $Q(z, w)$ 在 (z_1, w_1) 全纯，$P(z_1, w_1) \neq 0$，$Q(z_1, w)$ 在 w_1 有 k 重零点，则 $z = z_1$ 是 $w(z; z_0, w_0)$ 的 $k+1$ 阶代数枝点.

证明 我们考虑方程

$$\frac{dz}{dw} = Q(z, w)/P(z, w), \quad z(w_1) = z_1,$$

由定理 3.1，存在唯一的全纯解

$$z(w; w_1, z_1) = z_1 + \sum_{n=1}^{\infty} C_n (w - w_1)^n.$$

因为 $Q(z_1, w)$ 以 $w = w_1$ 为 k 重零点，所以 $C_{k+1} \neq 0$，因而

$$\begin{aligned} z - z_1 &= \sum_{n=k+1}^{\infty} C_n (w - w_1)^n \\ &= (w - w_1)^{k+1} \sum_{n=0}^{\infty} C_{n+k+1} (w - w_1)^n. \end{aligned}$$

由于上式中的幂级数 $\sum_{n=0}^{\infty} C_{n+k+1}(w - w_1)^n$ 在 $w = w_1$ 点不为零，将上式两端开 $k+1$ 次方得到

$$(z-z_1)^{\frac{1}{k+1}}=(w-w_1)\left[\sum_{n=0}^{\infty}C_{n+k+1}(w-w_1)^n\right]^{\frac{1}{k+1}}$$

$$=(w-w_1)\sum_{m=0}^{\infty}b_m(w-w_1)^m,$$

并注意到 $b_0=\sqrt[k+1]{C_{k+1}}\neq 0$，由隐函数定理即得

$$w=w_1+d_1(z-z_1)^{\frac{1}{k+1}}+d_2(z-z_1)^{\frac{2}{k+1}}+\cdots.$$

这就表明 $w(z;z_0,w_0)$ 沿 L 的解析开拓在 z_1 有 $k+1$ 阶分枝点．当绕 z_1 环行一周时，$k+1$ 个分枝彼此互换．

当 $w(z;z_0,w_0)$ 沿着 L 开拓到 z_1 时，$w\to\infty$，这时我们有

定理 3.6 若 $p<q+2$，则(3.2.3)的积分没有流动极点；若 $p=q+2$，则(3.2.3)的积分有流动单极点；若 $p>q+2$，则(3.2.3)的积分有临界流动极点．

证明 此时我们令 $w=\frac{1}{u}$，(3.2.3)变为

$$\frac{du}{dz}=-u^2P\left(z,\frac{1}{u}\right)\Big/Q\left(z,\frac{1}{u}\right),\tag{3.2.4}$$

于是当 $z\to z_1$ 时，$u(z)\to 0$．设 $z_1\bar{\in}S$，我们分三种情形进行讨论．如果 $p<q+2$，则(3.2.4)成为

$$\frac{du}{dz}=-u^{q+2-p}\sum_{j=0}^{p}a_j(z)u^{p-j}\Big/\sum_{k=0}^{q}b_k(z)u^{q-k}$$

$$=P_1(z,u)/Q_1(z,u),$$

其中 $P_1(z_1,0)=0$，而 $Q_1(z_1,0)=b_q(z_1)\neq 0$，否则便有 $z_1\in S_3\subset S$．同理，$\{a_j(z)\}$ 和 $\{b_k(z)\}$ 在 $z=z_1$ 全纯．因此，在这种情形下，(3.2.4) 在 $(z_1,0)$ 的邻域中全纯．根据定理 3.1，有在 $z=z_1$ 取值为零的唯一解．但知 $u(z)\equiv 0$ 是一个解，这就说明此种情形不存在非固定奇点．

其次，如果 $p=q+2$，则(3.2.4)成为

$$\frac{du}{dz}=G(z,u),$$

其中 $G(z_1, 0) = -a_p(z_1)/b_q(z_1)$. 若 $G(z, u)$ 在 $(z_1, 0)$ 全纯,则有在 $z = z_1$ 取值为零的唯一解. 若 $a_p(z_1) \neq 0$, 则 z_1 是 $u(z)$ 的单零点,从而是 $w(z; z_0, w_0)$ 的单极点; 若 $a_p(z)$ 在 z_1 有 m 阶零点, 则 $u(z; z_1, 0)$ 以 z_1 为 $m+1$ 阶零点, 从而 $w(z; z_0, w_0)$ 在 z_1 有 $m+1$ 阶极点.

最后,若 $p > q + 2$,我们将(3.2.4)写为

$$\frac{dz}{du} = u^{p-(q+2)}H(z, u), \qquad z(0) = z_1. \tag{3.2.5}$$

这里我们可以假定 $H(z, u)$ 在 $(z_1, 0)$ 是全纯的且异于零. 这是由于 $z_1 \bar{\in} S$, $a_p(z_1) \neq 0$,否则有 $z_1 \in S_4 \subset S$. 而 $H(z_1, 0) = 0$ 的充要条件是 $b_q(z_1) = 0$,因此 $b_q(z_1) \neq 0$. 于是(3.2.5)存在唯一解

$$z - z_1 = u^{p-q-1} \sum_{n=0}^{\infty} C_n u^n, \qquad C_0 \neq 0.$$

如定理 3.5 所证

$$u(z) = (z - z_1)^{-\frac{1}{p-q-1}} \sum_{n=0}^{\infty} e_n (z - z_1)^{\frac{n}{p-q-1}}.$$

注 如果 $H(z, u)$ 在 $(z_1, 0)$有 k 级零点,则应将 $p-q-1$ 换为 $p-q-1+k$. 此时在 $z = z_1$ 有 $p-q-1+k$ 个分枝.

对于未知函数及其导数代数地出现的微分方程称为代数微分方程. 对这类方程的积分的研究是非常重要的. Painlevé[1]曾证明一阶代数微分方程的积分没有流动超越奇点和流动本性奇点. 这里我们证明下面较简单的情形.

定理 3.7 方程 (3.2.3) 的积分的流动奇点是极点或代数分枝点.

证明 设局部解 $w(z; z_0, w_0)$ 沿着连接 z_0 和 z_1 的路径 L 开拓, $L \subset \mathbf{C}\backslash S$. 假定解 $w(z; z_0, w_0)$ 当 z 趋近于 z_1 时不趋于确定的极限. 设 $Q(z_1, w) = 0$ 在 w 平面的 q 个根为 $w_1, \cdots, w_q$. 作 $D_k = \{w: |w - w_k| < r\}$, 则存在 $D_\rho(z_1) = \{z: |z - z_1| < \rho\}$,

使得当 $z\in D_\rho(z_1)$ 时，$Q(z,w)=0$ 在每个 D_k 内有且只有一个根．于是，存在正数 M，使得当 $z\in D_\rho(z_1)$ 和 $w\in\partial D_k$ 时有

$$\left|\frac{P(z,\ w)}{Q(z,\ w)}\right|<M. \tag{3.2.6}$$

现在取充分大的 R，使得 $D_R(0)=\{w:|w|<R\}\supset\bigcup_{k=1}^{q}D_k$，则总可以适当地选取 M，使得当 $z\in D_\rho(z_1)$，$w\in\partial D_R(0)$ 时上式仍然成立．事实上，这时有 $|Q(z,w)|\geqslant R^q\{|b_q(z)|-|b_{q-1}(z)|R^{-1}-\cdots-|b_0(z)|R^{-q}\}\geqslant m_0>0$．另一方面，$|P(z,w)|\leqslant|a_p(z)|R^p+\cdots+|a_0(z)|\leqslant aR^p$．取 $M=aR^p/m_0$ 即可．根据最大模原理，当 $w\in D_R(0)\Big\backslash\bigcup_{k=1}^{q}D_k$ 时，(3.2.6)仍然成立．

当 z 在 L 上变动时，若 $w(z;z_0,w_0)$ 恒在 $D_R(0)$ 外时，则 $w(z;z_0,w_0)$ 趋于无穷；若 $w(z;z_0,w_0)$ 恒在某个 D_k 内，则它趋于 w_k．但根据我们的假定，这两种情形不会发生，则在 L 上有无穷点列 $\{z_j\}$，使得 $z_j\to z_1$ 时，$w(z_j;z_0,w_0)=u_j\in D_R(0)\backslash\bigcup_{k=1}^{q}D_k=T$．若 $z_j\in D_\rho(z_1)$，则函数 $P(z,w)/Q(z,w)$ 在 (z_j,u_j) 全纯，且其模小于 M，则局部解 $w(z;z_j,u_j)$ 存在且与 $w(z;z_0,w_0)$ 的解析开拓重合．另一方面，有界无穷点列 $\{u_j\}$至少有一个极限点，例如说是 $\hat{u}_0\in T$．同样，$(z_1,\hat{u}_0)$ 的邻域内有一局部解 $w(z;z_1,\hat{u}_0)$ 在圆 $D_{r_0}(z_1)$ 内全纯．此圆包含有无穷多个 z_j，使得 $u_j\to\hat{u}_0$．由定理 3.3，$w(z;z_1,\hat{u}_0)$ 与 $w(z;z_0,w_0)$ 的解析开拓在 $D_{r_0}(z_1)$ 内重合．因此，解析开拓在 z_1 是全纯的，以有穷值 $\hat{u}_0$ 为极限．这与所设矛盾．此矛盾便证明了定理．

如果微分方程

$$\frac{dw}{dz}=f(z,\ w) \tag{3.2.7}$$

的右端是某种特殊形状的函数，那么有些奇点不会出现．反过来，

如果对奇点加以某些限制，必导致对 $f(z, w)$ 加上某些条件. 首先考察是否存在无任何奇点的微分方程. 若有，则 $f(z, w)$ 对所有有穷的 z 和 w 是全纯的，即 $f(z, w)$ 是其变元的整函数. 为考察 $w=\infty$ 的情形，令 $u=\frac{1}{w}$，方程(3.2.7)成为

$$\frac{du}{dz}=-u^2 f\left(z, \frac{1}{u}\right).$$

右端只有在 $(z, 0)$ 全纯，从而 $f(z, w)$ 对 w 的次数至多为 2，即 $f(z,w)=a_2(z)w^2+a_1(z)w+a_0(z)$，其中 $\{a_j(z)\}$ 为 z 的整函数. 为考察 $z=\infty$ 的情形，令 $\zeta=\frac{1}{z}$，方程成为

$$\begin{aligned}\frac{dw}{d\zeta}&=-\frac{1}{\zeta^2} f(z, w)=-\frac{1}{\zeta^2} f\left(\frac{1}{\zeta}, w\right)\\&=-\frac{1}{\zeta^2}\left[a_2\left(\frac{1}{\zeta}\right)w^2+a_1\left(\frac{1}{\zeta}\right)w+a_0\left(\frac{1}{\zeta}\right)\right].\end{aligned}$$

右端对 ζ 是整的，必须 $a_0(z)\equiv a_1(z)\equiv a_2(z)\equiv 0$. 于是得到唯一的无任何奇点的方程是

$$\frac{dw}{dz}=0.$$

除这个方程外，另一类最简单的方程是线性方程. 对于线性方程，我们有

定理 3.8 线性方程的积分没有流动奇点.

证明 我们仅对二阶线性方程作出证明. 对于高阶线性方程是类似的.

设给出两个一阶线性方程组

$$\begin{cases}\dfrac{dw_1}{dz}=p_1(z)w_1+q_1(z)w_2+f_1(z),\\[2mm]\dfrac{dw_2}{dz}=p_2(z)w_1+q_2(z)w_2+f_2(z),\end{cases}\tag{3.2.8}$$

其中 $p_1(z), p_2(z), q_1(z), q_2(z), f_1(z), f_2(z)$ 都是 z 的解析函数. 记其奇点的集合的并为 E. 因为奇点的极限点必为奇点，故 E 为闭集. 取 $z_0\bar{\in} E$，以 z_0 为心，$r=\mathrm{dist}(z_0, E)>0$ 为半径作

圆 $|z-z_0|<r$，此圆的圆周 C 上至少有一点属于 E。我们求方程组(3.2.8)当 $z=z_0$ 时取值 w_1^0 和 w_2^0 的一组积分。由于(3.2.8)的形状经变换

$$\begin{cases} w_1-w_1^0=W_1 \\ w_2-w_2^0=W_2 \end{cases}$$

后是不变的，故可算作 $w_1^0=0$，$w_2^0=0$。作一个在 C 内与 C 同心而与它任意接近的圆 C_1，其半径设为 r_1。能找到正数 M，使得对 $|z-z_0|\leqslant r_1$ 的任一 z 有

$$p_k(z)\ll M\Big/\left(1-\frac{z-z_0}{r_1}\right)$$

$$q_k(z)\ll M\Big/\left(1-\frac{z-z_0}{r_1}\right)\qquad k=1,2.$$

$$f_k(z)\ll M\Big/\left(1-\frac{z-z_0}{r_1}\right)$$

因此，$\dfrac{M}{1-\dfrac{z-z_0}{r_1}}(w_1+w_2+1)$ 是 $p_k(z)w_1+q_k(z)w_2+f_k(z)$ $(k=1,2)$ 的优函数。

现在我们考虑辅助微分方程组

$$\begin{cases} \dfrac{dw_1}{dz}=\dfrac{M}{1-\dfrac{z-z_0}{r_1}}(w_1+w_2+1), \\ \dfrac{dw_2}{dz}=\dfrac{M}{1-\dfrac{z-z_0}{r_1}}(w_1+w_2+1). \end{cases} \tag{3.2.9}$$

我们要求出此方程组初值为 $w_1(z_0)=0$，$w_2(z_0)=0$ 的积分。(3.2.9)的两个方程相减，计及初值得到 $w_1(z)\equiv w_2(z)\equiv w(z)$。方程组(3.2.9)等价于方程

$$\frac{dw}{dz}=\frac{M}{1-\dfrac{z-z_0}{r_1}}(2w+1),$$

它的积分为

$$\log(2w+1) = -2Mr_1 \log\left(1-\frac{z-z_0}{r_1}\right) + K.$$

由于 $w(z_0)=0$,故 $K=0$,且

$$w(z) = \frac{1}{2}\left[\left(1-\frac{z-z_0}{r_1}\right)^{-2Mr_1} - 1\right],$$

其唯一奇点是圆周 C_1 上的点 $z=z_0+r_1$. 因此,解 $w_1(z)$ 和 $w_2(z)$ 在圆 C_1 的内部是全纯的. 根据优函数理论,(3.2.8)的解 $w_1(z)$ 和 $w_2(z)$ 在圆 C_1 的内部是全纯的. 因为 $r_1<r$ 是任意的,即圆周 C_1 任意地接近圆周 C,所以 $w_1(z)$ 和 $w_2(z)$ 在圆C 的内部全纯.

E 的位置与确定积分的初始值无关,$z_0 \in E$ 是任意的,$w_1(z)$ 和 $w_2(z)$ 在 z_0 全纯.

§ 3.3 具有固定临界点的一阶代数微分方程

由于单值函数在解析函数论中占有非常特殊的地位,因此寻求积分为单值函数的方程是很重要的一个问题. 这就要寻求没有临界点的方程,临界点分为固定的和流动的,第一步寻求没有流动临界点的方程,即寻求具有固定临界点的方程. 这里我们仅对一阶代数微分方程作出解答;关于高阶方程请参见 B. B. Голубев [1].

设有包含某一参数 λ 的方程组

$$\begin{cases} \dfrac{dw_1}{dz} = F_1(z, w_1, w_2, \lambda), \\ \dfrac{dw_2}{dz} = F_2(z, w_1, w_2, \lambda), \end{cases} \tag{3.3.1}$$

当 $\lambda=0$ 时,方程组

$$\begin{cases} \dfrac{dw_1}{dz} = F_1(z, w_1, w_2, 0), \\ \dfrac{dw_2}{dz} = F_2(z, w_1, w_2, 0), \end{cases} \tag{3.3.2}$$

有积分

$$w_1=\varphi(z, c_1, c_2), \quad w_2=\psi(z, c_1, c_2). \tag{3.3.3}$$

对 c_1 和 c_2 的某些常数值，当 z 沿着某一自 z_0 起到点 z_1 止的路径 $L\subset C$ 上变动时，(3.3.3)为全纯函数．当 $F_i(z, w_1, w_2, \lambda)$ $(i=1, 2)$ 为其变元的全纯函数时，在 $\lambda=0$ 的邻域内有

$$\begin{aligned}
F_i(z, w_1, w_2, \lambda) &= F_i[z,(w_1-\varphi)+\varphi,(w_2-\psi)+\psi,\lambda] \\
&= F_i(z, \varphi, \psi, 0)+\frac{\partial F_i(z, \varphi, \psi, 0)}{\partial w_1}(w_1-\varphi) \\
&\quad+\frac{\partial F_i(z, \varphi, \psi, 0)}{\partial w_2}(w_2-\psi) \\
&\quad+\frac{\partial F_i(z, \varphi, \psi, 0)}{\partial \lambda}\lambda+\cdots \\
&= F_i(z, \varphi, \psi, 0)+\sum_{m+n+p\geqslant 1} a_i^{m,n,p}(w_1-\varphi)^m(w_2-\psi)^n\lambda^p \\
&\qquad (i=1, 2),
\end{aligned}$$

方程组(3.3.1)成为

$$\left\{\begin{aligned}
\frac{dw_1}{dz} &= F_1(z, \varphi, \psi, 0) \\
&\quad+\sum_{m+n+p\geqslant 1} a_1^{m,n,p}(w_1-\varphi)^m(w_2-\psi)^n\lambda^p, \\
\frac{dw_2}{dz} &= F_2(z, \varphi, \psi\ 0) \\
&\quad+\sum_{m+n+p\geqslant 1} a_2^{m,n,p}(w_1-\varphi)^m(w_2-\psi)^n\lambda^p.
\end{aligned}\right. \tag{3.3.4}$$

由于(3.3.3)是(3.3.2)的积分，因此得到

$$\left\{\begin{aligned}
\frac{d\varphi}{dz} &= F_1(z, \varphi, \psi, 0), \\
\frac{d\psi}{dz} &= F_2(z, \varphi, \psi, 0).
\end{aligned}\right. \tag{3.3.5}$$

(3.3.4)减去(3.3.5)得到

$$\left\{\begin{aligned}
\frac{d(w_1-\varphi)}{dz} &= \sum_{m+n+p\geqslant 1} a_1^{m,n,p}(w_1-\varphi)^m(w_2-\psi)^n\lambda^p, \\
\frac{d(w_2-\psi)}{dz} &= \sum_{m+n+p\geqslant 1} a_2^{m,n,p}(w_1-\varphi)^m(w_2-\psi)^n\lambda^p.
\end{aligned}\right.$$

令

$$w_1 - \varphi = u_1, \quad w_2 - \psi = u_2;$$

得到

$$\begin{cases} \dfrac{du_1}{dz} = \sum\limits_{m+n+p\geq 1} a_1^{m,n,p} u_1^m u_2^n \lambda^p, \\ \dfrac{du_2}{dz} = \sum\limits_{m+n+p\geq 1} a_2^{m,n,p} u_1^m u_2^n \lambda^p. \end{cases} \tag{3.3.6}$$

设(3.3.6)有积分

$$\begin{cases} u_1 = \lambda\varphi_1 + \lambda^2\varphi_2 + \cdots + \lambda^n\varphi_n + \cdots, \\ u_2 = \lambda\psi_1 + \lambda^2\psi_2 + \cdots + \lambda^n\psi_n + \cdots, \end{cases} \tag{3.3.7}$$

将(3.3.7)代入(3.3.6)中,比较两端 λ 的同次幂的系数,得到方程

$$\begin{cases} \dfrac{d\varphi_1}{dz} = a_1^{1,0,0}\varphi_1 + a_1^{0,1,0}\psi_1 + a_1^{0,0,1} \\ \dfrac{d\psi_1}{dz} = a_2^{1,0,0}\varphi_1 + a_2^{0,1,0}\psi_1 + a_2^{0,0,1} \end{cases} \tag{3.3.8}$$

及

$$\begin{cases} \dfrac{d\varphi_n}{dz} = a_1^{1,0,0}\varphi_n + a_1^{0,1,0}\psi_n + A_n \\ \dfrac{d\psi_n}{dz} = a_2^{1,0,0}\varphi_n + a_2^{0,1,0}\psi_n + B_n \end{cases} \quad (n \geq 2) \tag{3.3.9}$$

其中 A_n 和 B_n 是由函数 $\varphi_1, \cdots, \varphi_{n-1}, \psi_1, \cdots, \psi_{n-1}$ 与 $a_1^{m,n,p}$ 和 $a_2^{m,n,p}$ 经加法和乘法后构成的. (3.3.8)和(3.3.9)对应的齐次方程是相同的:

$$\begin{cases} \dfrac{d\varphi_n}{dz} = a_1^{1,0,0}\varphi_n + a_1^{0,1,0}\psi_n, \\ \dfrac{d\psi_n}{dz} = a_2^{1,0,0}\varphi_n + a_2^{0,1,0}\psi_n. \end{cases} \tag{3.3.10}$$

我们证明,当(3.3.3)为已知时,(3.3.10)的通积分可用微分法

得到．将(3.3.3)代进(3.3.2)，详细地写出就是

$$
\begin{cases}
\dfrac{d\varphi(z,c_1,c_2)}{dz}=F_1[z,\varphi(z,c_1,c_2),\psi(z,c_1,c_2),0],\\
\dfrac{d\psi(z,c_1,c_2)}{dz}=F_2[z,\varphi(z,c_1,c_2),\psi(z,c_1,c_2),0],
\end{cases}
$$

上式两端对 c_1 求偏导数得

$$
\begin{cases}
\dfrac{d}{dz}\left(\dfrac{\partial\varphi}{\partial c_1}\right)=\dfrac{\partial F_1(z,\varphi,\psi,0)}{\partial\varphi}\dfrac{\partial\varphi}{\partial c_1}+\dfrac{\partial F_1(z,\varphi,\psi,0)}{\partial\psi}\dfrac{\partial\psi}{\partial c_1},\\
\dfrac{d}{dz}\left(\dfrac{\partial\psi}{\partial c_1}\right)=\dfrac{\partial F_2(z,\varphi,\psi,0)}{\partial\varphi}\dfrac{\partial\varphi}{\partial c_1}+\dfrac{\partial F_2(z,\varphi,\psi,0)}{\partial\psi}\dfrac{\partial\psi}{\partial c_1}.
\end{cases}
$$

按照 $a_i^{m,n,p}$ 的定义，$\dfrac{\partial\varphi}{\partial c_1}$ 和 $\dfrac{\partial\psi}{\partial c_1}$ 就是(3.3.10)的一组积分．同样，$\dfrac{\partial\varphi}{\partial c_2}$ 和 $\dfrac{\partial\psi}{\partial c_2}$ 是(3.3.10)的另一组积分．因此，(3.3.10)的通积分便是

$$
k_1\frac{\partial\varphi}{\partial c_1}+k_2\frac{\partial\varphi}{\partial c_2}\ \text{与}\ k_1\frac{\partial\psi}{\partial c_1}+k_2\frac{\partial\psi}{\partial c_2}.
$$

用通常的常数变易法便可得到(3.3.8)和(3.3.9)的通积分．

现在我们证明，当 λ 适当小时，级数(3.3.7)是收敛的．当 z 沿着 L 从 z_0 变到 z_1 时，$|w_1|$，$|w_2|$ 和 $|\lambda|$ 都充分小，即存在正数 r，使得 $|w_1|\leqslant r$，$|w_2|\leqslant r$，$|\lambda|\leqslant r$．因而存在正数 M，使得(3.3.6)的右端的模不超过 M．这时(3.3.6)的右端的优函数是

$$
\frac{M}{1-\dfrac{u_1+u_2+\lambda}{r}}-M=\frac{M(u_1+u_2+\lambda)}{r\left(1-\dfrac{u_1+u_2+\lambda}{r}\right)}
$$

$$
\ll\frac{M(u_1+u_2+\lambda)\left(1+\dfrac{u_1+u_2+\lambda}{r}\right)}{r\left(1-\dfrac{u_1+u_2+\lambda}{r}\right)}.
$$

考虑辅助微分方程组

$$\left\{\begin{aligned}\frac{dT_1}{dz}&=\frac{M(T_1+T_2+\lambda)\left(1+\frac{T_1+T_2+\lambda}{r}\right)}{r\left(1-\frac{T_1+T_2+\lambda}{r}\right)},\\\frac{dT_2}{dz}&=\frac{M(T_1+T_2+\lambda)\left(1+\frac{T_1+T_2+\lambda}{r}\right)}{r\left(1-\frac{T_1+T_2+\lambda}{r}\right)},\end{aligned}\right.\tag{3.3.11}$$

由于 $T_1(z_0)=T_2(z_0)=0$，故 $T_1(z)\equiv T_2(z)$。令 $t=\frac{T_1+T_2+\lambda}{r}$，(3.3.11)等价于

$$\frac{dt}{dz}=\frac{2Mt(1+t)}{r(1-t)},$$

得到积分

$$\frac{t}{(1+t)^2}=C\exp\left[\frac{2M}{r}(z-z_0)\right].$$

由于 $z=z_0$ 时 $t=\lambda/r$，得到 $C=\lambda r/(\lambda+r)^2$. 如果令 $\alpha=\frac{\lambda r}{(\lambda+r)^2}\exp\left[\frac{2M}{r}(z-z_0)\right]$，当 λ 充分小时，α 是全纯的，有

$$t^2+\left(2-\frac{1}{\alpha}\right)t+1=0,\quad t=-1+\frac{1}{2\alpha}\pm\sqrt{1-4\alpha}/2\alpha.$$

当 $|\alpha|<\frac{1}{4}$ 时，$\sqrt{1-4\alpha}$ 可展为幂级数，得到

$$t=-1+\frac{1}{2\alpha}\pm\frac{1-2\alpha-2\alpha^2+\cdots}{2\alpha},$$

上式中取负号，则

$$t=\alpha+\alpha^2(\cdots).$$

当 $|\lambda|$ 足够小时，t, T_1, T_2 可展为 λ 的收敛幂级数，故(3.3.7)收敛，且是(3.3.1)按 λ 的幂展开的积分. 于是得到

定理 3.9 (Poincaré) 若方程组 (3.3.1) 的右端在 $\lambda=0$ 的邻域内是其变元的全纯函数，则(3.3.1)存在按 λ 的幂展开的积分，且此积分可由(3.3.2)的积分(3.3.3)用微分法求得.

从(3.3.7)知道，如在某一闭路上函数 φ_n 与 ψ_n 中的任一个是多值的，则 $w_1(z)$ 与 $w_2(z)$ 也是多值的. 实际上，设当绕某点环行一周时，函数 $\varphi_n(z)$ 中改变值的第一个函数是 $\varphi_k(z)$，则

$$w_1 = [\varphi_0(z) + \varphi_1(z)\lambda + \cdots + \varphi_{k-1}(z)\lambda^{k-1}] + \lambda^k[\varphi_k(z) + \lambda(\cdots)].$$

对于小的 λ，$\varphi_k(z) + \lambda\varphi_{k+1}(z) + \cdots$的值主要由第一项确定，因此 w_1 是多值的. 要使 w_1 为单值的就必须使所有的 φ_n 是单值的. 这是应用小参数法的基本出发点.

一阶代数微分方程，详细地写出就是

$$A_0(w, z)(w')^n + A_1(w, z)(w')^{n-1} + \cdots + A_{n-1}(w, z)w' + A_n(w, z) = 0, \tag{3.3.12}$$

其中 $A_0(w, z), \cdots, A_n(w, z)$ 是w的多项式，系数为z的解析函数. 我们的目的是求出(3.3.12)没有流动临界奇点应该满足的条件.

设 z_0 不是(3.3.12)的固定奇点. 由于 $A_0(w, z_0)$ 为w的多项式，故存在 w_0 使 $A(w_0, z_0) = 0$. 由代数函数理论知，当 $\frac{\partial A_0(w_0, z_0)}{\partial w} \neq 0$ 时有

$$w' = F(w, z)/(w - w_0)^m, \tag{3.3.13}$$

其中 $F(w, z)$ 在 (w_0, z_0) 的邻域中全纯. 当 $\frac{\partial A_0(w_0, z_0)}{\partial w} = 0$ 时有

$$w' = F[(w - w_0)^{\frac{1}{m}}, z]/[(w - w_0)^{\frac{1}{m}}]^l, \tag{3.3.14}$$

其中 l 是不小于 1 的整数，F 对于 $(w - w_0)^{\frac{1}{m}}$ 来说在 w_0 的邻域中全纯，对于z来说在 z_0 的邻域中全纯.

在(3.3.13)中作代换 $w - w_0 = u$，(3.3.13) 成为

$$u' = F_1(u, z)/u^m. \tag{3.3.13$'$}$$

继令

$$u = \lambda v, \quad z = z_0 + \lambda^{m+1}Z,$$

得到

$$\frac{dv}{dZ}=F_1(\lambda v,\ z_0+\lambda^{m+1}Z)/v^m.$$

当 $\lambda=0$ 时得简化方程

$$\frac{dv}{dZ}=F_1(0,\ z_0)/v^m,$$

它的积分是 $v=\sqrt[m+1]{(m+1)F_1(0,z_0)Z+C}$，当 $m\neq 0$ 时有流动代数枝点．由定理 3.9，(3.3.13)有流动代数枝点．

在(3.3.14)中作代换 $w-w_0=u$，(3.3.14)成为

$$\frac{du}{dz}=F(u,\ z)/mu^{l+m-1}.$$

根据上面的讨论，当 $m\neq 0$ 时就有流动代数枝点．因此，若方程(3.3.12)仅有固定临界点就必须 $m=0$，即 $A_0(w,\ z)$ 是不含 w 而仅含 z 的函数 $A_0(z)$．

(3.3.12) 的两端除以 $A_0(z)$，化为

$$(w')^n+A_1(w,\ z)(w')^{n-1}+\cdots+A_n(w,\ z)=0, \tag{3.3.15}$$

令 $w=\frac{1}{u}$，若 $A_k(w,\ z)$ 对 w 的次数为 p_k，则

$$A_k(w,\ z)=A_k\left(\frac{1}{u},z\right)=B_k(u,\ z)/u^{p_k},$$

其中 $B_k(u,\ z)$ 为 u 的多项式．这时(3.3.15)成为

$$(u')^n-\frac{B_1(u,\ z)}{u^{p_1-2}}(u')^{n-1}+\cdots+(-1)^n\frac{B_n(u,\ z)}{u^{p_n-2n}}=0,$$

此方程的积分如无流动临界点，则 u 在各个项的分母中必不出现，于是有

$$p_1\leqslant 2,\cdots,\ p_k\leqslant 2k,\cdots,\ p_n\leqslant 2n.$$

如用 $P(w',\ w,\ z)$ 表示(3.3.12)的左端，现在我们考虑使得 $P(w',\ w,\ z)=0$ 与 $\frac{\partial P(w',\ w,\ z)}{\partial w'}=0$ 消去 w' 所得到的判别方程 $D(w,\ z)=0$ 的情形． 将 z 视为各个方程中的参数，若 $w_0(z)$ 使得 $D(w_0(z))=0$ 和 $A_0(w_0(z))\neq 0$，由代数函数理论可知

$$w' = b_0(z) + b_k(z)(w - w_0(z))^{\frac{k}{m}} + b_{k+1}(z)(w - w_0(z))^{\frac{k+1}{m}} + \cdots,$$

其中 $m \geqslant 2$ 为整数，$b_k(z) \not\equiv 0$ ($k \geqslant 1$) 为 z 的全纯函数．作代换 $w - w_0(z) = u^m$，得到

$$u' = [b_0(z) - w_0'(z) + b_k(z)u^k + b_{k+1}(z)u^{k+1} + \cdots]/mu^{m-1}. \tag{3.3.16}$$

由前面的讨论可知，当 $b_0(z) \not\equiv w_0'(z)$ 时，此方程便有流动代数枝点．因此，要此方程无流动临界点，必须 $b_0(z) \equiv w_0'(z)$．$w_0(z)$ 是判别方程所确定的函数，故判别方程所有的解是方程(3.3.12)的奇积分．在这种情形下，(3.3.16)成为

$$u' = [b_k(z)u^k + b_{k+1}(z)u^{k+1} + \cdots]/mu^{m-1}.$$

要使它没有流动临界点，必须 $k \geqslant m - 1$．总结上述各点，从而得到

定理 3.10 (Fuchs) 如果 $A_k(w, z)$ $(0 \leqslant k \leqslant n)$ 为 w 的多项式，要使方程

$$A_0(w, z)(w')^n + A_1(w, z)(w')^{n-1} + \cdots + A_n(w, z) = 0$$

没有流动临界点，必须

(1) $A_0(w, z)$ 不能含有 w，因而仅是 z 的函数．

(2) $A_k(w, z)$ 对 w 的次数不超过 $2k$ $(1 \leqslant k \leqslant n)$．

(3) 判别方程的解必须是所给方程的积分．

(4) 如果在判别方程解的邻域中，w' 的展开式有下面的形式

$$w' = w_0' + b_k(z)(w - w_0)^{\frac{k}{m}} + b_{k+1}(z)(w - w_0)^{\frac{k+1}{m}} + \cdots,$$

则适合不等式 $k \geqslant m - 1$．

注 Fuchs 条件(1)—(4)也是一阶代数微分方程没有流动临界点的充分条件，参见 Голубев[1]．

§ 3.4 Riccati 方程

将定理 3.10 应用到方程

$$w' = P(w, z)/Q(w, z) \tag{3.4.1}$$

时就得到：要使方程(3.4.1)没有流动临界点，则必为 Riccati 方程

$$w' = a_0(z)w^2 + a_1(z)w + a_2(z). \tag{3.4.2}$$

如果 $a_0(z) \equiv 0$，(3.4.2) 成为线性方程，是没有流动奇点的. $a_0(z) \not\equiv 0$ 时，由定理 3.6，流动极点是(3.4.2)的积分可能有的流动奇点.

当 $a_0(z) \not\equiv 0$，z_0 为 $a_0(z)$ 的 m 阶零点时（$a_0(z_0) \neq 0$ 时 $m = 0$），令 $w = \frac{1}{u}$，得到

$$u' = -a_0(z) - a_1(z)u - a_2(z)u^2,$$

它有一个满足条件 $u(z_0) = 0$ 的不恒为零的积分. 由于 $\left(\frac{d^{m+1}u}{dz^{m+1}}\right)_{\substack{u=0\\z=z_0}} = -\left.\frac{d^m a_0(z)}{dz^m}\right|_{z=z_0} \neq 0$，$u(z)$以 $z = z_0$ 为 $m+1$ 阶零点，(3.4.2)的积分以 z_0 为 $m+1$ 阶极点.

Riccati 方程的积分没有流动临界点的事实，还可从它的积分的交比性质得到. 设 $w_1(z)$ 是方程(3.4.2)的特解，令 $w - w_1 = T$，得到

$$T' = a_0(z)T^2 + [2a_0(z)w_1 + a_1(z)]T;$$

继令 $t = \frac{1}{T}$，得到

$$t' = -[2a_0(z)w_1 + a_1(z)]t - a_0(z).$$

如果还知道(3.4.2)的两个特解 $w_2(z)$ 和 $w_3(z)$，则有

$$t_1 = \frac{1}{w_2 - w_1}, \quad t_2 = \frac{1}{w_3 - w_1},$$

即

$$t_1' = -[2a_0(z)w_1 + a_1(z)]t_1 - a_0(z),$$

$$t_2' = -[2a_0(z)w_1 + a_1(z)]t_2 - a_0(z),$$

得到

$$(t-t_1)'/(t-t_1)=(t-t_2)'/(t-t_2),$$

两边积分得到 $(t-t_1)/(t-t_2)=C$，其中 C 是积分常数. 将 t, t_1, t_2 的表示式代入得到

$$\frac{w-w_1}{w-w_2}:\frac{w_3-w_1}{w_3-w_2}=C,$$

$$w=[(w_1-C)w_3+(C-w_2)w_1]/[(1-C)w_3-w_2+Cw_1].$$

因此，(3.4.2)的积分的临界奇点只可能是它的三个特解的临界奇点,即固定临界奇点. 流动极点是仅可能有的流动奇点.

如果 k 是任一有穷的复数,(3.4.2)可写为

$$w'=a_0(z)(w^2-k^2)+a_1(z)(w-k)+a_2(z)$$
$$+a_1(z)k+a_0(z)k^2. \tag{3.4.3}$$

若 $a_2(z)+a_1(z)k+a_0(z)k^2$ 对某一 k_1 恒为零，则有

$$w'=(w-k_1)[a_1(z)+a_0(z)k_1+a_0(z)w],\ \left(\frac{a_1(z)}{a_0(z)}\right)'\neq 0, \tag{3.4.4}$$

$$w'=a_0(z)(w-k_1)(w-k_2),$$
$$a_1(z)+a_0(z)k_1\equiv -k_2a_0(z), \tag{3.4.5}$$

$$w'=a_0(z)(w-k_1)^2, a_1(z)+a_0(z)k_1\equiv -k_1a_0(z). \tag{3.4.6}$$

根据定理 3.3，方程(3.4.4)和(3.4.6)的任一不恒为常数的解析解不取 k_1。方程(3.4.5)的任一不恒为常数的解析解不取 k_1 和 k_2。

现在假定(3.4.2)的系数 $a_0(z)$, $a_1(z)$, $a_2(z)$ 为有理函数. 若它的解 $w(z)$ 的极点个数为有穷，即 $N(r,w)=O(\log r)$. 设 $A(z)=|a_1(z)/a_0(z)|$，当 $|w(z)|>2A(z)$ 时有

$$|a_0(z)w^2+a_1(z)w|=|a_0(z)||w|^2\left|1+\frac{a_1(z)}{a_0(z)}\frac{1}{w}\right|$$
$$>|a_0(z)||w|^2\left(1-\frac{A(z)}{2A(z)}\right)=\frac{|a_0(z)|}{2}|w|^2,$$

即有

$$|w|^2<2|a_0(z)w^2+a_1(z)w|/|a_0(z)|\leqslant 2[|a_0(z)w^2$$
$$+a_1(z)w+a_2(z)|+|a_2(z)|]/|a_0(z)|,$$

$$
\begin{aligned}
2m(r, w) &= \frac{1}{2\pi}\int_0^{2\pi} \log^+ |w(re^{i\theta})|^2 d\theta \\
&= \frac{1}{2\pi}\int_{|w|\leqslant 2A(z)} \log^+ |w(re^{i\theta})|^2 d\theta \\
&\quad + \frac{1}{2\pi}\int_{|w|>2A(z)} \log^+ |w(re^{i\theta})|^2 d\theta \\
&\leqslant \frac{1}{2\pi}\int_0^{2\pi} \log^+ |4A^2(z)| d\theta \\
&\quad + \frac{1}{2\pi}\int_0^{2\pi} \log^+ [\,|a_0w^2 + a_1w + a_2| + |a_2|\,]/|a_0| d\theta \\
&\leqslant m(r, a_0w^2 + a_1w + a_2) + O(\log r).
\end{aligned}
$$

再由

$$
m(r, a_0w^2 + a_1w + a_2) = m(r, w') \leqslant m(r, w) + m\left(r, \frac{w'}{w}\right)
$$

得到

$$
m(r, w) \leqslant m\left(r, \frac{w'}{w}\right) + O(\log r),
$$

$$
T(r, w) = m(r, w) + N(r, w) \leqslant m\left(r, \frac{w'}{w}\right) + O(\log r).
$$

若 $w(z)$ 为超越的代数体函数，则由第二章的定理 2.17 的推论及定理 2.18 得到

$$
\begin{aligned}
1 &\leqslant \varliminf_{r\to\infty}\left[m\left(r, \frac{w'}{w}\right)\Big/ T(r, w) + O(\log r)/T(r, w)\right] \\
&\leqslant \varliminf_{\substack{r\to\infty \\ r\in I}} \frac{m\left(r, \frac{w'}{w}\right)}{T(r, w)} + \varlimsup_{r\to\infty}\frac{O(\log r)}{T(r, w)} = 0.
\end{aligned}
$$

因此，$w(z)$ 只能为代数函数．或者说，(3.4.2) 的任一超越代数体函数解 $w(z)$ 的极点必为无穷多个，即不存在整超越代数体函数解．

第四章　具有亚纯解和代数体解的微分方程

第三章中 Cauchy 存在唯一性定理所证明的微分方程的解是局部的，人们能够通过解析开拓得到大范围的解，但一般地解的奇点性质相当复杂．因此，一个重要的问题是微分方程何时具有整个复平面上的单值亚纯解或有限多值代数体函数解．对于一阶代数方程 $F(w, w')=0$ 存在亚纯解的充要条件由 Fuchs 定理给出．对于方程 $w'=R(z, w)$ 的相应问题，其中 $R(z, w)$ 是其变元的有理函数，首先为 J. Malmquist[1,2] 所研究，他所获得的重要定理现已以其名字而著称．1933 年 K. Yosida[1,2]应用 Nevanlinna 理论给出 Malmquist 定理一个漂亮的证明，并推广了原先的结果．从此，Nevanlinna 理论成为研究相关问题的重要工具，并且取得一系列进展．本章将介绍这方面的基本内容．

§4.1　复合函数的特征

引理 4.1　设 $f(z)$ 是超越亚纯函数，若 $w(z)$ 为一非常数整函数，则对任意正整数 $k>0$ 有

$$T(r, f(w(z)))>kT(r, w). \tag{4.1.1}$$

证明　设 $c\in\hat{\mathbb{C}}$ 不是 $f(z)$ 的 Picard 例外值，则有无穷多个 c 值点．今取 $a_j(j=1, 2,\cdots, p)$ 为 $f(z)$ 的 c 值点且使得

$$|a_k-a_j|>1, k\neq j, \qquad k, j=1, 2,\cdots, p.$$

此时，总存在正数 $\delta\left(<\frac{1}{2}\right)$ 和常数 M，使得当 $z\in D_j=\{z, |z-a_j|<\delta\}$ 时

$$f(z)-c=(z-a_j)g_j(z),$$

其中 $g_j(z)$ 在 D_j 内全纯且 $|g_j(z)|\leqslant M<\infty$．于是，当 $z\in D_j$

时，
$$|f(z) - c| \leqslant |z - a_i| M.$$
根据 $a_i (j = 1, 2, \cdots, p)$ 和 δ 的选取可知，D_j 是相离的．因此，对任意 $z \in \mathbf{C}$，或者 $z \bar{\in} D_j (j = 1, 2, \cdots, p)$ 或者对某个 j_0，$1 \leqslant j_0 \leqslant p$，有 $z \in D_{j_0}$．对于这两种情形都有
$$\operatorname{l\dot{o}g} \frac{1}{|f(z) - c|} \geqslant \sum_{j=1}^{p} \operatorname{l\dot{o}g} \frac{\delta}{|z - a_j|} - \operatorname{l\dot{o}g}(\delta M).$$
从而
$$\operatorname{l\dot{o}g} \frac{1}{|f(w(z)) - c|} \geqslant \sum_{j=1}^{p} \operatorname{l\dot{o}g} \frac{\delta}{|w(z) - a_j|} - \operatorname{l\dot{o}g}(\delta M).$$
由此
$$m\left(r, \frac{1}{f(w(z)) - c}\right) \geqslant \sum_{j=1}^{p} m\left(r, \frac{1}{w - a_j}\right)$$
$$- \left(p\operatorname{l\dot{o}g} \frac{1}{\delta} + \operatorname{l\dot{o}g}(\delta M)\right).$$
另外，易知有
$$\sum_{j=1}^{p} N\left(r, \frac{1}{w - a_j}\right) \leqslant N\left(r, \frac{1}{f(w(z)) - c}\right),$$
于是
$$\sum_{j=1}^{p} T\left(r, \frac{1}{w - a_j}\right) < T\left(r, \frac{1}{f(w(z)) - c}\right)$$
$$+ p\operatorname{l\dot{o}g} \frac{1}{\delta} + \operatorname{l\dot{o}g}(\delta M).$$
上式两边应用第一基本定理便得
$$pT(r, w) < T(r, f(w(z))) + pc_0 + c_1.$$
于是当 $r \geqslant r_0$ 时，对给定的 p 有
$$\frac{p}{2} T(r, w) < T(r, f(w(z))).$$
由于 p 是任意的，故取 $k = \left[\frac{p}{2}\right]$ 即得所希望的不等式．引理证毕．

若 $f(\zeta)$ 是有理函数而 $w(z)$ 为亚纯函数，则 $f(w(z))$ 为亚纯函数。在此情形 $T(r, f(w(z)))$ 和 $T(r, w)$ 有下面的结果，它在常微分方程理论中有重要的应用。我们先证明 Valiron 的一个定理。

定理 4.1 设 $w(z)$ 为一亚纯函数，且

$$P(z,w(z))=\sum_{k=0}^{p}a_k(z)(w(z))^k,$$

其中 $\{a_k(z)\}(k=0,1,\cdots,p)$ 是 z 的有理函数满足 $a_p(z)\neq 0$，则有

$$T(r,P(z,w(z)))=pT(r,w)+O(\log r).\qquad(4.1.2)$$

证明 首先，当 $p=1$ 时，(4.1.2)显然成立。因此，由

$$\begin{aligned}&T(r,P(z,w(z))\\&\leqslant T\left(r,w(z)\sum_{k=1}^{p}a_k(z)(w(z))^{k-1}\right)+T(r,a_0)+O(1)\\&\leqslant T(r,w)+T\left(r,\sum_{k=1}^{p}a_k(z)(w(z))^{k-1}\right)+O(\log r)\end{aligned}$$

和归纳法得

$$T(r,P(z,w(z)))\leqslant pT(r,w)+O(\log r).$$

为了得到相反的不等式，我们选取 r_0 足够大，使得 $\{a_k(z)\}$ 的所有极点在 $|z|<r_0$ 内，此时对于 $|z|\geqslant r_0$ 内的 $w(z)$ 的 τ 重极点必是 $P(z,w(z))$ 的 $p\tau$ 重极点。令 r_i 是 $P(z,w(z))$ 的极点的模，ρ_i 是 $w(z)$ 的极点的模，则对 $r\geqslant r_0$ 有

$$\begin{aligned}n(r,P(z,w(z)))&=\sum_{r_i<r_0}1-p\sum_{\rho_i<r_0}1+p\sum_{\rho_i<r_0}1+\sum_{r_0\leqslant r_i\leqslant r}1\\&=\sum_{r_i<r_0}1-p\sum_{\rho_i<r_0}1+p\sum_{\rho_i<r_0}1+\sum_{r_0\leqslant\rho_i\leqslant r}p\\&=\sum_{r_i<r_0}1-p\sum_{\rho_i<r_0}1+p\sum_{\rho_i\leqslant r}1\\&=K+pn(r,w).\end{aligned}$$

于是，

$$N(r, P(z, w(z))) = pN(r, w) + O(\log r). \quad (4.1.3)$$

下面进一步估计 $m(r, P(z, w(z)))$. 由于 $\{a_k(z)\}$ 为有理函数，易知存在 $L > 0$ 使得对足够大的 r，当 $z \in E(r) = E = \{z, |z| = r\}$ 时，

$$\left|\frac{a_k(z)}{a_p(z)}\right| \leqslant r^L \quad (k = 0, 1, \cdots, p-1).$$

令 $E_1 = \{z \in E, |w(z)| \geqslant r^{L+1}\}$ 和 $E_2 = E \backslash E_1$. 当 $z \in E_1$ 且 r 足够大时，

$$|P(z, w(z))| \geqslant |a_p(z)||w(z)|^p \left\{1 - \frac{|a_{p-1}(z)|}{|a_p(z)||w(z)|} - \cdots - \frac{|a_0(z)|}{|a_p(z)||w(z)|^p}\right\} \geqslant \frac{1}{2}|a_p(z)||w(z)|^p,$$

即当 $z \in E_1$ 且 r 足够大时，

$$|w(z)|^p \leqslant \frac{2|P(z, w(z))|}{|a_p(z)|}.$$

由此便有

$$\begin{aligned} pm(r, w) &= \frac{1}{2\pi}\int_{E_1} \log^+ |w(z)|^p d\theta + \frac{1}{2\pi}\int_{E_2} \log^+ |w(z)|^p d\theta \\ &\leqslant \frac{1}{2\pi}\int_{E_1} \log^+ \frac{2|P(z, w(z))|}{|a_p(z)|} d\theta \\ &\quad + \frac{1}{2\pi}\int_0^{2\pi} \log^+ r^{p(L+1)} d\theta \\ &\leqslant \frac{1}{2\pi}\int_0^{2\pi} \log^+ |P(z, w(z))| d\theta + O(\log r). \end{aligned}$$

结合(4.1.3)即得

$$T(r, P(z, w(z))) \geqslant pT(r, w) + O(\log r),$$

由此便得(4.1.2).

定理 4.2 (Valiron) 设 $R(z, w) = P(z, w)/Q(z, w)$，其中 $P(z, w) = \sum_{k=0}^{p} a_k(z) w^k$ 和 $Q(z, w) = \sum_{j=0}^{q} b_j(z) w^j$ 是两个互质的 w 的多项式，系数 $\{a_k(z)\}$ 和 $\{b_j(z)\}$ 是 z 的多项式. 若

$w(z)$ 为一亚纯函数，则

$$T(r, R(z, w(z))) = \max\{p, q\}T(r, w) + O(\log r) \quad (4.1.4)$$

证明 令 $s = \max\{p, q\}$。我们首先用归纳方法证明

$$T(r, R(z, w)) \leqslant sT(r, w) + O(\log r), \quad (4.1.5)$$

为此不妨设 $p > q$。因为如果 $q < p$，则考虑 $\frac{1}{R(z,w)}$，并注意到

$$T(r, R(z, w)) = T\left(r, \frac{1}{R(z,w)}\right) + O(1),$$

则可化为我们所假设的情形。如果 $p = q$，则应用

$$\begin{aligned} T(r, R(z, w)) &= T\left(r, R(z, w) - \frac{a_p}{b_q}\right) + O(1) \\ &= T\left(r, \frac{G(z,w)}{Q(z,w)b_q}\right) + O(1) \\ &= T\left(r, \frac{Q(z,w)b_q}{G(z,w)}\right) + O(1), \end{aligned}$$

其中 $\deg_w G < p$，亦化为我们所假设的情形。

今若 $p > 0$ 且 $q = 0$，则由定理 4.1 可知定理成立。现假设(4.1.5)对于 $S(z, w) = U(z, w)/V(z, w)$，其中 $\deg_w U(z,w) \leqslant p$ 和 $\deg_w V(z, w) < q$ 时命题已经证明。现通过相除得到

$$\begin{aligned} R(z, w(z)) &= \sum_{i=0}^{p-q} a_i(z)(w(z))^i + \frac{\sum\limits_{k=0}^{q-1} \beta_k(z)(w(z))^k}{\sum\limits_{j=0}^{q} b_j(z)(w(z))^j} \\ &= A(z) + B(z). \end{aligned}$$

由定理 4.1 和归纳假设便得

$$\begin{aligned} T(r, R(z, w)) &\leqslant T(r, A) + T(r, B) + O(1) \\ &\leqslant (p-q)T(r, w) + T\left(r, \frac{1}{B}\right) + O(\log r) \\ &= (p-q)T(r, w) + qT(r, w) + O(\log r) \\ &= pT(r, w) + O(\log r). \end{aligned}$$

现证明

$$T(r, R(z, w)) \geqslant sT(r, w) + O(\log r). \qquad (4.1.6)$$

由于 $P(z, w)$ 和 $Q(z, w)$ 是互质的，因此通过辗转相除可得系数为 z 的有理函数的 w 的多项式 $U(z, w)$ 和 $V(z, w)$，并且 $\deg_w U(z, w) \leqslant q-1$，$\deg_w V(z, w) \leqslant p-1$，满足

$$P(z, w)U(z, w) + Q(z, w)V(z, w) = 1.$$

由于 $p \geqslant q$，故 $u = \deg_w U(z, w) \leqslant v = \deg_w V(z, w)$，根据定理 4.1，由上式可得

$$\begin{aligned} T\left(r, \frac{U(z,w)}{V(z,w)} + \frac{Q(z,w)}{P(z,w)}\right) &= T\left(r, \frac{1}{V(z,w)P(z,w)}\right) \\ &= T(r, V(z, w)P(z, w)) + O(1) \\ &= (p + v)T(r, w) + O(\log r). \end{aligned}$$

另方面由于 $v \geqslant u$，根据归纳假设

$$\begin{aligned} T\left(r, \frac{U(z,w)}{V(z,w)} + \frac{Q(z,w)}{P(z,w)}\right) \\ &\leqslant T\left(r, \frac{U(z,w)}{V(z,w)}\right) + T\left(r, \frac{Q(z,w)}{P(z,w)}\right) + O(1) \\ &\leqslant T\left(r, \frac{Q(z,w)}{P(z,w)}\right) + vT(r, w) + O(\log r). \end{aligned}$$

比较上述两个不等式即得(4.1.6)。结合(4.1.5)与(4.1.6)即得所证。

注 定理 4.1 中当系数 $\{a_k(z)\}$ 为亚纯函数的情形有一个相应的结果，它能叙述如下：$P(z, w(z))$ 和 $w(z)$ 如定理 4.1 所设，则有

$$T(r, P(z, w(z))) = pT(r, w) + O\left\{\sum_{k=0}^{p} T(r, a_k)\right\}. \qquad (4.1.7)$$

定理 4.2 的证明是 A. Э. Мохонько 在 [1] 中给出的。当系数 $\{a_k(z)\}$，$\{b_j(z)\}$ 为亚纯函数时定理 4.2 又能叙述为如下形状：$R(z, w)$ 和 $w(z)$ 如定理4.2所设，则有

$$\begin{aligned} &T(r, R(z, w(z))) \\ &= \max\{p, q\}T(r, w) + O\left\{\sum_{k=0}^{p} T(r, a_k) + \sum_{j=0}^{q} T(r, b_j)\right\}. \end{aligned} \qquad (4.1.8)$$

上述结果对于 ν 值代数体函数也成立. 我们将在 §4.5 给出证明,并且(4.1.7)和(4.1.8)将作为特殊情形而得到.

§4.2 Rellich-Wittich 定理

F. Rellich[1] 曾研究下述方程整函数解的存在问题:

$$\frac{dw}{dz}=f(w), \tag{4.2.1}$$

其中 $f(w)$ 是 w 的整函数. 他指出, 若 $f(w)$ 不是 w 的线性函数, 则方程(4.2.1)仅具有常数解. H. Wittich 则考虑较一般的方程的相应问题,即

$$w^{(n)}+P_{n-1}(z)w^{(n-1)}+\cdots+P_1(z)w'=f(w), \tag{4.2.2}$$

其中 $n\geqslant 2$, $P_j(z)(j=1,2,\cdots,n-1)$ 是 z 的多项式, $f(w)$ 是 w 的整函数. 他指出: 若(4.2.2)具有超越整函数解, 则 $f(w)$ 必是 w 的线性函数. 本节我们将在更一般的形式下给出 Rellich-Wittich 定理. 首先有

定理 4.3 (Rellich) 设方程 (4.2.1) 右端 $f(w)$ 是 w 的超越亚纯函数,则它不存在非常数整函数解.

证明 设 $w(z)$ 是(4.2.1)的非常数整函数解,则它满足方程

$$\frac{dw(z)}{dz}=f(w(z)).$$

再设 $c\in\mathbf{C}$ 不是 $f(w)$ 的 Picard 例外值,由于 $f(w)$ 是超越的,故 $f(w)-c$ 有无穷多个零点 $\{a_j\}$, $j=1,2,\cdots$. 今任取其中 4 个,易知

$$\sum_{j=1}^{4}N\left(r,\frac{1}{w-a_j}\right)\leqslant N\left(r,\frac{1}{f(w(z))-c}\right).$$

应用 Nevanlinna 基本定理得

$$2T(r,w)-\sum_{j=1}^{4}m\left(r,\frac{w'}{w-a_j}\right)-m\left(r,\frac{w'}{w}\right)-O(1)$$

$$\leqslant \sum_{j=1}^{4} N\left(r, \frac{1}{w-a_j}\right) \leqslant N\left(r, \frac{1}{f(w)-c}\right)$$

$$\leqslant T(r, f(w(z))) + O(1) = T(r, w') + O(1)$$

$$\leqslant T(r, w) + m\left(r, \frac{w'}{w}\right) + O(1).$$

从而得

$$T(r, w) < 2 \sum_{j=0}^{4} m\left(r, \frac{w'}{w-a_j}\right) + O(1),$$

其中 $a_0 = 0$. 现分两种情形讨论之. 若 $w(z)$ 为超越整函数,则应用对数导数引理于上式右端各项便导出

$$T(r, w) < O\{\log(rT(r, w))\},$$

从而立即得出矛盾. 因此,(4.2.1)不存在超越整函数解. 若 $w(z)$ 是 $p(\geqslant 1)$ 次多项式, 直接计算表明当 $r \to \infty$时 $m\left(r, \frac{w'}{w-a_j}\right) \to 0$ 而 $T(r, w) \sim p\log r$. 同样得出(4.2.1)不存在多项式解.

定理 4.4 设 $\Omega(z, w) = \Sigma a_{(i)}(z)(w)^{i_0}(w')^{i_1}\cdots(w^{(n)})^{i_n}$ 是微分多项式,其系数 $\{a_{(i)}(z)\}$ 为 z 的多项式,若

$$\Omega(z, w) = f(w) \tag{4.2.3}$$

的右端 $f(w)$ 是w的超越亚纯函数, 则(4.2.3)不存在非常数整函数解.

证明 若 $w(z)$ 是 (4.2.3) 的非常数整函数解, 则对 $\Omega(z, w(z))$ 的通项有如下的估计

$$m(r, a_{(i)}(z)(w(z))^{i_0}(w'(z))^{i_1}\cdots(w^{(n)}(z))^{i_n})$$

$$= m\left(r, a_{(i)}(z)(w)^{i_0+\cdots+i_n}\left(\frac{w'}{w}\right)^{i_1}\cdots\left(\frac{w^{(n)}}{w}\right)^{i_n}\right)$$

$$\leqslant (i_0 + i_1 + \cdots + i_n)m(r, w) + m(r, a_{(i)})$$

$$+ \sum_{\alpha=1}^{n} i_\alpha m\left(r, \frac{w^{(\alpha)}}{w}\right) \leqslant \lambda m(r, w) + m(r, a_{(i)})$$

$$+ \sum_{\alpha=1}^{n} i_\alpha m\left(r, \frac{w^{(\alpha)}}{w}\right),$$

其中

$$\lambda = \max\left\{\sum_{\alpha=0}^{n} i_\alpha\right\}. \tag{4.2.4}$$

今设微分多项式 $Q(z, w)$ 为 l 项，便有

$$m(r, Q(z, w(z))) \leqslant l\lambda m(r, w) + O\left\{\sum_{\alpha=1}^{n} m\left(r, \frac{w^{(\alpha)}}{w}\right)\right\}.$$

设 $c \in \mathbb{C}$ 不是 $f(w)$ 的 Picard 例外值，$\{a_j\}(j = 1, 2, \cdots, p)$ 是任意 p 个 $f(w) - c$ 的零点，类似于定理 4.3 的证明，应用 Nevanlinna 基本定理可得

$$(p - l\lambda - 2)T(r, w) < O\left\{\sum_{\alpha=1}^{n} m\left(r, \frac{w^{(\alpha)}}{w}\right) + \sum m(r, a_{(i)})\right\}.$$

由于 p 是任意的，因此导出(4.2.3)不存在非常数整函数解.

关于这个类型的定理，H. Wittich[2]，I. Laine[1] 和何育赞[4]有进一步的推广，有兴趣的读者可以参看他们的文章.

§4.3 具有单值亚纯解的常微分方程

首先让我们考虑次之常系数微分方程

$$\frac{dw}{dz} = (w - a_1)(w - a_2)\cdots(w - a_p), \tag{4.3.1}$$

其中 $\{a_j\} \in \mathbb{C}$ 是判别的复数. 显然，每一个 $w = a_j(j = 1, 2, \cdots, p)$ 是上述方程的常数解. 因此，根据 Cauchy 存在唯一性定理，方程(4.3.1)的任一非常数亚纯解 $w(z)$ 必不取 $a_j(j = 1, 2, \cdots, p)$ 为值. 换言之，(4.3.1)的非常数亚纯解 $w(z)$ 必以每一 $a_j(j = 1, 2, \cdots, p)$ 为 Picard 例外值. 再根据 Picard 定理，任一非常数亚纯函数至多有两个 Picard 例外值. 因此，立即得到如下的结论：若方程(4.3.1)存在非常数亚纯解，则必有 $p \leqslant 2$. 值得注意的是，p 的上界 2 能被达到. 例如，方程 $\frac{dw}{dz} = 1 + w^2$ 以 $w = \pm i$ 为常数解，同时存在非常数亚纯解 $w(z) = \mathrm{tg}\, z$. 此外，这里考虑的解就其增长性而言高于所论方程的系数. J. Malmquist 讨论的

问题是上述命题的推广。他证明以下重要定理，此定理现已以其名字著称。

定理 4.5（Malmquist 定理） 设

$$\frac{dw}{dz}=R(z,w),\tag{4.3.2}$$

其中 $R(z,w)=P(z,w)/Q(z,w)$，$P(z,w)=\sum_{k=0}^{p}a_k(z)w^k$ 和 $Q(z,w)=\sum_{j=0}^{q}b_j(z)w^j$ 是 w 的互质的多项式，系数 $\{a_k(z)\}$ 和 $\{b_j(z)\}$ 是 z 的有理函数。若方程(4.3.2)存在超越亚纯解，则必有 $q=0$ 和 $p\leqslant 2$，即方程(4.3.2)退化为 Riccati 方程

$$\frac{dw}{dz}=\alpha_2(z)w^2+\alpha_1(z)w+\alpha_0(z),$$

其中 $\{\alpha_j(z)\}(j=0,1,2)$ 是 z 的有理函数。

证明 设 $w(z)$ 是(4.3.2)的超越亚纯解，它满足

$$\frac{dw(z)}{dz}=R(z,w(z)).$$

现在，一方面应用定理 4.2 得

$$\begin{aligned}T(r,R(z,w(z)))&=\max\{p,q\}T(r,w)\\&\quad+O\left\{\sum_{k=0}^{p}T(r,a_k)+\sum_{j=0}^{q}T(r,b_j)\right\};\end{aligned}$$

另一方面

$$\begin{aligned}T(r,w')&=m(r,w')+N(r,w')\\&\leqslant T(r,w)+\bar{N}(r,w)+m\left(r,\frac{w'}{w}\right).\end{aligned}$$

结合上述两式，并计及 $\{a_k(z)\}$ 和 $\{b_j(z)\}$ 为有理函数，再应用对数导数引理便得

$$\begin{aligned}\max\{p,q\}T(r,w)&<T(r,w)+\bar{N}(r,w)\\&\quad+O\{\log(rT(r,w))\}\\&\leqslant 2T(r,w)+O\{\log(rT(r,w))\}.\end{aligned}$$

上式两边除以 $T(r,w)$ 再取极限便导出 $\max\{p,q\}\leqslant 2$。因而

方程(4.3.2)成为

$$\frac{dw}{dz}=\frac{a_2(z)w^2+a_1(z)w+a_0(z)}{b_2(z)w^2+b_1(z)w+b_0(z)}. \tag{4.3.3}$$

由假设 $P(z, w)$ 和 $Q(z, w)$ 是互质的,因此总存在 $\alpha\in\mathbb{C}$,使得 $P(z, \alpha)\not\equiv 0$ 和 $Q(z, \alpha)\not\equiv 0$. 令 $w=\frac{1}{W}+\alpha$,则(4.3.3)成为

$$\frac{dW}{dz}=-W^2\frac{P(z, \alpha)W^2+(2\alpha a_2(z)+a_1(z))W+a_2(z)}{Q(z, \alpha)W^2+(2\alpha b_2(z)+b_1(z))W+b_2(z)}$$

$$=\frac{P_1(z,W)}{Q_1(z,W)}.$$

应用同样的演证得出上述方程右端分子和分母对W的次数都不大于 2. 此时有三种可能的情形: 1° $P(z, \alpha)=2\alpha a_2(z)+a_1(z)\equiv 0$; 2° $P(z, \alpha)=Q(z, \alpha)=2\alpha a_2(z)+a_1(z)\equiv 0$; 3° $2\alpha b_2(z)+b_1(z)\equiv b_2(z)\equiv 0$. 由于$\alpha$的选取,情形 1° 和 2° 不可能出现,而情形 3° 将导出 $b_2(z)\equiv b_1(z)\equiv 0$. 后者说明方程(4.3.2)成为 Riccati 方程.

定理 4.6 设

$$\left(\frac{dw}{dz}\right)^n=R(z, w), \tag{4.3.4}$$

其中 $R(z, w)$ 如定理 4.5 所设. 若方程(4.3.4)存在超越亚纯解,则必 $q=0$ 和 $p\leqslant 2n$.

证明 首先取 $\alpha\in\mathbb{C}$ 使得 $P(z, \alpha)\not\equiv 0$ 和 $Q(z, \alpha)\not\equiv 0$,并将方程(4.3.4)改写为

$$\left(\frac{dw}{dz}\right)^n=\frac{P(z, \alpha)+A_1(z)(w-\alpha)+\cdots+A_p(z)(w-\alpha)^p}{Q(z, \alpha)+B_1(z)(w-\alpha)+\cdots+B_q(z)(w-\alpha)^q}.$$

令 $W=\frac{1}{w-\alpha}$,即 $w=\frac{1}{W}+\alpha$, 并计及 $\left(\frac{dw}{dz}\right)^n=(-1)^n\frac{1}{W^{2n}}\cdot\left(\frac{dW}{dz}\right)^n$,则方程(4.3.4)成为

$$\left(\frac{dW}{dz}\right)^n=W^{q-p+2n}\sum_{k=0}^{p}\hat{a}_k(z)W^k\Big/\sum_{j=0}^{q}\hat{b}_j(z)W^j$$

$$= \frac{\hat{P}(z, W)}{\hat{Q}(z, W)} = \hat{R}(z, W), \tag{4.3.5}$$

其中 $\hat{a}_p(z) = (-1)^n P(z, \alpha)$, $\hat{b}_q(z) = Q(z, \alpha)$. 今设 $w(z)$ 是(4.3.4)的超越亚纯解,则 $W(z) = \dfrac{1}{w(z) - \alpha}$ 是(4.3.5)的超越亚纯解. 现分两种情形讨论之:

1° 当 $q - p + 2n \geqslant 0$ 时, $\deg_W \hat{P}(z, W) = q + 2n$, $\deg_W Q(z, W) = q$. 一方面,应用定理 4.2 可得

$$\begin{aligned} T(r, \hat{R}(z, W(z))) &= \max\{\deg\hat{P}, \deg\hat{Q}\} T(r, W) + O(\log r) \\ &= (q + 2n) T(r, W) + O(\log r). \end{aligned}$$

另一方面

$$\begin{aligned} T(r, (W')^n) &= nT(r, W') \leqslant nT(r, W) + n\overline{N}(r, W) \\ &+ nm\left(r, \frac{W'}{W}\right) \leqslant 2nT(r, W) + O\{\log(rT(r, W))\}. \end{aligned} \tag{4.3.6}$$

结合上述两式得

$$(q + 2n) T(r, W) \leqslant 2nT(r, W) + O\{\log(rT(r, W))\},$$

由此即得 $q = 0$. 再由假设 1° 便有 $p \leqslant q + 2n = 2n$.

2° 当 $q - p + 2n < 0$ 时, $\deg\hat{P} = p$, $\deg\hat{Q} = p - 2n$, 此时 $\max\{\deg\hat{P}, \deg\hat{Q}\} = p$. 再次应用定理 4.2 得

$$T(r, \hat{R}(z, W)) = pT(r, W) + O(\log r).$$

结合(4.3.6)应用同样的的演证便导出 $p \leqslant 2n$. 再由假设 2° 即得 $q = 0$.

关于 Malmquist 定理还有种种证明和推广. 许多作者,如 H. Wittich[1],萧修治[1], I. Laine[2,3]和 C.C.Yang[1]等人,曾经讨论更加一般的常微分方程存在单值亚纯解的必要条件. 我们曾对具有亚纯系数的高阶代数微分方程得到精确形式的 Malmquist 型定理. 这里我们只对方程系数为有理函数的情形给出证明. 当系数为亚纯函数时结论仍然成立, 它将作为§ 4.5 中更为一般的结论的特殊情形而得到.

定理 4.7 设方程为

$$\Omega(z, w) = R(z, w), \tag{4.3.7}$$

其中 $\Omega(z, w) = \sum a_{(i)}(z)(w)^{i_0}(w')^{i_1}\cdots(w^{(n)})^{i_n}$ 为微分多项式，$R(z,w) = \sum_{k=0}^{p} a_k(z)w^k \Big/ \sum_{j=0}^{q} b_j(z)w^j$，系数 $\{a_{(i)}(z)\}$，$\{a_k(z)\}$ 和 $\{b_j(z)\}$ 为有理函数。若(4.3.7)存在超越亚纯解，则必

$$q = 0 \text{ 且 } p \leqslant \min\{\Delta, \lambda + \bar{\mu}(1 - \Theta(\infty))\}, \tag{4.3.8}$$

其中
$$\Delta = \max\left\{\sum_{\alpha=0}^{n} (\alpha + 1)i_\alpha\right\}, \lambda = \max\left\{\sum_{\alpha=0}^{n} i_\alpha\right\},$$

$$\bar{\mu} = \max\left\{\sum_{\alpha=1}^{n} \alpha i_\alpha\right\}$$

和

$$\Theta(\infty) = 1 - \overline{\lim_{r\to\infty}}\frac{\overline{N}(r,w)}{T(r,w)}.$$

为证明定理 4.7，我们先证明下面的引理，它首先由 J.Clunie[1] 给出。

引理 4.2 设 $\Omega(z, w)$为微分多项式．$P(z,w)=\sum_{k=0}^{p}a_k(z)w^k$ 和 $Q(z, w) = \sum_{j=0}^{q} b_j(z)w^j$．若 $w(z)$为亚纯函数且满足

$$Q(z, w(z))\Omega(z, w(z)) = P(z, w(z)), \tag{4.3.9}$$

则当 $q > p$ 时，

$$T(r, \Omega(z, w(z))) = O\{\log(rT(r, w))\}. \tag{4.3.10}$$

证明 令 $E = \{z, |z| = r\}$，$E_1 = \{z\in E, |w(z)| < 1\}$ 和 $E_2 = E\backslash E_1$．当 $z\in E_1$ 时，置 $z = re^{i\theta}$，$\lambda_i = i_0 + i_1 + \cdots + i_n$，则有

$$\frac{1}{2\pi}\int_{E_1} \overset{+}{\log}|\Omega(z, w(z))|d\theta$$
$$= \frac{1}{2\pi}\int_{E_1} \overset{+}{\log}\left|\sum_{(i)} a_{(i)}(z)(w(z))^{\lambda_i}\left(\frac{w'(z)}{w(z)}\right)^{i_1}\cdots\left(\frac{w^{(n)}(z)}{w(z)}\right)^{i_n}\right|d\theta$$

$$\leqslant \sum_{(i)} \frac{1}{2\pi}\int_{E_1} \log^+|a_{(i)}(z)|d\theta$$

$$+ \sum_{(i)}\sum_{\alpha=1}^{n} \frac{i_\alpha}{2\pi}\int_{E_1} \log^+ \frac{|w^{(\alpha)}(z)|}{|w(z)|} d\theta + O(1).$$

当 $z\in E_2$ 时作如下的讨论：由于 $b_j(z)$ 是有理函数，故存在常数 $L>0$，使得当 r 足够大时 $|B_j(z)| = |b_{q-j}(z)|/|b_q(z)| \leqslant r^L$, $j=1,2,\cdots,q$. 继令 $E_{21}=\{z\in E_2,\ |w(z)|\leqslant r^{L+1}\}$ 和 $E_{22}=E_2\backslash E_{21}$. 于是当 $z\in E_{21}$ 时有

$$\frac{1}{2\pi}\int_{E_{21}} \log^+|\Omega(z,w(z))|d\theta \leqslant \sum_{(i)} \frac{1}{2\pi}\int_{E_{21}} \log^+|a_{(i)}(z)|d\theta$$

$$+ \sum_{(i)}\sum_{\alpha=1}^{n} \frac{i_\alpha}{2\pi}\int_{E_{21}} \log^+ \left|\frac{w^{(\alpha)}(z)}{w(z)}\right| d\theta + O(\log r).$$

当 $z\in E_{22}$ 时，对于足够大的 r 有

$$|Q(z,w(z))| \geqslant |b_q(z)||w(z)|^q\Big\{1-\frac{|B_1(z)|}{|w(z)|}$$

$$-\cdots-\frac{|B_q(z)|}{|w(z)|^q}\Big\} \geqslant \frac{1}{2}|b_q(z)||w(z)|^q.$$

因此，计及 $q>p$ 和 $|w(z)|>1$ 便得

$$|\Omega(z,w(z))| = \frac{|P(z,w(z))|}{|Q(z,w(z))|}$$

$$\leqslant \frac{2}{|b_q(z)|}|w(z)|^{p-q}\sum_{k=0}^{p}|a_k(z)||w(z)|^{k-p}$$

$$\leqslant \frac{2}{|b_q(z)|}\sum_{k=0}^{p}|a_k(z)|.$$

于是

$$\frac{1}{2\pi}\int_{E_{22}} \log^+|\Omega(z,w(z))|d\theta \leqslant \frac{1}{2\pi}\int_{E_{22}} \log^+ \frac{1}{|b_q(z)|} d\theta$$

$$+ \sum_{k=0}^{p} \frac{1}{2\pi}\int_{E_{22}} \log^+|a_k(z)|d\theta + O(1).$$

综上诸式并应用对数导数基本引理便有

$$m(r, \Omega(z, w(z))) = \frac{1}{2\pi}\int_{E} \log|\Omega(z, w(z))|d\theta$$

$$= \frac{1}{2\pi}\left(\int_{E_1} + \int_{E_{21}} + \int_{E_{22}}\right)\log|\Omega(z, w(z))|d\theta$$

$$= O\{\log(rT(r,w))\}. \tag{4.3.11}$$

为了证明(4.3.10)，我们还需要对 $\Omega(z, w(z))$ 的极点进行估计. 由表示式可知 $\Omega(z, w(z)) = \sum a_{(i)}(z)(w(z))^{i_0}\cdots(w^{(n)}(z))^{i_n}$ 之极可能出现为系数$\{a_{(i)}(z)\}$之极，或 $w(z)$及其导数 $w'(z), \cdots, w^{(n)}(z)$ 之极. 下面我们将断言，由 $w(z)$及 $w^{(\alpha)}(z)$ 产生的 $\Omega(z, w(z))$ 之极点必包含于系数 $\{a_{(i)}(z)\}$, $\{b_j(z)\}$ 的零点和 $\{a_k(z)\}$ 的极点之中，并且其重级能由这些系数相应的极点或零点的重级所控制. 事实上，若 z_0 是 $w(z)$ 的 τ 重极点，但不是上述系数的零点和极点，则由于 $w(z)$ 满足(4.3.9)便知，z_0 是(4.3.9)左端之极点，其重级至少为 τq；此外 z_0 是(4.3.9)右端之极点，其重级至多为 τp. 这就导出 $q \leqslant p$，这与所设矛盾. 今设 z_0 点 $w(z)$ 的 τ 重极点同时是某个 $a_k(z)$ 的 $\tau(a_k. \infty)$重极和某个 $b_j(z)$ 的 $\tau(b_j, 0)$ 重零点. 此时 z_0 至多是 $P(z,w(z))$ 的 $\tau p + \sum_{k=0}^{p}\tau(a_k, \infty)$ 重极点，并且 $\tau q - \sum_{j=0}^{q}\tau(b_j,0) > 0$ 时，z_0 至少是 $Q(z, w(z))$ 的 $\tau q - \sum_{j=0}^{q}\tau(b_j, 0)$ 重极，注意到 $q > p$ 并由 $\Omega(z, w(z)) = P(z, w(z))/Q(z, w(z))$ 便知，z_0 作为 $\Omega(z, w(z))$ 之极点其重级至多是$\left(\tau q + \sum_{k=0}^{p}\tau(a_k, \infty)\right) - \left(\tau p - \sum_{j=1}^{q}\tau(b_j, 0)\right) \leqslant \sum_{k=0}^{p}\tau(a_k, \infty) + \sum_{j=0}^{q}\tau(b_j, 0)$；当 $\tau p - \sum_{j=0}^{q}\tau(b_j, 0) \leqslant 0$ 时，$\tau \leqslant \frac{1}{p}\sum_{j=0}^{q}\tau(b_j, 0)$. 这说明 z_0 作为 $w(z)$ 之极点其重级能由系数 $b_j(z)$ 以 z_0 为零点的重级所界囿. 因而，由 z_0 产生的 $\Omega(z, w(z))$ 之极其重级亦能由这些系数的零点重

级所界囿. 计及 $\Omega(z, w(z))$ 之极还能由 $\{a_{(i)}(z)\}$ 之极和 $w^{(\alpha)}(z)(\alpha=1, 2, \cdots, n)$ 之极所产生,于是有

$$n(r, \Omega(z, w(z))) \leqslant \Delta\left\{\sum_{(i)} n(r, a_{(i)}) + \sum_{k=0}^{p} n(r, a_k)\right.$$

$$\left. + \sum_{j=0}^{q} n\left(r, \frac{1}{b_j}\right)\right\},$$

其中 $\Delta = \max\{\Delta_i\} = \max\left\{\sum_{\alpha=0}^{n}(\alpha+1)i_\alpha\right\}$. 因此,

$$N(r, \Omega(z, w(z))) = O(\log r),$$

结合(4.3.11)便得(4.3.10).

引理 4.3 设 $\Omega(z, w)$ 为引理 4.2 所述的微分多项式, 若 $w(z)$ 为一亚纯函数, 则除去总长为有穷的 r 的例外区间序列有

$$m(r, \Omega(z, w(z))) \leqslant \lambda m(r, w) + O\{\log(rT(r, w))\}, \quad (4.3.12)$$

且有

$$N(r, \Omega(z, w(z))) \leqslant \lambda N(r, w) + \bar{\mu}\bar{N}(r, w) + O(\log r) \quad (4.3.13)$$

和

$$N(r, \Omega(z, w(z))) \leqslant \Delta N(r, w) + O(\log r), \quad (4.3.14)$$

其中 λ, $\bar{\mu}$ 和Δ是定理 4.7 中定义的量.

证明 令 $E_1 = \{z, |w(z)| < 1\} \cap \{z, |z| = r\}$ 和 $E_2 = \{z, |z| = r\} \backslash E_1$,则有

$$|\Omega(z, w(z))| = \left|\sum_{(i)} a_{(i)}(z)(w(z))^{\lambda_i}\left(\frac{w'(z)}{w(z)}\right)^{i_1}\cdots\left(\frac{w^{(n)}(z)}{w(z)}\right)^{i_n}\right|$$

$$\leqslant \begin{cases} |w(z)|^{\lambda} \sum_{(i)} |a_{(i)}(z)| \left|\frac{w'(z)}{w(z)}\right|^{i_1}\cdots\left|\frac{w^{(n)}(z)}{w(z)}\right|^{i_n}, & z \in E_2, \\ \sum_{(i)} |a_{(i)}(z)| \left|\frac{w'(z)}{w(z)}\right|^{i_1}\cdots\left|\frac{w^{(n)}(z)}{w(z)}\right|^{i_n}, & z \in E_1. \end{cases}$$

于是,应用对数导数基本引理可得

$$m(r, \Omega(z, w(z))) = \frac{1}{2\pi}\left(\int_{E_1} + \int_{E_2}\right)\log|\Omega(z, w(z))|d\theta$$

$$\leqslant \lambda m(r, w) + O\{\log(rT(r, w))\}.$$

为了计算 $Q(z, w(z))$ 之极点，我们考虑它的通项

$$Q_{(i)}(z) = a_{(i)}(z)(w(z))^{i_0}(w'(z))^{i_1}\cdots(w^{(n)}(z))^{i_n}.$$

易知

$$\begin{aligned} n(r, Q_{(i)}) &\leqslant n(r, a_{(i)}) + i_0 n(r, w) + \cdots + i_n n(r, w^{(n)}) \\ &\leqslant n(r, a_{(i)}) + (i_0 + \cdots + i_n) n(r, w) \\ &\quad + (i_1 + 2i_2 + \cdots + ni_n)\bar{n}(r, w) \\ &\leqslant n(r, a_{(i)}) + (i_0 + 2i_1 + \cdots \\ &\quad + (n+1)i_n) n(r, w), \end{aligned}$$

因此有

$$n(r, Q(z, w(z))) \leqslant \sum_{(i)} n(r, a_{(i)}) + \lambda n(r, w) + \bar{\mu}\bar{n}(r, w),$$

或

$$n(r, Q(z, w(z))) \leqslant \sum_{(i)} n(r, a_{(i)}) + \Delta n(r, w),$$

其中 $\lambda, \bar{\mu}$ 和 Δ 是定理 4.7 中定义的量．因此，有

$$N(r, Q(z, w(z))) \leqslant \sum_{(i)} N(r, a_{(i)}) + \lambda N(r, w) + \bar{\mu}\bar{N}(r, w)$$

和

$$N(r, Q(z, w(z))) \leqslant \sum_{(i)} N(r, a_{(i)}) + \Delta N(r, w).$$

由此即得(4.3.13)和(4.3.14)．引理证毕．

定理 4.7 的证明．先将 $R(z, w)$ 简约为

$$R(z, w) = P_1(z, w) + \frac{P_2(z, w)}{Q(z, w)},$$

其中 $\deg_w P_2(z, w) = p_2 < q = \deg_w Q(z, w)$． 下面我们将证明：如果方程(4.3.7)存在超越亚纯解 $w(z)$，则必 $P_2(z, w) \equiv 0$．如若不然，先将(4.3.7)改写为

$$Q(z, w)(\Omega(z, w) - P_1(z, w)) = P_2(z, w),$$

或

$$Q(z, w)\Omega_1(z, w) = P_2(z, w),$$

其中 $\Omega_1(z, w) = \Omega(z, w) - P_1(z, w)$. 此时 $w(z)$ 满足

$$Q(z, w(z))\Omega_1(z, w(z)) = P_2(z, w(z)). \tag{4.3.15}$$

今 $q > p_2$,由引理 4.2 得

$$T(r, \Omega_1(z, w(z))) = O\{\log(rT(r, w))\}. \tag{4.3.16}$$

因而,由(4.3.15)和(4.3.16)并应用第一基本定理得

$$\begin{aligned} T(r, Q(z, w)) &\leqslant T(r, P_2(z, w)) \\ &\quad + T(r, \Omega_1(z, w)) + O(1) \\ &= T(r, P_2(z, w)) + O\{\log(rT(r, w))\}. \end{aligned}$$

此外,根据定理 4.1 即得

$$\begin{aligned} qT(r, w) &= T(r, Q(z, w)) + O(\log r) \\ &\leqslant T(r, P_2(z, w)) + O\{\log(rT(r, w))\} \\ &\leqslant p_2T(r, w) + O\{\log(rT(r, w))\}. \end{aligned}$$

上式两边除以 $T(r, w)$ 并令 $r \to \infty$ 便导出 $q \leqslant p_2$. 这与所设矛盾,故必须 $P_2(z, w) \equiv 0$. 这就说明: 如果(4.3.7)存在超越亚纯解,则 $R(z, w)$ 必化为 w 的多项式,即 $q = 0$. 下面进一步证明(4.3.8)的另一式. 由上面的讨论方程可写为

$$\Omega(z, w) = P(z, w), \tag{4.3.7$'$}$$

应用引理 4.3 得

$$\begin{aligned} T(r, \Omega(z, w(z))) &\leqslant \lambda T(r, w) + \bar{\mu}\bar{N}(r, w) \\ &\quad + O\{\log(rT(r, w))\}, \end{aligned} \tag{4.3.17}$$

和

$$T(r,\Omega(z,w(z))) \leqslant \Delta T(r,w) + O\{\log(rT(r,w))\}. \tag{4.3.18}$$

今 $w(z)$ 是 (4.3.7)$'$ 的解,应用定理 4.1 便有

$$\begin{aligned} T(r, \Omega(z, w(z))) &= T(r, P(z, w(z))) \\ &= pT(r, w) + O(\log r). \end{aligned} \tag{4.3.19}$$

上式与(4.3.17)结合并注意到 $\Theta(\infty)$ 的定义,类似于上面的演证即得

$$p \leqslant \lambda + \bar{\mu}(1 - \Theta(\infty)).$$

结合(4.3.19)和(4.3.18),同样的讨论又可得

$$p \leqslant \Delta.$$

这就表明方程(4.3.7)的超越亚纯解 $w(z)$ 同时满足方程

$$\Omega(z, w)=\hat{P}(z, w),$$

其中 $\hat{P}(z, w)$ 是 w 的多项式，次数 $\hat{p} \leqslant \min\{\Delta, \lambda+\bar{\mu}(1-\Theta(\infty))\}$，系数是 z 的有理函数。

今对于所有 $c \in \mathbf{C}$, $w(z)-c$ 有无穷多个零点至多除去两个例外。设 $c \in \mathbf{C}$ 不是 $w(z)$ 的 Picard 例外值，并设 $\{z_j\}(j=1,2,\cdots)$ 为 $w(z)-c$ 的零点，此时对固定的 c, $R(z, c)$ 和 $\hat{P}(z, c)$ 是 z 的有理函数，并且对无穷多个点 $\{z_j\}(j=1,2,\cdots)$ 满足

$$R(z_j, c)=\hat{P}(z_j c),$$

因此必须有 $R(z, c)=\hat{P}(z, c)$. 由两个变量的解析函数的恒等性定理得

$$R(z, w) \equiv \hat{P}(z, w),$$

因此有(4.3.8). 定理证毕.

若代数微分方程的系数是亚纯函数，则定理 4.7 仍然成立. 但所考虑的解的增长性应高于所论方程系数的增长性. 为说明此点，I. Laine 在[3]中曾提出允许解的概念，并定义如下:

定义 4.1 令

$$S_1(r)=\sum T(r, a_{(i)})+\sum_{k=0}^{p} T(r, a_k)+\sum_{j=0}^{q} T(r, b_j).$$

若 $w(z)$ 是方程(4.3.7)的解，且在除去线测度为有穷的 r 值集的集合上满足

$$S_1(r)=o\{T(r, w)\},$$

则称 $w(z)$ 是方程(4.3.7)的允许解.

显然，当方程(4.3 7)系数为有理函数时，方程的超越解即是允许解.

对于亚纯系数的代数微分方程的 Malmquist 定理可叙述如下:

定理 4.7′ 若方程(4.3.7)存在亚纯允许解，则必

$$q=0 \text{ 和 } p \leqslant \min\{\Delta, \lambda+\bar{\mu}(1-\Theta(\infty))\}.$$

详细证明可参看 I.Laine 的[3]和何育赞与萧修治的论文[3].

N. Steinmetz[1] 曾对相当广泛地一类微分方程引入允许解的概念,并获得 Malmquist 型定理,他考虑

$$\sum a_{(i)}(z)(w)^{i_0}(w')^{i_1}\cdots(w^{(n)})^{i_n}=H(z,w),\qquad(4.3.20)$$

其中方程左端是系数为亚纯函数的微分多项式, $H(z,w)$ 是两个变数 z 和 w 的整函数之商. 方程(4.3.20)的允许解定义如下:

定义 4.2 令

$$S_1(r)=\sum_{(i)}T(r,a_{(i)}),\ S_c(r)=T(r,H(z,c)),c\in\mathbf{C}.$$

设 $w(z)$ 是(4.3.20)的亚纯解,若对于复平面 $\mathbf{C}$ 上具有有穷聚点的集合 $E=\{c\}$ 的每个 c 都有

$$S_1(r)+S_c(r)=o\{T(r,w)\},\qquad(4.3.21)$$

可能需除去线测度为有穷的例外值集,则称 $w(z)$ 是(4.3.20)的允许解.

N.Steinmetz 证明了

定理 4.3 若方程(4.3.20)存在定义 4.2 意义下的亚纯允许解,则必 $H(z,w)$ 为 w 的多项式并且它对 w 的次数满足

$$\deg_w H(z,w)\leqslant\Delta;$$

若(4.3.20)具有定义 4.2 意义下的整允许解,则

$$\deg_w H(z,w)\leqslant\lambda,$$

其中 Δ 和 λ 是定理 4.7 中定义的量.

证明 设 $w(z)$ 是(4.3.20)的允许解,令 $h(z)=\Omega(z,w(z))$, 又对于 $c_1\in E$ 置

$$\phi_1(z;c_1)=\frac{h(z)-H(z,c_1)}{w(z)-c_1}=\frac{h(z)}{w(z)-c_1}-\frac{H_1(z)}{w(z)-c_1},$$

其中 $H_1(z)=H(z,c_1)$. 由于 $w(z)$ 是(4.3.20)的解, 因此从上式易知, $w(z)-c_1$ 的 τ_1 重零点至多是 $\phi_1(z;c_1)$ 的 τ_1-1 重极点. 现取 $c_1,c_2\in E$, $c_1\neq c_2$ 并置

$$\phi_2(z;c_1,c_2)=\frac{1}{c_1-c_2}\{\phi_1(z;c_1)-\phi_1(z;c_2)\}$$

$$= \frac{h(z)}{(w(z)-c_1)(w(z)-c_2)} - \frac{1}{(c_1-c_2)} \cdot \frac{H(z,c_1)}{w(z)-c_1}$$

$$+ \frac{1}{c_1-c_2} \frac{H(z,c_2)}{w(z)-c_2}$$

$$= \frac{h(z)-Q_2(z,w(z))}{(w(z)-c_1)(w(z)-c_2)},$$

易知当 $w(z)-c_j$ 的 τ_j 重零点不是 $a_{(i)}(z)$ 和 $H_j(z)(j=1,2)$ 的极点时,它至多是 $\phi_2(z;c_1,c_2)$ 的 τ_j-1 重极点. 一般地取互相判别的 $c_1,\cdots,c_k\in E$,并置

$$\phi_k(z;c_1,\cdots,c_k) = \frac{1}{c_{k-1}-c_k}\{\phi_{k-1}(z;c_1,\cdots,c_{k-1})$$

$$-\phi_{k-1}(z;c_1,\cdots,c_{k-2},c_k)\}$$

$$= \frac{h(z)}{\prod_{j=1}^{k}(w(z)-c_j)} + \sum_{j=1}^{k} \hat{c}_j \frac{H_j(z)}{w(z)-c_j}$$

$$= \frac{h(z)-Q_k(z,w(z))}{\prod_{j=1}^{k}(w(z)-c_j)}, \tag{4.3.22}$$

其中 $Q_k(z,w)$ 是w的 $k-1$ 次多项式,其系数是 $H_j(z)(j=1,2,\cdots,k)$的线性组合, $\hat{c}_j$ 是与 c_j 有关的常数. 由归纳法,从上式可知任一 $w(z)-c_j$ 的 τ_j 重零点,当其不是 $a_{(i)}(z)$ 和$H_j(z)$ $(j=1,2,\cdots,k)$ 的极点时, 它至多是 $\phi_k(z;c_1,\cdots,c_k)$ 的 τ_j-1 重极点. 关于后者我们在下面将另作讨论.

下面先证明,若$w(z)$是(4.3.20)的允许解,则必 $\phi_{k+1}(z)\equiv 0$,其中当 $w(z)$为亚纯解时取 $k\geqslant\Delta$,当 $w(z)$为整允许解时取 $k\geqslant\lambda$. 事实上,如若不然,则由第一基本定理得

$$T(r,w) = T(r,w-c_{k+1}) + O(1)$$

$$\leqslant T(r,(w-c_{k+1})\phi_{k+1}) + T(r,\phi_{k+1}) + O(1). \tag{4.3.23}$$

现在,分别估计 $T(r,(w-c_{k+1})\phi_{k+1})$ 和 $T(r,\phi_{k+1})$. 设 $k\geqslant\lambda$,则有

$$m(r,\phi_k)\leqslant m\left(r,\frac{h(z)}{\prod_{j=1}^{k}(w(z)-c_j)}\right)$$

$$+m\left(r,\frac{Q_k(z,w(z))}{\prod_{j=1}^{k}(w(z)-c_j)}\right)+O(1).$$

现对上式右端两相加项分别计算如下．由于

$$\left|\frac{w(z)}{w(z)-c_j}\right|\leqslant 1+\frac{|c_j|}{|w(z)-c_j|}$$

$$\leqslant(1+|c_j|)\left(\frac{1}{|w(z)-c_j|}\right)^+\leqslant c\left(\frac{1}{|w(z)-c_j|}\right)^+,$$

其中 $|a|^+=\max\{1,|a|\}$，$c=\max\limits_{1\leqslant j\leqslant k}\{1+|c_j|\}$，因此

$$\frac{|h(z)|}{\left|\prod_{j=1}^{k}(w(z)-c_j)\right|}\leqslant c^k\sum|a_{(i)}(z)|\left(\prod_j\frac{|w'(z)|}{|w(z)-c_j|}\right)\cdots$$

$$\left(\prod\frac{|w^{(n)}(z)|}{|w(z)-c_j|}\right)\left(\prod_j\left|\frac{1}{w(z)-c_j}\right|^+\right),$$

其中 $\prod\limits_j\left|\frac{w^{(\alpha)}(z)}{w(z)-c_j}\right|$ 是 i_α 个因子相乘，$\prod\limits_j\left(\frac{1}{|w(z)-c_j|}\right)^+$ 是 $k-\lambda_i+i_0$ 个因子相乘．由假设 $k\geq\lambda$，故有

$$m\left(r,\frac{h(z)}{\prod_{j=1}^{k}(w(z)-c_j)}\right)\leqslant\sum_{j=1}^{k}m\left(r,\frac{1}{w-c_j}\right)+\sum m(r,a_{(i)})$$

$$+O\left\{\sum_{\alpha=1}^{n}\sum_{j=1}^{k}m\left(r,\frac{w^{(\alpha)}}{w-c_j}\right)\right\},$$

$$m\left(r,\frac{Q_k(z,w(z))}{\prod_{j=1}^{k}(w(z)-c_j)}\right)\leqslant\sum_{j=1}^{k}m\left(r,\frac{1}{w-c_j}\right)$$

$$+\sum_{j=1}^{k}m(r,H_j)+O(1).$$

将上两式相加并应用对数导数平均值引理得

$$m(r,\phi_k)\leqslant 2\sum_{i=1}^{k}m\left(r,\frac{1}{w-c_i}\right)+\Sigma m(r,\ a_{(i)})$$

$$+\sum_{i=1}^{k}m(r,\ H_i)+S(r,\ w),\qquad (4.3.24)$$

其中

$$S(r,\ w)=O\{\log(rT(r,\ w))\}.$$

再由于

$$\phi_{k+1}(z)(w(z)-c_{k+1})=\frac{h(z)}{\prod_{j=1}^{k}(w(z)-c_j)}$$

$$+\sum_{j=1}^{k+1}\hat{c}_j\frac{(w(z)-c_{k+1})H_j(z)}{w(z)-c_j},$$

并注意到

$$\frac{|w(z)-c_{k+1}|}{|w(z)-c_j|}\leqslant(1+|c_{k+1}-c_j|)\left(\frac{1}{|w(z)-c_j|}\right)^+$$

$$\leqslant\hat{c}\left(\frac{1}{|w(z)-c_j|}\right)^+,$$

其中 $\hat{c}=\max\limits_{1\leqslant j\leqslant k+1}\{1+|c_{k+1}-c_j|\}$,因此有

$$m(r,\ (w-c_{k+1})\phi_{k+1})\leqslant m\left(r,\frac{h(z)}{\prod_{j=1}^{k}(w(z)-c_j)}\right)$$

$$+m\left(r,\sum_{j=1}^{k+1}\hat{c}_j\frac{(w(z)-c_{k+1})H_j(z)}{w(z)-c_j}\right)+O(1).$$

计及 $k\geq\lambda$,类似于上面的演证得

$$m(r,\ (w-c_{k+1})\phi_{k+1})\leqslant 2\sum_{i=1}^{k}m\left(r,\frac{1}{w-c_j}\right)+\sum m(r,\ a_{(i)})$$

$$+\sum_{j=1}^{k+1}m(r,\ H_j)+S(r,\ w).\quad (4.3.25)$$

现在来估计 $\phi_{k+1}(z)$ 和 $(w(z)-c_{k+1})\phi_{k+1}(z)$ 的极点个

数。首先，$\phi_{k+1}(z)$ 的极点可能产生于下列四种情形：

1° $\{a_{(i)}(z)\}$ 的极点，此种点在 $N(r, \phi_{k+1})$ 中的贡献为 $\sum N(r, a_{(i)})$。

2° $\{H_i(z)\}$ 的极点，此种点的贡献为 $\sum_{i=1}^{k+1} N(r, H_i)$。

3° $w(z)-c_j$ 的零点，但不是 1° 和 2° 的情形，由上面的讨论可知，每个 τ_j 重零点至多是 $\phi_{k+1}(z)$ 的 τ_j-1 重极点，因此这种点在 $N(r, \phi_{k+1})$ 中的贡献至多是 $\sum_{j=1}^{k+1} N_1\left(r, \frac{1}{w-c_j}\right)$，其中 $N_1\left(r, \frac{1}{w-c_j}\right)$ 表示 $w(z)-c_j$ 的零点密指量，且 τ_j 重零点仅计算 τ_j-1 次。

4° $w(z)$ 的极点。这时再分两种情形讨论之：(i) 若 $w(z)$ 为整函数，则它不存在极点，因而不产生 $\phi_{k+1}(z)$ 的极点；(ii) 若 $w(z)$ 为亚纯函数，我们断言，当 $k=\Delta$ 时，$w(z)$ 的极点不产生 $\phi_{k+1}(z)$ 的极点，事实上，若 z_0 是 $w(z)$ 的 τ 重极点，则它是 $\phi_{\Delta+1}(z)$ 分母的 $(\Delta+1)\tau$ 重极点。但 z_0 至多是 $\phi_{\Delta+1}(z)$ 的分子的相加项 $h(z)$ 和 $Q_{\Delta+1}(z, w(z))$ 的 $\Delta\tau$ 重极点，因而 z_0 是 $\phi_{\Delta+1}(z)$ 的零点。

综上所述，便得

$$N(r, \phi_{k+1}) \leqslant \sum_{j=1}^{k+1} N_1\left(r, \frac{1}{w-c_j}\right) + \sum_{(i)} N(r, a_{(i)}) + \sum_{j=1}^{k+1} N(r, H_j), \tag{4.3.26}$$

其中当 $w(z)$ 为(4.3.20)的亚纯解时取 $k=\Delta$，当 $w(z)$ 是(4.3.20)的整函数解时取 $k=\lambda$。经同样的分析我们可得

$$N(r, (w-c_{k+1})\phi_{k+1}) \leqslant \sum_{j=1}^{k} N_1\left(r, \frac{1}{w-c_j}\right) + \sum_{(i)} N(r, a_{(i)}) + \sum_{j=1}^{k+1} N(r, H_j). \tag{4.3.27}$$

结合(4.3.24),(4.3.25),(4.3.26)和(4.3.27)并应用(4.3.23)便得

$$T(r, w) < 4\sum_{j=1}^{k+1} m\left(r, \frac{1}{w-c_j}\right) + 2\sum_{j=1}^{k+1} N_1\left(r, \frac{1}{w-c_j}\right)$$

$$+ 2\sum_{(i)} T(r, a_{(i)}) + 2\sum_{j=1}^{k+1} T(r, H_j) + S(r, w),$$

其中当 $w(z)$ 分别为 (4.3.20) 的整函数解和亚纯解时 k 分别取 λ 和 Δ。

今选取 9 组不同的 $\{c_j\}_{j=1,2,\cdots,9(k+1)} \in E$,每组应用上面的不等式然后相加之可得

$$9T(r,w) < 4\sum_{j=1}^{9(k+1)} m\left(r, \frac{1}{w-c_j}\right) + 2\sum_{j=1}^{9(k+1)} N_1\left(r, \frac{1}{w-c_j}\right)$$

$$+ 18\sum_{(i)} T(r, a_{(i)}) + 2\sum_{i=1}^{9(k+1)} T(r, H_j) + S(r, w),$$

应用第二基本定理便得

$$9T(r,w) < 8T(r,w) + 18\sum_{(i)} T(r, a_{(i)})$$

$$+ 2\sum_{j=1}^{9(k+1)} T(r, H_j) + S(r, w)$$

或

$$T(r,w) < 18\sum T(r, a_{(i)}) + 2\sum_{j=1}^{9(k+1)} T(r, H_j) + S(r, w).$$

根据允许解的定义,上式右端等于 $o\{T(r, w)\}$,这便产生矛盾.因此,必须 $\phi_{k+1}(z) \equiv 0$. 这就表明,(4.3.20)的允许解同时满足方程

$$\Omega(z, w) = Q_{k+1}(z, w),$$

其中 $Q_{k+1}(z, w)$ 是 w 的 k 次多项式,系数是 $H(z, c_j)$ $(j = 1, 2, \cdots, k+1)$ 的线性组合,且当 $w(z)$ 是整函数解和亚纯解时 k 分别取 λ 和 Δ. 今任取一个 $c \in E$,继令

$$R(z, c) = H(z, c) - Q_{k+1}(z, c),$$

则知 $w(z)$ 的 c 值点是 $R(z, c)$ 的零点. 此时,$R(z, c)$ 必恒

为零. 事实上如若不然,则有

$$\overline{N}\left(r,\frac{1}{w-c}\right)\leqslant N\left(r,\frac{1}{R(z,c)}\right)\leqslant T(r,R(z,c))+O(1)$$

$$\leqslant T(r,H(z,c))+\sum_{i=1}^{k+1}T(r,H_i(z))+O(1)$$

$$=o\{T(r,w)\}.$$

但由 Nevanlinna 第二基本定理可知,至多有两个 $c\in\mathbf{C}$ 使得上式成立,因此必须 $R(z,c)\equiv 0$. 这就说明两个变数的解析函数 $R(z,w)=H(z,w)-Q_{k+1}(z,w)$ 对于所有的 $z\in\mathbf{C}$ 和 $w\in E$ 有 $R(z,w)=0$. 根据恒等性定理,必有 $H(z,w)\equiv Q_{k+1}(z,w)$, 即 $H(z,w)$ 是 w 的 k 次多项式. 定理证毕.

§4.4 二项式微分方程

本节进一步讨论微分方程(4.3.4),其中 $\{a_k(z)\}$, $\{b_j(z)\}$ 是 z 的有理函数. N. Steinmetz[1], S. Bank 和 R. Kaufman[1]以及 G. Jank 和 L. Volkman[1] 先后证明,若(4.3.4)具有超越亚纯解,则(4.3.4)本质上是六类典型的方程之一. 这一结果是对 Malmquist 定理的重要补充和发展.

定理 4.9 设 $P(z,w)=\sum_{k=0}^{p}a_k(z)w^k\not\equiv 0$, $Q(z,w)=\sum_{j=0}^{q}b_j(z)w^j\not\equiv 0$ 是 w 的互质的多项式, 其系数为 z 的有理函数. 若方程

$$\left(\frac{dw}{dz}\right)^n=P(z,w)/Q(z,w) \tag{4.4.1}$$

存在超越亚纯解,则可通过常系数分式线性变换

$$w=\frac{\alpha v+\beta}{\gamma v+\delta},\qquad \alpha\delta-\gamma\beta\neq 0,$$

使方程(4.4.1)变为下列六类方程之一或是它们的幂:

1° $\dfrac{dv}{dz}=a(z)+b(z)v+c(z)v^2$;

$$2^\circ \quad \left(\frac{dv}{dz}\right)^2 = a(z)(v - b(z))^2(v - \tau_1)(v - \tau_2),$$

$$b(z) \not\equiv \tau_1, \tau_2;$$

$$3^\circ \quad \left(\frac{dv}{dz}\right)^2 = a(z)(v - \tau_1)(v - \tau_2)(v - \tau_3)(v - \tau_4);$$

$$4^\circ \quad \left(\frac{dv}{dz}\right)^3 = a(z)(v - \tau_1)^2(v - \tau_2)^2(v - \tau_3)^2;$$

$$5^\circ \quad \left(\frac{dv}{dz}\right)^4 = a(z)(v - \tau_1)^2(v - \tau_2)^3(v - \tau_3)^3;$$

$$6^\circ \quad \left(\frac{dv}{dz}\right)^6 = a(z)(v - \tau_1)^3(v - \tau_2)^4(v - \tau_3)^5.$$

其中 $\tau_1, \tau_2, \tau_3, \tau_4$ 是判别的复数，$a(z)$, $b(z)$, $c(z)$ 是 z 的有理函数，且除去情形 1° 外，$a(z) \not\equiv 0$.

为证明定理 4.9 我们需要证明下列的引理.

引理 4.4 设 $w(z)$ 是超越亚纯函数且仅具有有限多个极点，则对任意 K,

$$\lim_{r\to\infty} \frac{M(r, w)}{r^K} = \infty. \tag{4.4.2}$$

证明 设 $w(z)$ 的极点为 $b_1, \cdots, b_m$, 并令 $P(z) = \prod_{i=1}^{m}(z - b_i)$，则 $w(z)P(z) = g(z)$ 为一超越整函数，且当 $r \geq r_0$ 时，

$$M(r, g) \leqslant M(r, P) \cdot M(r, w) \leqslant 2r^m M(r, w),$$

从而对任意的 K 有

$$\frac{M(r, w)}{r^K} \geq \frac{M(r, g)}{2r^{m+K}}.$$

根据定理 1.2 的推论，当 $r \to \infty$ 时上式右端趋于无穷，由此得 (4.4.2).

推论 $w(z)$ 如引理 4.4 所设，则对任意 $\alpha > 0$ 和 K 有

$$\lim_{r\to\infty} \frac{[M(r, w)]^\alpha}{r^K} = \infty. \tag{4.4.3}$$

引理 4.5 $w(z)$ 如引理 4.4 所设，又设 $w(z)$ 和 $w'(z)$ 在 $|z|>r_0$ 全纯，则对给定的 $\varepsilon>0$ 存在 r_1，使得当 $r\geq r_1\geq r_0$ 时，

$$M(r, w)\leqslant [M(r, w')]^{1+\varepsilon}. \tag{4.4.4}$$

证明 令 $z=re^{i\theta}$，取 $r_1\geq r_0$ 使得 $M(r_1, w')>1$. 对于某个固定的 $t\in[r_1, r]$ 有

$$w(z)=w(t)+e^{i\theta}\int_t^r w'(\rho e^{i\theta})d\rho+it\int_0^\theta w'(te^{i\varphi})e^{i\varphi}d\varphi,$$

从而有

$$|w(z)|\leqslant |w(t)|+2\pi t M(t,w')+\int_t^r M(\rho,w')d\rho.$$

根据 Hadamard 三圆定理

$$\begin{aligned}M(\rho, w')&\leqslant [M(r, w')]^{\log\frac{\rho}{t}/\log\frac{r}{t}}[M(t, w')]^{\log\frac{r}{\rho}/\log\frac{r}{t}}\\&\leqslant M(r, w')M(t, w').\end{aligned}$$

再取 r_1 足够大，使得当 $r\geqslant r_1$ 时

$$M(r, w)\leqslant c_1+c_2rM(r, w')<[M(r,w')]^{1+\varepsilon}.$$

引理 4.6 $w(z)$ 如引理 4.4 所设，则对任意 $\alpha>0$ 除去总长度为有穷的 r 区间序列有

$$M(r, w')<2^{\frac{1}{\alpha}}[M(r, w)]^{1+\alpha}. \tag{4.4.5}$$

证明 设 $w(z)$ 在 $|z|>r_0$ 全纯，则当 $r_0<R_1<|z|=r<R<R_1+2r$ 时，下列 Cauchy 公式成立：

$$w'(z)=\frac{1}{2\pi i}\int_{|\zeta-z|=R-r}\frac{w(\zeta)d\zeta}{(\zeta-z)^2}.$$

由最大模原理得

$$\max_{R_1<|z|<R}\{|w(\zeta)|\}=\max\{M(R_1, w), M(R, w)\},$$

$$2r-R>R_1.$$

当 r 足够大时便有

$$\begin{aligned}M(r, w')&\leqslant\frac{1}{R-r}\max\{M(R_1, w), M(R, w)\}\\&=\frac{1}{R-r}M(R, w).\end{aligned} \tag{4.4.6}$$

取 $R=r+\dfrac{1}{[M(r,w)]^{\alpha}}$，并根据关于增函数的 Borel 型定理——引理 2.3 知，对于除去一个总长为有限的区间序列下式成立：

$$[M(R,w)]^{\alpha}\leqslant 2[M(r,w)]^{\alpha}.$$

将上式代入(4.4.6)便得(4.4.5)。

引理 4.7 设 $V(z,w)=a_n(z)w^n+a_{n-1}(z)w^{n-1}+\cdots+a_0(z)$，$n\geqslant 1$。又设 $w(z)$ 为超越亚纯函数，若 $V(z)=V(z,w(z))$ 仅有有穷多个零点，则对于 z_r 合于 $M\left(r,\dfrac{1}{V}\right)=\dfrac{1}{|V(z_r)|}$ 者，必存在某个 $\beta>0$，使得当 $r\geqslant r_0$ 时有 $|w(z_r)|\leqslant r^{\beta}$。

证明 如若不然，则对任意 $\beta>0$，都存在趋于无穷的序列 $r_k\to\infty$，使得 $|w(z_{r_k})|>r_k^{\beta}$。由于 $\{a_k(z)\}$ 是有理函数，因此必存在 β，使得当 $r\geqslant r_0$ 时，

$$|a_n(z_r)|\geqslant r^{-\frac{1}{2}\beta} \quad 和 \quad \frac{|a_k(z)|}{|a_n(z)|}\leqslant r^{\frac{1}{2}\beta},\ k=0,1,\cdots,n-1.$$

于是当 $r_k\geqslant r_0$ 时

$$\begin{aligned}|V(z_{r_k})|&\geqslant|a_n(z_{r_k})||w(z_{r_k})|^n\\&\quad\times\left\{1-\sum_{j=1}^{n}\frac{|a_{n-j}(z_{r_k})|}{|a_n(z_{r_k})|}|w(z_{r_k})|^{-j}\right\}\\&\geqslant r_k^{-\frac{1}{2}\beta+n\beta}\left(1-\sum_{j=1}^{n}r_k^{\frac{1}{2}\beta-j\beta}\right)\geqslant\frac{1}{2}r^{(n-\frac{1}{2})\beta}\end{aligned}$$

于是，当 $r_k\to\infty$ 时

$$\frac{1}{|V(z_{r_k})|}\Big/r_k^{\frac{1}{2}\beta}<2r_k^{-n\beta}\to 0. \tag{4.4.7}$$

另外，由定理 4.1 可知，复合函数 $V(z)=V(z,w(z))$ 是超越亚纯函数，由假设它仅有有穷多个零点，则 $\dfrac{1}{V(z)}$ 是仅具有穷多个极点的超越亚纯函数，而根据引理 4.4 当 $K=\dfrac{1}{2}\beta$ 时

$$\lim_{r\to\infty}\frac{M\left(r,\frac{1}{V}\right)}{r^{\frac{1}{2}\beta}}=\lim_{r\to\infty}\left(\frac{1}{|V(z_r)|}\right)\Big/r^{\frac{1}{2}\beta}=\infty,$$

这与(4.4.7)矛盾. 这就证明了我们的断言.

引理 4.8 设 $w(z)$ 是(4.4.1)的超越亚纯解,并设 $V(z,w)=a_k(z)w^k+a_{k-1}(z)w^{k-1}+\cdots+a_0(z)$ 是 $Q(z,w)$ 的质因子. 则 $V(z)=V(z,w(z))$ 有无穷多个零点.

证明 若 $V(z)$ 仅具有穷多个零点,则 $y(z)=\dfrac{1}{V(z)}$ 是仅具有穷多个极点的超越亚纯函数. 根据引理 4.7, 对于 z_r 合于 $M(r,y)=|y(z_r)|=\dfrac{1}{|V(z_r)|}$ 者,存在 $\beta>0$ 使得 $|w(z_r)|\leqslant r^\beta$,并且对任意 $\alpha>0$ 和 K 有

$$\lim_{r\to\infty}\frac{[M(r,y)]^\alpha}{r^K}=\lim_{r\to\infty}\frac{1}{|V(z_r)|^\alpha r^K}=\infty$$

或

$$\lim_{r\to\infty}|V(z_r)|^\alpha r^K=0. \tag{4.4.8}$$

下面我们将导出相反的结论. 首先,因为 $V(z,w)$ 和 $V_w(z,w)=\dfrac{\partial}{\partial w}V(z,w)$ 互质,$V(z,w)$ 和 $P(z,w)$ 互质,所以由辗转相除可得到 w 的多项式 $P_j(z,w)$ 和 $Q_j(z,w)$ 以及 z 的有理函数 $R_j(z)\not\equiv 0\ (j=1,2)$,使得

$$\begin{aligned}&P_1(z,w)V(z,w)+Q_1(z,w)V_w(z,w)=R_1(z),\\&P_2(z,w)V(z,w)+Q_2(z,w)P(z,w)=R_2(z).\end{aligned} \tag{4.4.9}$$

通过乘以 z 的适当的多项式之后,可以假设 $R_1(z)$ 和 $R_2(z)$ 是 z 的非恒为零的多项式.因此,存在 $a>0$,当 r 足够大时,$|R_j(z_r)|>a>0,\ j=1,2$.

今以$\mathscr{B}$表示下列 6 个 w 的多项式之集合,即$\mathscr{B}=\{P_1(z,w),P_2(z,w),Q_1(z,w),Q_2(z,w),Q(z,w)/V(z,w),V_z(z,w)\}$. 设 $\hat{P}(z,w)=\sum\limits_{k=0}^{\hat{p}}\hat{a}_k(z)w^k$ 是$\mathscr{B}$中任一元素,则当 r 足够大时存在 l,使得 $|\hat{a}_{\hat{p}}(z_r)|<r^l$,并且可选 l 使得上面的估计对$\mathscr{B}$中所有元素都成立. 由引理 4.7 有 $|w(z_r)|\leqslant r^\beta$. 于是, 存在 σ,使得

$$|\hat{P}(z_r,w(z_r))|<r^\sigma.$$

当取 $\hat{P}(z, w)$ 为 $P_1(z, w)$ 时便有 $|P_1(z_r, w(z_r))|<r^\sigma$, 又计及(4.4.8)则有

$$|P_1(z_r, w(z_r))||V(z_r)| < r^\sigma |V(z_r)| < \frac{a}{2}.$$

当取 $\hat{P}(z, w)$ 为 $Q_1(z, w)$ 时有$|Q_1(z_r,w(z_r)| < r^\sigma$,由(4.4.9),

$$\begin{aligned}|V_w(z_r,w(z_r))| &= \frac{|R_1(z_r) - P_1(z_r, w(z_r))V(z_r)|}{|Q_1(z_r,w(z_r))|} \\ &\geqslant \frac{|R_1(z_1)| - |P_1(z_r, w(z_r))||V(z_r)|}{|Q_1(z_r, w(z_r))|} \\ &\geqslant \frac{a}{2r^\sigma}. \end{aligned} \tag{4.4.10}$$

类似地得到

$$|P(z_r, w(z_r))| \geqslant \frac{a}{2r^\sigma}.$$

再取 $\hat{P}(z, w)$ 为 $Q(z, w)/V(z,w)$,则有$|Q(z_r,w(z_r))|/|V(z_r, w(z_r))| < r^\sigma$. 注意到 $w(z)$ 满足微分方程(4.4.1)便得

$$\begin{aligned}\frac{a}{2r^\sigma} &\leqslant |P(z_r, w(z_r))| = |w'(z_r)|^n |Q(z_r,w(z_r))| \\ &\leqslant |w'(z_r)|^n |V(z_r, w(z_r))| r^\sigma\end{aligned}$$

或

$$|w'(z_r)|\,|V(z_r)|^{\frac{1}{n}} \geqslant \left(\frac{a}{2}\right)^{\frac{1}{n}} r^{-2\sigma}, \tag{4.4.11}$$

结合(4.4.10)和(4.4.11)得

$$|V_w(z_r, w(z_r))||w'(z_r)||V(z_r)|^{\frac{1}{n}} \geqslant \left(\frac{a}{2}\right)^{\frac{1}{n}+1} r^{-3\sigma}. \tag{4.4.12}$$

现取 $\hat{P}(z, w)$ 为 $V_z(z, w)$,则有$|V_z(z_r, w(z_r))| < r^\sigma$,注意到(4.4.8),并取 $\alpha = \frac{1}{n}, K = 4\sigma$, 则当 r 足够大时,

$$r^{4\sigma}|V(z_r)|^{\frac{1}{n}} < \frac{1}{2}\left(\frac{a}{2}\right)^{\frac{1}{n}+1},$$

于是

$$|V_z(z_r,w(z_r))||V(z_r)|^{\frac{1}{n}} < \frac{1}{2}\left(\frac{a}{2}\right)^{\frac{1}{n}+1} r^{-3\sigma}. \tag{4.4.13}$$

由于 $y(z)=\dfrac{1}{V(z)}$,通过求导数得

$$y'(z)=-\frac{1}{(V(z))^2}V'(z)=-[y(z)]^2\{V_w(z,w)w'(z)+V_z(z,w)\},$$

并应用(4.4.12)和(4.4.13)便得

$$\begin{aligned}M(r,y')&\geqslant|y'(z_r)|\geqslant|y(z_r)|^2\{|V_w(z_r,w(z_r))||w'(z_r)|\\&\quad-|V_z(z_r,w(z_r))|\}\\&=|y(z_r)|^{2+\frac{1}{n}}\{|V_w(z_r,w(z_r))||w'(z_r)||V(z_r)|^{\frac{1}{n}}\\&\quad-|V_z(z_r,w(z_r))|\;|V(z_r)|^{\frac{1}{n}}\}\\&\geqslant[M(r,y)]^{2+\frac{1}{n}}\frac{1}{2}\left(\frac{a}{2}\right)^{\frac{1}{n}+1}r^{-3\sigma}.\end{aligned}$$

又根据引理 4.6, 取 $\alpha=1$, 则除去总长为有穷的 r 区间列序有 $M(r,y')\leqslant 2[M(r,y)]^2$. 于是

$$2[M(r,y)]^2\geqslant M(r,y')\geqslant[M(r,y)]^{2+\frac{1}{n}}\frac{1}{2}\left(\frac{a}{2}\right)^{\frac{1}{n}+1}r^{-3\sigma}$$

或

$$\frac{[M(r,y)]^{\frac{1}{n}}}{r^{3\sigma}}<4\left(\frac{a}{2}\right)^{-(1+\frac{1}{n})}<\infty,$$

这与(4.4.8)矛盾. 因此, $V(z)$ 必须有无穷多个零点.

引理 4.9 设 $w(z)$ 是

$$\left(\frac{dw}{dz}\right)^n=P(z,w)/Q(z) \tag{4.4.14}$$

的超越亚纯解, 其中 $Q(z)$ 是 z 的有理函数. 若 $V(z,w)=a_k(z)w^k+a_{k-1}(z)w^{k-1}+\cdots+a_0(z)$ 是 $P(z,w)$ 的质因子,且 $V_z(z,w)\not\equiv 0$,则 $V(z)=V(z,w(z))$ 有无穷多个零点.

证明 如若不然,则 $V(z)$ 仅有有穷多个零点,函数 $y(z)=\dfrac{1}{V(z)}$ 为仅具有穷多个极点的超越亚纯函数. 根据引理 4.4 的推论,对任意 $\alpha>0$ 和K有

$$\lim_{r\to\infty}\frac{[M(r,y)]^{\alpha}}{r^{K}}=\infty. \qquad (4.4.15)$$

若取 z_r 使得 $M(r,y)=|y(z_r)|=\dfrac{1}{|V(z_r)|}$,则上式成为

$$\lim_{r\to\infty}(r^{K}|V(z_r)|^{\alpha})=0. \qquad (4.4.16)$$

下面我们将导出与(4.4.16)相矛盾的结论. 事实上,由于 $V(z,w)$ 和 $V_z(z,w)$ 互质,因此有 $P_1(z,w)$, $Q_1(z,w)$ 和 z 的多项式 $R(z)\not\equiv 0$,使得

$$P_1(z,w)V(z,w)+Q_1(z,w)V_z(z,w)=R(z), \qquad (4.4.17)$$

并且存在 $a>0$,使得对足够大的 r 满足 $|R(z_r)|>a>0$. 今设 $V(z)$ 仅具有穷多个零点,故由引理 4.7 可知,存在 $\beta>0$,使得 $|w(z_r)|\leqslant r^{\beta}$. 类似于引理 4.8 的证明,存在 $\sigma>0$,使得对下列四个多项式 $\{P_1(z,w),Q_1(z,w),P(z,w)/V(z,w),V_w(z,w)\}$ 中任一个 $\hat{P}(z,w)$ 都有

$$|\hat{P}(z_r,w(z_r))|<r^{\sigma}. \qquad (4.4.18)$$

特别地有 $|Q_1(z_r,w(z_r))|<r^{\sigma}$ 和 $|P_1(z_r,w(z_r))|<r^{\sigma}$,由(4.4.16)便有 $|P_1(z_r,w(z_r))||V(z_r)|<r^{\sigma}|V(z_r)|<\dfrac{a}{2}$. 再由(4.4.17)得

$$\begin{aligned}|V_z(z_r,w(z_r))|&=\frac{|R(z_r)-P_1(z_r,w(z_r))V(z_r)|}{|Q_1(z_r,w(z_r))|}\\&\geqslant\frac{|R(z_r)|-|P_1(z_r,w(z_r))||V(z_r)|}{|Q_1(z_r,w(z_r))|}\\&\geqslant\frac{a}{2r^{\sigma}}.\end{aligned} \qquad (4.4.19)$$

同样地,由(4.4.18)有 $|P(z_r,w(z_r))/V(z_r)|<r^{\sigma}$ 和 $|V_w(z_r,w(z_r))|<r^{\sigma}$. 此外,当 r 足够大时,$|Q(z_r)|>r^{-\sigma}$. 因此,

$$|w'(z_r)|^{n}=\frac{1}{|Q(z_r)|}\left|\frac{P(z_r,w(z_r))}{V(z_r)}\right||V(z_r)|<r^{2\sigma}|V(z_r)|.$$

计及(4.4.16),取 $\alpha=\dfrac{1}{n}$, $K=\dfrac{2\sigma}{n}+2\sigma$,则有

$$|w'(z_r)| < r^{\frac{2\sigma}{n}}|V(z_r)|^{\frac{1}{n}} < \frac{a}{4}r^{-2\sigma},$$

从而

$$|w'(z_r)||V_w(z_r, w(z_r))| < \frac{a}{4}r^{-\sigma}. \qquad (4.4.20)$$

应用(4.4.19)和(4.4.20)得

$$\begin{aligned} M(r,y') \geqslant |y'(z_r)| &= |[y(z_r)]^2\{w'(z_r)V_w(z_r, w(z_r)) \\ &\quad + V_z(z_r, w(z_r))\}| \\ &\geqslant |y(z_r)|^2\{|V_z(z_r, w(z_r))| \\ &\quad - |w'(z_r)V_w(z_r, w(z_r))|\} \\ &\geqslant [M(r, y)]^2\frac{a}{4}r^{-\sigma}. \end{aligned}$$

再应用引理 4.6,取 $\alpha = \frac{1}{2}$, 则除去总长为有穷的区间序列有 $M(r, y') \leqslant 4[M(r, y)]^{1+\frac{1}{2}}$. 由此得

$$[M(r, y)]^{\frac{1}{2}}/r^{\sigma} < \frac{16}{a} < \infty,$$

这与(4.4.16)矛盾. 因此, $V(z)$ 有无穷多个零点.

引理 4.10 设 $w(z)$ 是下述方程的超越亚纯解

$$\left(\frac{dw}{dz}\right)^n = (w-\tau)^{\mu}R(z)Q(z, w), \qquad (4.4.21)$$

其中 μ 为正整数, $\tau \in \mathbf{C}$, $R(z)$ 是 z 的有理函数, $Q(z, w)$ 是与 $(w-\tau)^{\mu}$ 互质的 w 的 q 次多项式,且 $\mu + q = 2n$, 则有

1° 若 τ 是 $w(z)$ 的 Picard 例外值,则 $\mu = n$;

2° 若 τ 不是 $w(z)$ 的 Picard 例外值, 则 $\frac{n}{2} \leqslant \mu < n$.

证明 1° 若 τ 是 $w(z)$ 的 Picard 例外值, 则 $u(z) = \frac{1}{w(z)-\tau}$ 是仅具有限多个极点的超越亚纯函数, 注意到 $2n - \mu = q$,可知 $u(z)$ 是次之方程的超越亚纯解

$$\left(\frac{du}{dz}\right)^n = R(z)[a_0(z)u^q + \cdots + a_q(z)] = R(z)\hat{Q}(z, u),$$

其中 $a_0(z)=(-1)^n Q(z,\tau)$. 由于 $Q(z,w)$ 与 $w-\tau$ 互质，故 $a_0(z)\neq 0$，于是存在 c 和 K 使得当 r 足够大时

$$|u'(z)|^n \leqslant c r^K [M(r,u)]^q.$$

根据引理 4.5，对 $\varepsilon'>\varepsilon>0$ 有

$$[M(r,u')]^n \leqslant c r^K [M(r,u')]^{q+\varepsilon} < [M(r,u')]^{q+\varepsilon'}.$$

由于 ε' 是任意的，即得 $n\leqslant q$.

现选取 z_r，使得 $M(r,u)=|u(z_r)|$，则由引理 4.6，除去总长为有穷的 r 的区间序列有

$$\begin{aligned}|R(z_r)||\hat{Q}(z_r,u(z_r))| &= |u'(z_r)|^n \leqslant [M(r,u')]^n\\ &\leqslant \{2^{\frac{1}{\alpha}}[M(r,u)]^{1+\alpha}\}^n.\end{aligned}$$

此外，存在 $\sigma>0$，使得对足够大的 r 有

$$|R(z_r)a_0(z_r)|>r^{-\sigma},\ \left|\frac{a_j(z)}{a_0(z)}\right|<r^{\sigma},\ j=1,2,\cdots,q,$$

以及 $M(r,u)=|u(z_r)|>2r^{\sigma}$. 因此，

$$\begin{aligned}&|R(z_r)||\hat{Q}(z_r,u(z_r))|\\ &\geqslant |R(z_r)a_0(z_r)||u(z_r)|^q\left\{1-\frac{|a_1(z_r)|}{|a_0(z_r)|}|u(z_r)|^{-1}-\cdots\right.\\ &\qquad\left.-\frac{|a_q(z_r)|}{|a_0(z_r)|}|u(z_r)|^{-q}\right\}\\ &\geqslant c r^{-\sigma}[M(r,u)]^q \geqslant [M(r,u)]^{q-\varepsilon}.\end{aligned}$$

结合上面两式得

$$[M(r,u)]^{q-\varepsilon} \leqslant [M(r,u)]^{n(1+\alpha')},\ \alpha'>\alpha.$$

由于 ε 和 α' 是任意的，即得 $q\leqslant n$，因此 $q=n$. 再由假设得 $\mu=2n-q=n$.

2° 若 τ 不是 $w(z)$ 的 Picard 例外值，则 $w(z)-\tau$ 有无穷多个零点 $\{z_k\}$. 根据假设，$w-\tau$ 和 $R(z)Q(z,w)$ 互质，因此只有有穷多个 $\{z_k\}$ 使得 $R(z_k)Q(z_k,w(z_k))=0$. 今取 $z_0\in\{z_k\}$ 使得 $R(z_0)Q(z_0,w(z_0))\neq 0$，并设 $w(z)$ 在 z_0 点邻域的展式为

$$w(z)=\tau+(z-z_0)^p g(z),\ g(z_0)\neq 0,\infty.$$

将上式代入方程 (4.4.21) 并比较 $z-z_0$ 的幂次得 $n(p-1)=p\mu$.

因此，必须 $p\geqslant 2$，从而 $\frac{n}{2}\leqslant \mu = \frac{p-1}{p}n < n$.

定理 4.9 的证明. 首先，由定理 4.6 得知，方程 (4.4.1)必为次之形状

$$\left(\frac{dw}{dz}\right)^n = a_k(z)w^k + a_{k-1}(z)w^{k-1} + \cdots + a_0(z),\ k\leqslant 2n, \tag{4.4.22}$$

其中 $\{a_j(z)\}(j=0,1,\cdots,k)$ 是 z 的有理函数. 现令 $P(z,w) = \sum_{j=0}^{k} a_j(z)w^j$，取 $c\in\mathbb{C}$，使得 $P(z,c)\not\equiv 0$，并作变换 $v = \frac{1}{w-c}$，则(4.4.22)成为

$$\left(\frac{dv}{dz}\right)^n = c_{2n}(z)v^{2n} + c_{2n-1}(z)v^{2n-1} + \cdots + c_0(z) = \hat{P}(z,v), \tag{4.4.23}$$

其中 $c_{2n}(z) = (-1)^n P(z,c)\not\equiv 0$. 现设(4.4.23)右端分解为质因子的乘积，即

$$\left(\frac{dv}{dz}\right)^n = \gamma(z)[V_1(z,v)]^{\mu_1}\cdots[V_m(z,v)]^{\mu_m},$$

其中 $\gamma(z)$ 是 z 的有理函数，$V_j(z,v)$ $(j=1,2,\cdots,m)$ 是 $\hat{P}(z,v)$ 的质因子，并且它们之间是互质的. 令 $V_j(z,v)$ 对 v 的次数为 $\deg V_j(z,v) = l_j$，则有 $\sum_{j=1}^{m}\mu_j l_j = 2n$.

设 $V_j(z,v) = V(z,v)$，使得 $V_z(z,v)\not\equiv 0$，则由引理4.9，对于方程(4.4.23)的超越亚纯解 $v(z)$，$V(z) = V(z,v(z))$ 有无穷多个零点. 由于 $\gamma(z)$ 是 z 的有理函数，它仅有有穷多个零点和极点. 又由于 $V(z,v)$ 和 $V_z(z,v)$ 互质，$V(z,v)$ 和 $V_k(z,v)$ $(k\neq j)$互质，因此总可以选取 z_0 使得 $V(z_0)=0$，但 $\gamma(z_0)\neq 0,\infty$，$V_z(z_0,v(z_0))\neq 0,\infty$，$V_k(z_0,v(z_0))\neq 0,\infty$. 今由 $v(z)$ 满足方程(4.4.23)，故得 $v'(z_0)=0$. 再由

$$\left.\frac{dV(z)}{dz}\right|_{z=z_0} = (V_z(z,v(z)))_{z=z_0} + (V_v(z,v(z))v'(z))_{z=z_0}$$

$$= V_z(z_0,v(z_0)) \neq 0,$$

则知 z_0 是 $V(z)$ 的单零点. 设 $v(z)$ 在 z_0 点邻域之展式为

$$v(z) \backsim v_0 + (z-z_0)^p g(z),\ g(z_0) \neq 0,\infty,$$

代入方程(4.4.23)得

$$(z-z_0)^{(p-1)n}\hat{f}(z) = (z-z_0)^{\mu_j}\hat{g}(z),\ f(z_0) \neq 0,\infty,$$

$$\hat{g}(z_0) \neq 0,\ \infty,$$

由此 $(p-1)n = \mu_j$,从而 $p \geqslant 2$, $\mu_j \geq n$.

若 $l_j \geqslant 2$,则由于 $\sum_{k=1}^{m} l_k\mu_k = 2n$ 便导出 $l_j = 2$, $\mu_j = n$. 此时方程(4.4.23)右端只有一个质因子,并可写为

$$(v')^n = \gamma(z)[\alpha_0(z)v^2 + \alpha_1(z)v + \alpha_2(z)]^n.$$

今 $v(z)$ 为(4.4.23)的亚纯解,令

$$\beta(z) = v'(z)/\{\alpha_0(z)(v(z))^2 + \alpha_1(z)v(z) + \alpha_2(z)\},$$

则有 $\gamma(z) = (\beta(z))^n$,此时方程(4.4.23)表为类型 1° 的幂.

若 $l_1 = l_2 = \cdots = l_m = 1$. 则分三种情形讨论之:

1) 若至少有两个 $V_j(z,v)$和 $V_k(z,v)$ 使得$\frac{\partial}{\partial z}(V_j(z,v)) \neq 0$ 和 $\frac{\partial}{\partial z}(V_k(z,v)) \neq 0$,则由上面的演证得 $\mu_k = \mu_j = n$, 于是方程(4.4.23)写为

$$(v')^n = \gamma(z)[\alpha_0(z)v + \alpha_1(z)]^n[\beta_0(z)v + \beta_1(z)]^n.$$

此时再一次化为类型 1° 的方程之幂.

2) 若仅有一个因子 $V_j(z,v)$, 使得 $\frac{\partial}{\partial z}(V_j(z,v)) \neq 0$,则如上一样可得 $\mu_j = n(p-1)$. 若记 $\mu_j = \mu \leqslant 2n$, 则(4.4.23)成为

$$(v')^n = \gamma(z)[\alpha_0(z)v + \alpha_1(z)]^{\mu}\prod_{k=1}^{s}(v-\tau_k)^{\mu_k}. \quad (4.4.24)$$

(a) 若 $\mu = 2n$,则 $s = 0$. 方程(4.4.24)成为

$$(v')^n = \gamma(z)[\alpha_0(z)v + \alpha_1(z)]^{2n},$$

即为类型 1° 的方程之幂.

(b) 若 $\mu = n$, 则根据引理 4.10, 不论 τ_k 是否为 $v(z)$ 的 Picard 例外值都有 $\frac{n}{2} \leqslant \mu_k \leqslant n$, 故由 $\frac{ns}{2} \leqslant \sum_{k=1}^{s} \mu_k = n$ 得 $1 \leqslant s \leqslant 2$. 因此, 若 $s = 1$, 则由 $\mu + \mu_1 = 2n$ 和 $\mu = n$ 得 $\mu_1 = n$, 此时方程再次成为类型 1° 的幂; 若 $s = 2$, 则由 $\mu_1 + \mu_2 = n$ 和 $\mu_1 \geqslant \frac{n}{2}$, $\mu_2 \geqslant \frac{n}{2}$ 得 $\mu_1 = \mu_2 = \frac{n}{2}$. 令 $n = 2m$, 则(4.4.24)成为

$$(v')^{2m} = \gamma(z)(\alpha_0(z)v + \alpha_1(z))^{2m}(v - \tau_1)^m(v - \tau_2)^m,$$

由此可导出它是类型 2° 方程的幂.

3) 若不存在 $V_j(z,v)$, 使得 $\frac{\partial}{\partial z}(V_j(z,v)) \not\equiv 0$, 则方程化为

$$(v')^n = \gamma(z)\prod_{j=1}^{s}(v - \tau_j)^{\mu_j}, \tag{4.4.25}$$

由引理 4.10, 无论 τ_j 是否为 $v(z)$ 的 Picard 例外值都有 $\mu_j \geqslant \frac{n}{2}$, $j = 1, 2, \cdots, s$. 由于 $\sum_{j=1}^{s} \mu_j = 2n$, 故 $s \leqslant 4$. 现分别情形讨论之.

(a) 当 $s = 4$ 时, 则由 $\sum_{j=1}^{4} \mu_j = 2n$ 和 $\mu_j \geqslant \frac{n}{2}$ 得 $\mu_1 = \mu_2 = \mu_3 = \mu_4 = \frac{n}{2}$. 令 $n = 2m$, 则方程成为

$$(v')^{2m} = \gamma(z)\prod_{j=1}^{4}(v - \tau_j)^m,$$

此即为类型 3° 的幂.

(b) 当 $s = 3$ 时, 若 τ_1, τ_2, τ_3 中至少有一个, 比如 τ_1, 是 $v(z)$ 的 Picard 例外值, 则由引理 4.10 可知, $\mu_1 = n$. 再由于 $\mu_2 + \mu_3 = n$ 和 $\mu_2 \geqslant \frac{n}{2}$, $\mu_3 \geqslant \frac{n}{2}$ 得 $\mu_2 = \mu_3 = \frac{n}{2}$. 令 $n = 2m$, 则方程成为

$$(v')^{2m} = \gamma(z)(v-\tau_1)^{2m}(v-\tau_2)^m(v-\tau_3)^m,$$
此即为类型 4° 的幂；若 τ_1, τ_2, τ_3 中无 $v(z)$ 的 Picard 例外值，则 $v(z)$ 能取到 $\tau_j(j=1, 2, 3)$，设 $v(z_j)=\tau_j$，且 $v(z)$ 在 z_j 的邻域之展式为
$$v(z) = \tau_j + (z-z_j)^{p_j} g_j(z), \quad g_j(z_j) \neq 0, \infty.$$
将上式代入方程(4.4.25)并比较 $z-z_j$ 的幂便得到 $n(p_j-1)=\mu_j p_j$，$j=1, 2, 3$. 因此，必须 $p_j \geqslant 2$，再由于 $2n=\sum_{j=1}^{3}\mu_j = n\sum_{j=1}^{3}\left(1-\frac{1}{p_j}\right)$，即得 $\sum_{j=1}^{3}\frac{1}{p_j}=1$. 此时仅有下列三种情形出现：(i) $(p_1, p_2, p_3)=(2, 3, 6)$；(ii) $(p_1, p_2, p_3)=(2, 4, 4)$；(iii) $(p_1, p_2, p_3)=(3, 3, 3)$.

(i) $\mu_1 = n\left(1-\frac{1}{p_1}\right)=\frac{n}{2}$, $\mu_2=\frac{2n}{3}$, $\mu_3=\frac{5n}{6}$. 令 $n=6m$，则方程(4.4.25)成为
$$(v')^{6m} = \gamma(z)(v-\tau_1)^{3m}(v-\tau_2)^{4m}(v-\tau_3)^{5m}.$$
此时方程为类型 6° 的幂；

(ii) $\mu_1=\frac{n}{2}$, $\mu_2=\mu_3=\frac{3n}{4}$. 令 $n=4m$，则方程成为
$$(v')^{4m} = \gamma(z)(v-\tau_1)^{2m}(v-\tau_2)^{3m}(v-\tau_3)^{3m},$$
此即为类型 5° 的幂；

(iii) $\mu_1=\mu_2=\mu_3=\frac{2n}{3}$. 令 $n=3m$，则方程成为
$$(v')^{3m} = \gamma(z)(v-\tau_1)^{2m}(v-\tau_2)^{2m}(v-\tau_3)^{2m},$$
此即为类型 4° 的幂.

(c) 当 $s=2$ 时，经类似的讨论可得到 $\mu_1=\mu_2=n$. 此时方程成为
$$(v')^n = \gamma(z)(v-\tau_1)^n(v-\tau_2)^n,$$
此时方程再次化为类型 1° 的幂.

(d) 当 $s=1$ 时，显然有 $\mu_1=2n$. 此时方程成为

$$(v')^n = \gamma(z)(v - \tau_1)^{2n},$$

此时方程为类型 1° 的幂.

§ 4.5 具有代数体函数解的微分方程

关于微分方程的代数体函数解首先为 P.Painlevé 和 P. Boutroux[1] 所研究，这种解较亚纯解更大量的出现，例如以下简单的方程 $\frac{dw}{dz} = \frac{1+w^4}{2w}$ 即具有二值代数体函数解 $w(z) = \sqrt{\operatorname{tg} z}$. 因为具有大范围单值亚纯解的方程是比较特殊的，所以许多作者例如 J. Malmquist, K. Yosida 等人在讨论何时微分方程具有单值亚纯解的同时，也讨论具有有限多值代数体解的相应问题. 本节将介绍这方面的基本结果和若干新进展，其中何育赞与萧修治在[2]，[3]中对一般高阶代数微分方程存在代数体解的必要条件获得精确形式的 Malmquist 型定理. 他们还在论文中举出微分方程及其代数体解的例说明定理中的界能被达到. 我们先证明下述引理(参看何育赞[4]).

引理 4.11 设 $P(z, w) = \sum_{k=0}^{p} a_k(z)w^k$, 系数 $\{a_k(z)\}(k = 0, 1, \cdots, p)$ 是 z 的亚纯函数，又设 $w(z)$ 是 ν 值代数体函数，则

$$N(r, P(z, w(z))) = pN(r, w) + O\left\{\sum_{k=0}^{p}\left[N(r, a_k) + N\left(r, \frac{1}{a_k}\right)\right]\right\}. \tag{4.5.1}$$

证明 首先我们知道，复合函数

$$P(z, w(z)) = \sum_{k=0}^{p} a_k(z)(w(z))^k$$

的极点是由函数 $w(z)$ 的极点和 $\{a_k(z)\}$ 的极点所产生，且其重级至多等于相加项中重级最高者. 现以 $\tau(w, a)$ 表示 $w(z)$ 于 z_0 点取 a 值的重级，类似地以 $\tau(a_k, a)$ 表示对于 $a_k(z)$ 的相应量. 设在 z_0 点邻域

$$w(z) = (z - z_0)^{-\tau(w,\infty)/\gamma}\hat{w}(z),\ \hat{w}(z_0) \neq 0, \infty,\ 1 \leqslant \gamma \leqslant \nu$$

和

$$a_k(z)=(z-z_0)^{-\tau(a_k,\infty)+\tau(a_k,0)}\hat{a}_k(z),\ \hat{a}_k(z_0)\neq 0,\ \infty,$$

于是有

$$a_k(z)(w(z))^k=(z-z_0)^{-\tau(b_k,\infty)/\tau}\hat{b}_k(z),\ \hat{b}_k(z_0)\neq 0,\ \infty,$$

其中 $b_k(z)=a_k(z)(w(z))^k$, $\tau(b_k,\infty)=k\tau(w,\infty)+\gamma[\tau(a_k,\infty)-\tau(a_k,0)]$.

由于 $\tau(P,\infty)\leqslant\max\limits_{0\leqslant k\leqslant p}\{\tau(b_k,\infty)\}\leqslant p\tau(w,\infty)+\nu\sum\limits_{k=0}^{p}\tau(a_k,\infty)$,

因此

$$n(r,P(z,w(z)))\leqslant pn(r,w)+\nu\sum_{k=0}^{p}n(r,a_k),$$

从而

$$N(r,P(z,w))\leqslant pN(r,w)+\sum_{k=0}^{p}N(r,a_k).$$

为了证明反向的不等式,我们分三种情形讨论之:

1° 若对于 k, $0\leqslant k\leqslant p-1$ 都有 $\tau(b_k,0)<\tau(b_p,\infty)$,则有

$$\begin{aligned}\tau(P,\infty)=\tau(b_p,\infty)=p\tau(w,\infty)\\ +\gamma[\tau(a_p,\infty)-\tau(a_p,0)]\\ \geq p\tau(w,\infty)-\nu\tau(a_p,0).\end{aligned}$$

2° 若存在 $k(<p)$ 使得当 $i\neq k$ 时, $\tau(b_k,\infty)>\tau(b_i,\infty)$,则取 $i=p$ 便有

$$\begin{aligned}k\tau(w,\infty)+\gamma[\tau(a_k,\infty)-\tau(a_k,0)]\\ >p\tau(w,\infty)+\gamma[\tau(a_p,\infty)-\tau(a_p,0)].\end{aligned}$$

由于 $p>k$ 和 $\gamma\leqslant\nu$,便得

$$\tau(w,\infty)\leqslant(p-k)\tau(w,\infty)\leqslant\nu[\tau(a_k,\infty)+\tau(a_p,0)].$$

3° 若至少有两个不同的项 $j>k$, 使得 $\tau(b_k,\infty)=\tau(b_j,\infty)$,则有

$$\tau(w,\infty)\leqslant(j-k)\tau(w,\infty)\leqslant\nu[\tau(a_k,\infty)+\tau(a_j,0)].$$

由此可知,情形 2° 和 3° 都有

$$p\tau(w,\infty)\leqslant p\nu\sum_{k=0}^{p}[\tau(a_k,\infty)+\tau(a_k,0)].$$

因此,三种情形都有下面的估计:

$$\tau(P,\infty)\geqslant p\tau(w,\infty)-p\nu\sum_{k=0}^{p}[\tau(a_k,\infty)+\tau(a_k,0)],$$

从而

$$n(r,P(z,w))\geqslant pn(r,w)-p\nu\sum_{k=0}^{p}\left[n(r,a_k)+n\left(r,\frac{1}{a_k}\right)\right],$$

由定义便得

$$N(r,P(z,w))\geqslant pN(r,w)-p\sum_{k=0}^{p}\left[N(r,a_k)+N\left(r,\frac{1}{a_k}\right)\right].$$

上面两个关于 $N(r,P(z,w))$ 的估计式相结合便得(4.5.1).

引理 4.12 $P(z,w)$ 和 $w(z)$ 如引理4.11所设,则有

$$m(r,P(z,w(z)))=pm(r,w)+O\left\{\sum_{k=0}^{p}\left[m(r,a_k)+m\left(r,\frac{1}{a_k}\right)\right]\right\}. \tag{4.5.2}$$

证明 我们以$\mathscr{L}$表示连结判别式 $J(z)$ 的零点之曲线,然则 $w(z)$ 在 $\mathbf{C}\backslash\mathscr{L}$ 分离为 ν 个单值分支 $w_j(z)(j=1,2,\cdots,\nu)$. 令

$$P_j(z)=\sum_{k=0}^{p}a_k(z)(w_j(z))^k,$$

继令 $E=\{z,|z|=r\}$, $E_1^j=\{z\in E,|w_j(z)|<1\}$ 和 $E_2^j=E\backslash E_1^j$,并且置 $z=re^{i\theta}$,则

$$\frac{1}{2\pi}\int_E \overset{+}{\log}|P_j(z)|d\theta=\frac{1}{2\pi}\left(\int_{E_1^j}+\int_{E_2^j}\right)\overset{+}{\log}|P_j(z)|d\theta.$$

下面分别估计上式右端两项. 首先

$$\frac{1}{2\pi}\int_{E_1^j}\overset{+}{\log}|P_j(z)|d\theta\leqslant\frac{1}{2\pi}\int_{E_1^j}\overset{+}{\log}\left(\sum_{k=0}^{p}|a_k(z)||w_j(z)|^k\right)d\theta$$

$$\leqslant\sum_{k=0}^{p}\frac{1}{2\pi}\int_{E_1^j}\overset{+}{\log}|a_k(z)|d\theta+\log(p+1).$$

其次，注意到 $z\in E_2^j$ 时，$|P_j(z)|\leqslant|w_j(z)|^p\sum_{k=0}^{p}|a_k(z)|$，于是

$$\frac{1}{2\pi}\int_{E_2^j}\log^+|P_j(z)|d\theta\leqslant\frac{p}{2\pi}\int_{E_2^j}\log^+|w_j(z)|d\theta$$

$$+\sum_{k=1}^{p}\frac{1}{2\pi}\int_{E_2^j}\log^+|a_k(z)|d\theta+\log(p+1),$$

综上两式便得

$$\begin{aligned}m(r,P(z,w))&=\sum_{j=1}^{\nu}\frac{1}{2\pi\nu}\int_E\log^+|P_j(z)|\,d\theta\\&\leqslant p\sum_{j=1}^{\nu}\frac{1}{2\pi\nu}\int_E\log^+|w_j(z)|d\theta\\&\quad+\sum_{k=0}^{p}\frac{1}{2\pi}\int_E\log^+|a_k(z)|\,d\theta+O(1)\\&=pm(r,w)+\sum_{k=0}^{p}m(r,a_k)+O(1).\end{aligned}$$

为了得到反向的不等式，我们将 $P_j(z)$ 改写为

$$P_j(z)=a_p(z)\sum_{k=0}^{p}A_k(z)(w_j(z))^{p-k},$$

其中 $A_k(z)=a_{p-k}(z)/a_p(z)(k=0,1,\cdots,p)$。对每个 $z\in\mathbf{C}$，令

$$\hat{A}(z)=\max_{1\leqslant k\leqslant p}\{1,|A_k(z)|^{\frac{1}{k}}\}.$$

继令 $\hat{E}_1^j=\{z\in E,\ |w_j(z)|<2\hat{A}(z)\}$ 和 $\hat{E}_2^j=E\backslash\hat{E}_1^j$。于是当 $z\in\hat{E}_2^j$ 时，

$$\begin{aligned}|P_j(z)|&\geqslant|a_p(z)||w_j(z)|^p\left\{1-\sum_{k=1}^{p}\left(\frac{|A_k(z)|^{\frac{1}{k}}}{|w_j(z)|}\right)^k\right\}\\&\geqslant|a_p(z)||w_j(z)|^p/2^p,\end{aligned}$$

即有

$$|w_j(z)|^p\leqslant\begin{cases}(2\hat{A}(z))^p, & z\in\hat{E}_1^j,\\ 2^p|P_j(z)|/|a_p(z)|, & z\in\hat{E}_2^j.\end{cases}$$

然则

$$\frac{p}{2\pi}\int_E \overset{+}{\log}|w_j(z)|d\theta = \frac{1}{2\pi}\left(\int_{\hat{E}_1^j} + \int_{\hat{E}_2^j}\right)\overset{+}{\log}|w_j(z)|^p d\theta$$

$$\leqslant \frac{1}{2\pi}\int_{\hat{E}_1^j} \log(2\hat{A}(z))^p d\theta + \frac{1}{2\pi}\int_{\hat{E}_2^j}\overset{+}{\log}\left(\frac{2^p|P_j(z)|}{|a_p(z)|}\right)d\theta$$

$$\leqslant \frac{1}{2\pi}\int_{\hat{E}_2^j}\overset{+}{\log}|P_j(z)|d\theta + p\sum_{k=0}^{p-1} m(r, a_k)$$

$$+ p^2 m\left(r, \frac{1}{a_p}\right) + O(1),$$

从而

$$pm(r, w) \leqslant m(r, P(z, w))$$

$$+ \frac{p}{\nu}\sum_{k=0}^{p-1} m(r, a_k) + \frac{p^2}{\nu} m\left(r, \frac{1}{a_p}\right) + O(1).$$

由此便得(4.5.2).

由引理 4.11 和引理 4.12 立即导出

定理 4.10 设 $P(z, w) = \sum_{k=0}^{p} a_k(z)w^k$, $w(z)$ 为代数体函数,则有

$$T(r, P(z, w(z))) = pT(r, w) + O\left\{\sum_{k=0}^{p} T(r, a_k)\right\}. \tag{4.5.3}$$

下面的定理在亚纯函数情形为 A. Э. Мохонько[1] 所证,在代数体函数情形首先由 F. Gackstatter 和 I. Laine[1]所给出.

定理 4.11 设 $R(z, w) = P(z, w)/Q(z, w)$,其中 $P(z,w) = \sum_{k=0}^{p} a_k(z)w^k$ 和 $Q(z, w) = \sum_{j=0}^{q} b_j(z)w^j$ 为两个互质的 w 的多项式,其系数 $\{a_k(z)\}$ 和 $\{b_j(z)\}$ 是 z 的亚纯函数. 若 $w(z)$为代数体函数,则有

$$T(r, R(z, w(z))) = \max\{p, q\}T(r, w)$$

$$+ O\left\{\sum_{k=0}^{p} T(r, a_k) + \sum_{j=0}^{q} T(r, b_j)\right\}. \tag{4.5.4}$$

证明 不失一般性，可设 $\deg P(z, w)=p \geqslant q=\deg Q(z, w)$. 否则,我们可以考虑 $1/R(z, w)$，则化为上述情形. 应用辗转相除可得

$$
\begin{aligned}
P(z, w) &= S_1(z, w)Q(z, w)+T_1(z, w),\ \deg S_1=p-q, \\
&\qquad \deg T_1=t_1<q, \\
Q(z, w) &= S_2(z, w)T_1(z, w)+T_2(z, w), \\
&\qquad \deg S_2=q-t_1,\ \deg T_2=t_2<t_1, \\
&\cdots\cdots \\
T_{m-2}(z, w) &= S_m(z, w)T_{m-1}(z, w)+T_m(z), \\
&\qquad \deg S_m=t_{m-2}-t_{m-1},\ \deg T_m=t_m=0.
\end{aligned}
$$

由假设,$P(z, w)$ 和 $Q(z, w)$ 是互质的,因此根据定理 2.1 的注，$T_m(z)\neq 0$,并且有

$$
P(z, w)U(z, w)+Q(z, w)V(z, w)=1, \tag{4.5.5}
$$

其中 $U(z, w)$ 和 $V(z, w)$ 是w的多项式，且 $\deg_w U\leqslant q-1$ 和 $\deg_w V\leqslant p-1$，系数是 $\{a_k(z)\}$ 和 $\{b_j(z)\}$ 的有理函数，并且由于 $p+\deg_w U=q+\deg_w V$ 和 $p\geqslant q$,故必须 $\deg_w U\leqslant\deg_w V$.

反复应用定理 4.10 和第一基本定理可得

$$
\begin{aligned}
T(r, R(z, w)) &= T\left(r,\frac{P(z,w)}{Q(z,w)}\right)\leqslant T(r, S_1(z, w)) \\
&\quad+T\left(r,\frac{T_1(z, w)}{Q(z, w)}\right)+O(1)=T(r, S_1(z, w)) \\
&\quad+T\left(r,\frac{Q(z, w)}{T_1(z, w)}\right)+O(1)\leqslant T(r,S_1(z,w))+\cdots \\
&\quad+T(r, S_m(z, w))+T\left(r,\frac{T_{m-1}(z, w)}{T_m(z)}\right)+O(1) \\
&= (p-q)T(r, w)+(q-t_1)T(r,w)+\cdots+(t_{m-1} \\
&\quad-t_m)T(r, w)+O\left\{\sum_{k=0}^{p} T(r, a_k)+\sum_{j=0}^{q} T(r, b_j)\right\} \\
&= pT(r,w)+O\left\{\sum_{k=0}^{p} T(r, a_k)+\sum_{j=0}^{q} T(r, b_j)\right\}.
\end{aligned} \tag{4.5.6}
$$

由于 $q=0$ 时即为定理 4.10，因此可以假设当分母对 w 的次数不大于 $q-1$ 时定理成立，要求证明分母次数为 q 时(4.5.4)仍成立. 事实上，由(4.5.5)有

$$T\left(r,\frac{U(z,w)}{V(z,w)}+\frac{Q(z,w)}{P(z,w)}\right)=T\left(r,\frac{1}{V(z,w)P(z,w)}\right)$$
$$=T(r,V(z,w)P(z,w))+O(1)=(p+\deg_w V)T(r,w)$$
$$+O\left\{\sum_{k=0}^{p}T(r,a_k)+\sum_{j=0}^{q}T(r,b_j)\right\}.$$

另外，由归纳假设有

$$T\left(r,\frac{U(z,w)}{V(z,w)}+\frac{Q(z,w)}{P(z,w)}\right)\leqslant T(r,R(z,w))$$
$$+T\left(r,\frac{U(z,w)}{V(z,w)}\right)+O(1)\leqslant T(r,R(z,w))$$
$$+(\deg_w V)T(r,w)+O\left\{\sum_{k=0}^{p}T(r,a_k)\right.$$
$$\left.+\sum_{j=0}^{q}T(r,b_j)\right\}.$$

结合上述两式即得

$$pT(r,w)\leqslant T(r,R(z,w))+O\left\{\sum_{k=0}^{p}T(r,a_k)\right.$$
$$\left.+\sum_{j=0}^{q}T(r,b_j)\right\}.$$

上式与(4.5.6)结合便得(4.5.4).

关于微分方程代数体解的 Malmquist 定理，K. Yosida 在[2]中证明了

定理 4.12 设方程为

$$\frac{dw}{dz}=R(z,w), \tag{4.5.7}$$

其中 $R(z,w)=P(z,w)/Q(z,w)=\sum_{k=0}^{p}a_k(z)w^k\Big/\sum_{j=0}^{q}b_j(z)w^j$,

系数 $\{a_k(z)\}$ 和 $\{b_j(z)\}$ 是 z 的有理函数. 若方程(4.5.7)存在 ν 值超越代数体解,则必

$$q \leqslant 2(\nu - 1) \text{ 和 } p \leqslant 2\nu. \tag{4.5.8}$$

证明 设 $w(z)$ 是 (4.5.7) 的 ν 值代数体函数解, 根据定理 4.11 并注意到系数 $\{a_k(z)\}$ 和 $\{b_j(z)\}$ 是 z 的有理函数以及代数体函数导数极点的估计便得

$$\begin{aligned}
&\max\{p, q\}T(r, w) + O(\log r) = T(r, R(z, w(z))) \\
&= T(r, w') \leqslant m(r,w) + m\left(r,\frac{w'}{w}\right) + N(r,w) + \bar{N}(r,w) \\
&\quad + N_x(r, w) \leqslant 2\nu T(r, w) + m\left(r,\frac{w'}{w}\right) \\
&= 2\nu T(r, w) + O\{\log(rT(r, w))\}.
\end{aligned}$$

由假设 $w(z)$ 是超越的, 上式两边除 $T(r, w)$ 并让 r 经历适当的序列趋于无穷即得

$$\max\{p, q\} \leqslant 2\nu.$$

今由假设 $P(z, w)$ 和 $Q(z, w)$ 是 w 的互质的多项式,因此总存在 $\alpha \in \mathbf{C}$ 使得 $P(z, \alpha) \neq 0$, $Q(z, \alpha) \neq 0$. 令 $W = \dfrac{1}{w-\alpha}$ 则

$$\begin{aligned}
R(z,w) &= \frac{P(z, \alpha) + A_1(z)(w-\alpha) + \cdots + A_p(z)(w-\alpha)^p}{Q(z, \alpha) + B_1(z)(w-\alpha) + \cdots + B_q(z)(w-\alpha)^q} \\
&= \frac{P(z,\alpha) + A_1(z)W^{-1} + \cdots + A_p(z)W^{-p}}{Q(z,\alpha) + B_1(z)W^{-1} + \cdots + B_q(z)W^{-q}}.
\end{aligned}$$

但知 $\dfrac{dw}{dz} = -\dfrac{1}{W^2}\dfrac{dW}{dz}$,所以方程(4.5.7)成为

$$\begin{aligned}
\frac{dW}{dz} &= -W^{q-p+2}\frac{P(z,\alpha)W^p + A_1(z)W^{p-1} + \cdots + A_p(z)}{Q(z,\alpha)W^q + B_1(z)W^{q-1} + \cdots + B_q(z)} \\
&= \frac{P_1(z,W)}{Q_1(z,W)}.
\end{aligned}$$

此时,应用上面的演证可得 $\max\{\deg P_1, \deg Q_1\} \leqslant 2\nu$. 下面分两种情形讨论之:

1° 若 $q - p + 2 \geqslant 0$, 则 $\deg P_1 = q + 2$, $\deg Q_1 = q$. 因此, $q + 2 = \max\{\deg P_1, \deg Q_1\} \leqslant 2\nu$, 即 $q \leqslant 2(\nu - 1)$. 再由

假设 1° 便得 $p \leqslant q + 2 \leqslant 2\nu$.

2° 若 $q - p + 2 < 0$,则 $\deg P_1 = p, \deg Q_1 = p - 2$. 因此,$p = \max\{\deg P_1, \deg Q_1\} \leqslant 2\nu$. 再由假设 2° 得 $q \leqslant 2(\nu - 1)$.

两种情形都导出我们所要求的结论,定理证毕.

定理 4.13 设方程为

$$\left(\frac{dw}{dz}\right)^n = R(z, w), \tag{4.5.9}$$

其中 $R(z, w)$ 如定理 4.12 所设. 若(4.5.9)存在 ν 值超越代数体函数解,则必有

$$q \leqslant 2n(\nu - 1) \text{ 和 } p \leqslant 2n\nu. \tag{4.5.10}$$

证明 首先,由于 $P(z, w)$ 和 $Q(z, w)$ 互质, 我们能选取 $\alpha \in \mathbf{C}$ 使得 $P(z, \alpha) \not\equiv 0$ 和 $Q(z, \alpha) \not\equiv 0$, 并令 $W = \dfrac{1}{w - \alpha}$,

由于$\left(\dfrac{dw}{dz}\right)^n = (-1)^n \dfrac{1}{W^{2n}}\left(\dfrac{dW}{dz}\right)^n$和

$$R(z, w) = \frac{P(z,\alpha) + A_1(z)W^{-1} + \cdots + A_p(z)W^{-p}}{Q(z,\alpha) + B_1(z)W^{-1} + \cdots + B_q(z)W^{-q}},$$

则方程(4.5.9)成为

$$\left(\frac{dW}{dz}\right)^n = W^{q-p+2n}\frac{\sum\limits_{j=0}^{p} \hat{A}_j(z)W^{p-j}}{\sum\limits_{k=0}^{q} \hat{B}_k(z)W^{q-k}} = \frac{\hat{P}(z, W)}{\hat{Q}(z, W)} = \hat{R}(z, W), \tag{4.5.9$'$}$$

其中 $\hat{A}_p(z) = (-1)^n P(z, \alpha)$, $\hat{B}_q(z) = -1\ \ Q(z, \alpha)$. 今设 $w(z)$ 是(4.5.9)的超越 ν 值代数体函数解, 则 $W(z) = \dfrac{1}{w(z) - \alpha}$ 是(4.5.9)′的超越 ν 值代数体函数解. 下面分两种情形讨论之:

1° 若 $q - p + 2n \geqslant 0$, 则 $\deg\hat{P} = q + 2n$, $\deg\hat{Q} = q$. 因此,应用定理 4.11 便得

$$\begin{aligned} T(r, \hat{R}(z, W)) &= \max\{\deg\hat{P}, \deg\hat{Q}\}T(r, W) + O(\log r) \\ &= (q + 2n)T(r, W) + O(\log r). \end{aligned}$$

又由于

$$\begin{aligned}&T(r,(W')^n)=nT(r,W')\\&\leqslant n\left\{T(r,W)+\bar{N}(r,W)+N_x(r,W)+m\left(r,\frac{W'}{W}\right)\right\}\\&\leqslant 2n\nu T(r,W)+O\{\log(rT(r,W))\},\end{aligned}\tag{4.5.11}$$

所以，结合上述两式即得

$$(q+2n)T(r,W)\leqslant 2n\nu T(r,W)+O\{\log(rT(r,W))\}.$$

类似于定理 4.12 的证明即得 $q\leqslant 2n(\nu-1)$，再由假设 1° 便有 $p\leqslant q+2n\leqslant 2n\nu$.

2° 若 $q-p+2n<0$，此时 $\deg\hat{P}=p$，$\deg\hat{Q}=p-2n$. 再次应用定理 4.11 可得

$$\begin{aligned}T(r,\hat{R}(z,W))&=\max\{\deg\hat{P},\deg\hat{Q}\}T(r,W)+O(\log r)\\&=pT(r,W)+O(\log r).\end{aligned}$$

结合(4.5.11)应用同样的演证便导出 $p\leqslant 2n\nu$. 再由假设 2° 即得 $q\leqslant 2n(\nu-1)$.

F. Gackstatter 和 I. Laine[1]首先讨论了以下一般高阶代数微分方程存在有限多值解的必要条件. 设

$$\Omega(z,w)=R(z,w),\tag{4.5.12}$$

其中 $\Omega(z,w)=\sum a_{(i)}(z)(w)^{i_0}\cdots(w^{(n)})^{i_n}$ 是微分多项式，系数 $\{a_{(i)}(z)\}$ 是 z 的亚纯函数，$R(z,w)=P(z,w)/Q(z,w)$，$P(z,w)=\sum_{k=0}^{p}a_k(z)w^k$ 和 $Q(z,w)=\sum_{j=0}^{q}b_j(z)w^j$，其系数 $\{a_k(z)\}$ 和 $\{b_j(z)\}$ 是 z 的亚纯函数. 为了说明所考虑的解其增长性高于所论方程系数的增长性，F. Gackstatter 和 I. Laine[1] 曾给出允许解的定义如下:

定义 4.3 令

$$S_1(r)=\sum_{(i)}T(r,a_{(i)})+\sum_{k=0}^{p}T(r,a_k)+\sum_{j=0}^{q}T(r,b_j),$$

若 $w(z)$ 是(4.5.12)的 ν 值代数体函数解并满足

$$S_1(r)=o\{T(r,w)\},$$

可能须除去线测度为有穷的例外值集，则称 $w(z)$ 是方程(4.5.12)的代数体允许解.

我们(何育赞、萧修治[2])有

定理 4.14 若方程(4.5.12)具有 ν 值代数体允许解，则必

$$\max\{p, q\} \leqslant \min\{\Delta + 2(\nu-1)\sigma, \lambda + 2(\nu-1)\sigma + \bar{\mu}(1-\Theta(\infty))\}, \tag{4.5.13}$$

其中 Δ, $\bar{\mu}$ 和 $\Theta(\infty)$ 是定理 4.7 中定义的量，

$$\sigma = \max\left\{\sum_{\alpha=1}^{n}(2\alpha-1)i_\alpha\right\}.$$

证明 设 $w(z)$ 是(4.5.12)的 ν 值代数体函数解，$\mathscr{L}$ 是 C上连结 $w(z)$ 的所有分支点的曲线，$w(z)$ 在 $\mathbf{C}\backslash\mathscr{L}$ 上分离出 ν 个单值分支 $w_j(z)(j=1,2,\cdots,\nu)$. 令 $E=\{z,|z|=r\}$, $E_1^j=\{z\in E, |w_j(z)|\leqslant 1\}$ 和 $E_2^j=E\backslash E_1^j$, 则有

$$|\Omega_j(z)| = |\Omega(z, w_j(z))|$$

$$\leqslant \begin{cases} \sum_{(i)}|a_{(i)}(z)|\left|\dfrac{w_j'(z)}{w_j(z)}\right|^{i_1}\cdots\left|\dfrac{w_j^{(n)}(z)}{w_j(z)}\right|^{i_n}, & z\in E_1^j \\ |w_j(z)|^\lambda\sum_{(i)}|a_{(i)}(z)|\left|\dfrac{w_j'(z)}{w_j(z)}\right|^{i_1}\cdots\left|\dfrac{w_j^{(n)}(z)}{w_j(z)}\right|^{i_n}, & z\in E_2^j \end{cases}$$

其中 $\lambda=\max\left\{\sum_{\alpha=0}^{n}i_\alpha\right\}$. 于是，令 $z=re^{i\theta}$ 则有

$$\frac{1}{2\pi}\int_E \overset{+}{\log}|\Omega_j(z)|d\theta = \frac{1}{2\pi}\left(\int_{E_1^j}+\int_{E_2^j}\right)\overset{+}{\log}|\Omega_j(z)|d\theta$$

$$\leqslant \lambda\frac{1}{2\pi}\int_{E_2^j}\overset{+}{\log}|w_j(z)|d\theta + \sum_{(i)}\frac{1}{2\pi}\int_E\overset{+}{\log}|a_{(i)}(z)|d\theta$$

$$+\sum_{(i)}\sum_{\alpha=0}^{n}i_\alpha\frac{1}{2\pi}\int_E\overset{+}{\log}\left|\frac{w_j^{(\alpha)}(z)}{w_j(z)}\right|d\theta + O(1)$$

$$= \lambda m(r,w) + O\left\{\sum_{(i)}m(r,a_{(i)}) + \sum_{\alpha=1}^{n}m\left(r,\frac{w^{(\alpha)}}{w}\right)\right\},$$

因此

$$m(r,\Omega(z,w(z))) = \frac{1}{\nu}\sum_{j=1}^{\nu}\frac{1}{2\pi}\int_E\overset{+}{\log}|\Omega_j(z)|d\theta$$

$$\leqslant \lambda m(r,w) + O\left\{\sum_{(i)} m(r, a_{(i)}) + \sum_{\alpha=1}^{n} m\left(r, \frac{w^{(\alpha)}}{w}\right)\right\}. \quad (4.5.14)$$

下面来估计 $\Omega(z, w(z))$ 之极点. 显然, $\Omega(z, w(z))$ 的极点必出现在某些相加项的极点之中, 且其重级至多等于这些相加项中重级最高者. 现令 $\Omega(z, w(z))$ 的通项为

$$A_{(i)}(z) = a_{(i)}(z)(w(z))^{i_0}\cdots(w^{(n)}(z))^{i_n},$$

于是

$$n(r, A_{(i)}) \leqslant n(r, a_{(i)}) + i_0 n(r, w) + \cdots + i_n n(r, w^{(n)}).$$

根据第二章中关于代数体函数导数的极点之计算便有

$$\begin{aligned} n(r, w^{(k)}) &\leqslant n(r, w) + k\bar{n}(r, w) + (2k-1)n_x(r, w) \\ &\leqslant (k+1)n(r, w) + (2k-1)n_x(r, w), \end{aligned}$$

从而

$$\begin{aligned} n(r, A_{(i)}) &\leqslant n(r, a_{(i)}) + \lambda_i n(r, w) + \bar{\mu}_i \bar{n}(r, w) + \sigma_i n_x(r, w) \\ &\leqslant n(r, a_{(i)}) + \Delta_i n(r, w) + \sigma_i n_x(r, w), \end{aligned}$$

其中 $\lambda_i = \sum_{\alpha=0}^{n} i_\alpha$, $\bar{\mu}_i = \sum_{\alpha=1}^{n} \alpha i_\alpha$, $\Delta_i = \sum_{\alpha=0}^{n} (\alpha+1) i_\alpha$ 和 $\sigma_i = \sum_{\alpha=1}^{n} (2\alpha-1) i_\alpha$. 于是

$$\begin{aligned} n(r, \Omega(z, w(z)) &\leqslant \sum n(r, a_{(i)}) \\ &\quad + \lambda n(r, w) + \bar{\mu}\bar{n}(r, w) + \sigma n_x(r, w) \end{aligned}$$

或

$$n(r, \Omega(z, w(z)) \leqslant \sum n(r, a_{(i)}) + \Delta n(r, w) + \sigma n_x(r, w),$$

计及第二章中关于分支点密指量的估计得

$$\begin{aligned} N(r, \Omega(z, w(z))) &\leqslant \lambda N(r, w) + \bar{\mu}\bar{N}(r, w) \\ &\quad + 2(\nu-1)\sigma T(r, w) + \sum_{(i)} N(r, a_{(i)}), \quad (4.5.15) \end{aligned}$$

和

$$N(r, \Omega(z, w(z))) \leqslant \Delta N(r, w)$$

$$+2(\nu-1)\sigma T(r, w)+\sum_{(i)} N(r, a_{(i)}). \qquad (4.5.16)$$

(4.5.15)和(4.5.14)相加得

$$T(r, Q(z, w(z))) \leqslant [2\sigma(\nu-1)+\lambda] T(r, w) + \bar{\mu}\bar{N}(r, w)+S(r, w), \qquad (4.5.17)$$

将(4.5.16)和(4.5.14)相加则得

$$T(r, Q(z, w(z))) \leqslant [2\sigma(\nu-1)+\Delta]\, T(r, w)+S(r, w), \qquad (4.5.18)$$

其中 $S(r, w)=O\left\{\sum_{(i)} T(r, a_{(i)})+\sum_{\alpha=1}^{n} m\left(r, \frac{w^{(\alpha)}}{w}\right)\right\}$. 此外,根据定理 4.11,

$$T(r, R(z,w(z)))=\max\{p, q\} T(r, w) + O\left\{\sum_{k=0}^{p} T(r, a_k)+\sum_{j=0}^{q} T(r, b_j)\right\}.$$

由于 $w(z)$ 满足方程 $Q(z, w(z))=R(z, w(z))$,因此将上式分别与(4.5.17)和(4.5.18)结合即得

$$\max\{p, q\} T(r, w) \leqslant [2(\nu-1)\sigma+\lambda] T(r, w) + \bar{\mu}\bar{N}(r, w)+S(r, w),$$

和

$$\max\{p, q\} T(r, w) \leqslant [2(\nu-1)\sigma+\Delta] T(r, w)+S(r,w).$$

根据允许解和 $\Theta(\infty)$ 的定义便得

$$\max\{p, q\} \leqslant 2(\nu-1)\sigma+\lambda+\bar{\mu}(1-\Theta(\infty))$$

和

$$\max\{p, q\} \leqslant 2(\nu-1)\sigma+\Delta.$$

由此得到方程(4.5.12)的 ν 值代数体允许解同时满足

$$Q(z, w)=\hat{R}(z, w),$$

其中

$$\hat{R}(z,w)=\frac{\hat{P}(z,w)}{\hat{Q}(z,w)},$$

并且 $\deg_w \hat{P}(z, w)$ 和 $\deg_w \hat{Q}(z, w)$ 满足(4.5.13).

现对于 $c\in\mathbf{C}$，令

$$F(z,c)=R(z,c)-\hat{R}(z,c).$$

我们将进一步指出，对固定的 $c\in\mathbf{C}$，$F(z,c)\equiv 0$. 事实上，如果不然，则由于 $w(z)-c$ 的零点是 $F(z,c)$ 的零点，由允许解的定义得

$$\begin{aligned}\bar{N}\left(r,\frac{1}{w(z)-c}\right)&\leqslant N\left(r,\frac{1}{F(z,c)}\right)\leqslant T(r,R(z,c))\\&\quad+T(r,\hat{R}(z,c))+O(1)\\&=O\left\{\sum_{k=0}^{p}T(r,a_k)+\sum_{j=0}^{q}T(r,b_j)\right\}=o\{T(r,w)\}.\end{aligned}$$

但由 ν 值代数体函数的第二基本定理可知，至多有 2ν 个 $c\in\mathbf{C}$ 使上式成立，因此必须 $F(z,c)\equiv 0$. 这就表明，对所有 $z\in\mathbf{C}$ 和 $w\in\mathbf{C}$ 至多除去 2ν 个 w 之外，有 $F(z,w)\equiv 0$. 由两个变量的解析函数的恒等性定理即得 $R(z,w)\equiv\hat{R}(z,w)$.

关于方程(4.5.12)我们还得到下面的 Malmquist 型定理（何育赞与萧修治[3]）

定理 4.15 若方程(4.5.12)具有 ν 值代数体允许解，则必有

$$q\leqslant 2\sigma(\nu-1)\ \text{和}\ p\leqslant q+\lambda+\bar{\mu}\nu[1-\Theta(\infty)]. \tag{4.5.19}$$

为了证明定理 4.15，我们先证明下面的引理，它是 J. Clunie 的一个定理的推广（参看 J. Clunie [1]，何育赞与萧修治[2]）

引理 4.13 $\Omega(z,w)$，$P(z,w)$ 和 $Q(z,w)$ 如(4.5.12)所设，若 $w(z)$ 是 ν 值代数体函数且满足

$$Q(z,w(z))\Omega(z,w(z))=P(z,w(z)),$$

则当 $q\geqslant p$ 时

$$m(r,\Omega(z,w(z)))=S(r,w), \tag{4.5.20}$$

其中

$$\begin{aligned}S(r,w)=O\Bigg\{&\sum_{(i)}m(r,a_{(i)})+\sum_{k=0}^{p}m(r,a_k)\\&+\sum_{j=0}^{q}\left[m(r,b_j)+m\left(r,\frac{1}{b_j}\right)\right]+\sum_{\alpha=1}^{n}m\left(r,\frac{w^{(\alpha)}}{w}\right)\Bigg\}.\end{aligned}$$

证明 令 $w_j(z)(j=1,2,\cdots,\nu)$ 是 $w(z)$ 的一个分支,并设 E, E_1^j 和 E_2^j 定义如前. 经类似于定理 4.14 的演证,首先得到

$$\frac{1}{2\pi}\int_{E_1^j}\log^+|\Omega_j(z)|d\theta\leqslant\sum_{(i)}\frac{1}{2\pi}\int_{E_1^j}\log^+|a_{(i)}(z)|d\theta$$

$$+\sum_{(i)}\sum_{\alpha=1}^{n}\frac{i_\alpha}{2\pi}\int_{E_1^j}\log^+\left|\frac{w_j^{(\alpha)}(z)}{w_j(z)}\right|d\theta+O(1).$$

当 $z\in E_2^j$ 时作如下的分析. 先置

$$Q_j(z)=Q(z,w_j(z))=b_q(z)\{(w_j(z))^q$$
$$+B_1(z)(w_j(z))^{q-1}+\cdots+B_q(z)\},$$

其中 $B_k(z)=b_{q-k}(z)/b_q(z),k=1,2,\cdots,q$. 现对每一 $z\in\mathbf{C}$ 定义

$$B(z)=\max_{1\leqslant k\leqslant q}\{1,|B_k(z)|^{\frac{1}{k}}\}.$$

令 $E_j=\{z\in\mathbf{C},|w_j(z)|\leqslant 2B(z)\}$,继令 $E_{21}^j=E_2^j\cap E_j$ 和 $E_{22}^j=E_2^j\backslash E_{21}^j$. 首先容易得到

$$\frac{1}{2\pi}\int_{E_{21}^j}\log^+|\Omega_j(z)|d\theta\leqslant\sum_{(i)}\frac{1}{2\pi}\int_{E_{21}^j}\log^+|a_{(i)}(z)|d\theta$$

$$+\sum_{(i)}\frac{\lambda_i}{2\pi}\int_{E_{21}^j}\log[2B(z)]d\theta$$

$$+\sum_{(i)}\sum_{\alpha=1}^{n}\frac{i_\alpha}{2\pi}\int_{E_{21}^j}\log^+\left|\frac{w_j^{(\alpha)}(z)}{w_j(z)}\right|d\theta+O(1),$$

其中 $\lambda_i=i_0+\cdots+i_n$. 当 $z\in E_{22}^j$ 时, 注意到 $|w_j(z)|>2B(z)$ 便得

$$|Q_j(z)|\geqslant|b_q(z)||w_j(z)|^q\left\{1-\frac{|B_1(z)|}{|w_j(z)|}-\cdots\right.$$
$$\left.-\frac{|B_q(z)|}{|w_j(z)|_q}\right\}\geqslant|b_q(z)||w_j(z)|^q/2^q,$$

计及 $q\geqslant p$ 和 $z\in E_{22}^j$ 时 $|w_j(z)|>1$,因此 $z\in E_{22}^j$ 时

$$|\Omega_j(z)|=\frac{|P(z,w_j(z))|}{|Q(z,w_j(z))|}\leqslant\frac{2^q}{|b_q(z)|}$$

$$\cdot|w_j(z)|^{p-q}\sum_{k=0}^{p}|a_k(z)||w_j(z)|^{k-p}\leqslant\frac{2^p}{|b_q(z)|}\sum_{k=0}^{p}|a_k(z)|,$$

因此

$$\frac{1}{2\pi}\int_{E_{22}^j}\overset{+}{\log}|\Omega_j(z)|d\theta\leqslant\frac{1}{2\pi}\int_{E_{22}^j}\overset{+}{\log}\frac{1}{|b_q(z)|}d\theta$$

$$+\sum_{k=0}^{p}\frac{1}{2\pi}\int_{E_{22}^j}\overset{+}{\log}|a_k(z)|d\theta+O(1).$$

综上各式即得

$$m(r,\Omega(z,w(z)))=\frac{1}{\nu}\sum_{j=1}^{\nu}\frac{1}{2\pi}\left(\int_{E_1^j}+\int_{E_{21}^j}+\int_{E_{22}^j}\right)\overset{+}{\log}|\Omega_j(z)|d\theta$$

$$\leqslant O\left\{\sum m(r,a_{(i)})+\sum_{k=0}^{p}m(r,a_k)+\sum_{j=0}^{q}\left[m(r,b_j)\right.\right.$$

$$\left.\left.+m\left(r,\frac{1}{b_j}\right)\right]+\sum_{\alpha=1}^{n}m\left(r,\frac{w^{(\alpha)}}{w}\right)\right\}.$$

定理 4.15 的证明．首先将方程(4.5.12)改写为

$$\Omega(z,w)=P_1(z,w)+\frac{P_2(z,w)}{Q(z,w)},$$

其中 $P_j(z,w)=\sum_{l=0}^{p_j}a_l^j(z)w^l\ (j=1,2)$，$p_1=\deg P_1=p-q$，$p_2=\deg P_2\leqslant q-1$，系数 $\{a_l^j(z)\}$ 是 $\{a_k(z)\}$ 和 $\{b_j(z)\}$ 的有理函数．于是方程能写成

$$Q(z,w)\Omega_1(z,w)=P_2(z,w),\tag{4.5.21}$$

其中 $\Omega_1(z,w)=\Omega(z,w)-P_1(z,w)$．显然，方程(4.5.12)的允许解 $w(z)$ 亦是方程（4.5.21)的允许解．现应用引理 4.13 于方程(4.5.21)，其中 $\Omega_1(z,w)$ 和 $P_2(z,w)$ 分别代替引理中的 $\Omega(z,w)$ 和 $P(z,w)$．注意到 $\deg Q=q>\deg P_2$，便得

$$m(r,\Omega_1(z,w(z)))=S_1(r,w),\tag{4.5.22}$$

其中

$$S_1(r,w)=O\left\{\sum_{k=0}^{p}\left[m(r,a_k)+m\left(r,\frac{1}{a_k}\right)\right]\right.$$

$$+\sum_{j=0}^{q}\left[m(r,b_j)+m\left(r,\frac{1}{b_j}\right)\right]+\sum_{(i)}m(r,a_{(i)})$$

$$+\sum_{\alpha=1}^{n}m\left(r,\frac{w^{(\alpha)}}{w}\right)\Big\}.$$

现证明

$$N(r,\,\Omega_1(z,\,w(z)))\leqslant 2\sigma(\nu-1)T(r,\,w)+S_2(r,\,w),$$

其中

$$S_2(r,w)=O\left\{\sum_{k=0}^{p}\left[N(r,a_k)+N\left(r,\frac{1}{a_k}\right)\right]\right.$$

$$\left.+\sum_{j=0}^{q}\left[N(r,b_j)+N\left(r,\frac{1}{b_j}\right)\right]+\sum_{(i)}N(r,a_{(i)})\right\}.$$

事实上，$\Omega_1(z,\,w(z))=\Omega(z,\,w(z))-P_1(z,\,w(z))$ 的极点能由下列三种情形产生：

1° 由 $\Omega(z,\,w)$ 和 $P_1(z,\,w)$ 的系数 $\{a_{(i)}(z)\}$ 和 $\{a_l^1(z)\}$ 之极点所产生. 显然，这种点在 $N(r,\,\Omega_1(z,\,w(z)))$ 中的贡献为

$$O\left\{\sum_{(i)}N(r,\,a_{(i)})+\sum_{k=0}^{p}\left[N(r,\,a_k)+N\left(r,\frac{1}{a_k}\right)\right]+\sum_{j=0}^{q}\left[N(r,b_j)\right.\right.$$

$$\left.\left.+N\left(r,\frac{1}{b_j}\right)\right]\right\}.$$

2° 由 $w(z)$ 的极点所产生. 此时我们将方程(4.5.21)写为

$$\Omega_1(z,\,w(z))=\sum_{l=0}^{p_2}a_l^1(z)\,(w(z))^l\Big/\sum_{j=0}^{q}b_j(z)(w(z))^j.$$

我们以 $\tau(a,\alpha)$ 表示 z_0 作为 $\alpha(z)$ 的 a 值点之重级. 若

$$w(z)=(z-z_0)^{-\frac{\tau(\infty,w)}{\gamma}}\hat{w}(z),\ \hat{w}(z_0)\neq 0,\ \infty,\ 1\leqslant\gamma\leqslant\nu,$$

则

$$B_l(z)=a_l^1(z)\,(w\,(z))^l=(z-z_0)^{-\frac{\tau(\infty,B_l)}{\gamma}}\hat{B}_l(z),$$

$$\hat{B}_l(z_0)\neq 0,\ \infty,$$

其中 $\tau(\infty,\,B_l)=l\tau(\infty,\,w)+\gamma\tau(\infty,\,a_l^1)-\gamma\tau(0,\,a_l^1),1\leqslant\gamma\leqslant\nu,\ 0\leqslant l\leqslant p_2$. 于是

$$\tau(\infty, P_2) \leqslant p_2\tau(\infty, w) + \nu \sum_{l=0}^{p_2} \tau(\infty, a_l^i).$$

此外，仿照引理 4.11 的证明可得

$$\tau(\infty, Q) \geqslant q\tau(\infty, w) - q\nu \sum_{j=0}^{q} [\tau(\infty, b_j) + \tau(0, b_j)],$$

注意到 $p_2 \leqslant q-1$ 便得

$$\tau(\infty, Q_1) = \tau(\infty, P_2) - \tau(\infty, Q)$$

$$\leqslant \nu \sum_{l=0}^{p_2} \tau(\infty, a_l^i) + q\nu \sum_{i=0}^{q} [\tau(\infty, b_j) + \tau(0, b_j)].$$

这就表明由情形 2° 引起的 $Q_1(z, w(z))$ 的极点的重极能由系数以此点为极点或零点的重级所控制. 因此，这些点在密指量 $N(r, Q_1(z, w(z))$ 中的贡献至多是 $O\left\{\sum_{k=0}^{p}\left[N(r, a_k) + N\left(r, \frac{1}{a_k}\right)\right] + \sum_{j=0}^{q}\left[N(r, b_j) + N\left(r, \frac{1}{b_j}\right)\right]\right\}$.

3° 由导数 $w^{(\alpha)}(z)$ 的极点产生之极，这些点不属于前面两种情形者. 这些点实际上是 $w(z)$ 的某些分支点. 今设 $w(z)$ 有 γ 个分支在 z_0 点取 $a(\neq\infty)$ 为值，其重级记为 $\tau(a, w)$. 此时，在 z_0 点邻域有

$$w^{(\alpha)}(z) = (z - z_0)^{[\tau(a,w)-\alpha\gamma]/\gamma}\hat{w}_\alpha(z),\ \hat{w}_\alpha(z_0) \neq 0, \infty,$$

当 $\tau(a, w) - \alpha\gamma < 0$ 时即产生 $w^{(\alpha)}(z)$ 之极. 注意到 $\gamma > 1$ 和 $\alpha \geqslant 1$ 即有

$$\tau(\infty, w^{(\alpha)}) = \alpha\gamma - \tau(a, w) \leqslant \alpha\gamma - 1$$

$$\leqslant (2\alpha - 1)(\gamma - 1),$$

因此

$$\tau(\infty, (w)^{i_0}\cdots(w^{(n)})^{i_n}) \leqslant (i_1 + 3i_2 + \cdots$$

$$+ (2n-1)i_n)(\gamma - 1) = \sigma_i(\gamma - 1),$$

从而

$$\tau(\infty, Q_1(z, w(z))) \leqslant \max\{\sigma_i(\gamma - 1)\} = \sigma(\gamma - 1).$$

由此可知，由情形 3°产生的 $Q_1(z, w(z))$ 的极点在密指量在 $N(r,$

$\Omega_1(z, w(z)))$ 中的贡献至多是 $\sigma N_x(r, w) \leqslant 2\sigma(\nu-1)T(r, w)+O(1)$.

综上三种情形得

$$N(r, \Omega_1(z, w(z))) \leqslant 2\sigma(\nu-1)T(r, w)+S_2(r, w). \tag{4.5.23}$$

(4.5.22)和(4.5.23)相加便有

$$T(r, \Omega_1(z, w(z))) \leqslant 2\sigma(\nu-1)T(r, w)+S(r, w),$$

其中

$$S(r, w)=O\left\{\sum_{(i)} T(r, a_{(i)})+\sum_{k=1}^{p} T(r, a_k)+\sum_{j=1}^{q} T(r, b_j)+\sum_{\alpha=1}^{n} m\left(r, \frac{w^{(\alpha)}}{w}\right)\right\}.$$

此外,应用定理 4.11 并计及 $p_2 \leqslant q-1$ 即有

$$\begin{aligned} T\left(r, \frac{P_2(z, w)}{Q(z, w)}\right) &= \max\{p_2, q\}T(r, w) + O\left\{\sum_{k=0}^{p} T(r, a_k)+\sum_{j=0}^{q} T(r, b_j)\right\} \\ &= qT(r, w)+O\left\{\sum_{k=0}^{p} T(r, a_k)+\sum_{j=0}^{q} T(r, b_j)\right\}. \end{aligned}$$

由于 $w(z)$ 满足方程(4.5.21),比较上面两式便得

$$\begin{aligned} qT(r, w) \leqslant\ & 2\sigma(\nu-1)T(r, w) + O\left\{\sum_{(i)} T(r, a_{(i)})+\sum_{k=0}^{p} T(r, a_k)\right. \\ & \left. +\sum_{j=0}^{q} T(r, b_j)+\sum_{\alpha=1}^{n} m\left(r, \frac{w^{(\alpha)}}{w}\right)\right\}. \end{aligned}$$

应用对数导数基本引理于 $m\left(r, \frac{w^{(\alpha)}}{w}\right)$ $(\alpha=1, 2, \cdots, n)$ 并根据允许解的定义,由上式可立即导出(4.5.19)中第一个不等式.

为了证明(4.5.19)中的第二个不等式,我们将方程(4.5.12)改写为如下形式:

$$Q(z, w)\Omega(z, w) = P(z, w).$$

由于 $P(z, w(z))$ 之极点只能由 $w(z)$ 之极点和 $P(z, w(z))$ 的系数 $\{a_k(z)\}$ 之极点产生，因此 $Q(z, w(z))\ \Omega(z, w(z))$ 之极点亦只能由 $w(z)$ 之极点和 $Q(z, w)\,\Omega(z, w)$ 的系数之极点所产生。今若 z_0 是 $Q(z, w(z))\,\Omega(z, w(z))$ 之极点，则其重级有如下的估计：

$$\tau(\infty, Q\Omega) \leqslant \tau(\infty, Q) + \max\{\tau(\infty, A_{(i)})\},$$

其中 $A_{(i)}(z)$ 是 $\Omega(z, w(z))$ 的通项，即 $A_{(i)}(z) = a_{(i)}(z)(w(z))^{i_0}\cdots(w^{(n)}(z))^{i_n}$。若在 z_0 点处有 γ 个分支取∞为值，则在 z_0 点邻域有

$$w^{(\alpha)}(z) = (z - z_0)^{-[\tau(\infty,w)+\alpha\gamma]/\gamma}\hat{w}_\alpha(z),\ \hat{w}_\alpha(z_0) \neq 0, \infty$$

和

$$A_{(i)}(z) = (z - z_0)^{-\tau(\infty,A_{(i)})/\gamma}\hat{A}_{(i)}(z).\ \hat{A}_{(i)}(z_0) \neq 0, \infty,$$

且有

$$\begin{aligned}\tau(\infty, A_{(i)}) &\leqslant \gamma\tau(\infty, a_{(i)}) + \sum_{\alpha=0}^{n} i_\alpha\tau(\infty, w^{(\alpha)}) \\ &\leqslant \nu\tau(\infty, a_{(i)}) + \sum_{\alpha=0}^{n} i_\alpha(\tau(\infty, w) + \alpha\gamma) \\ &\leqslant \nu\tau(\infty, a_{(i)}) + \lambda_i\tau(\infty, w) + \bar{\mu}\nu,\end{aligned}$$

其中 $\lambda_i = i_0 + i_1 + \cdots + i_n$，因此，

$$\begin{aligned}\tau(\infty, Q\Omega) \leqslant{}& q\tau(\infty, w) + \nu\sum\tau(\infty, b_j) \\ &+ \nu\sum\tau(\infty, a_{(i)}) + \lambda\tau(\infty, w) + \bar{\mu}\nu.\end{aligned}$$

由此可得

$$\begin{aligned}N(r, Q(z, w(z)))\Omega(z, w(z))) \leqslant{}& (q + \lambda)N(r, w) \\ &+ \bar{\mu}\nu\bar{N}(r, w) + \sum_{(i)} N(r, a_{(i)}) + \sum_{j=0}^{q} N(r, b_j).\end{aligned}$$

再由引理 4.12,

$$\begin{aligned}m(r, Q(z, w(z))\Omega(z, w(z))) \leqslant{}& m(r, Q(z, w(z))) \\ &+ m(r, \Omega(z, w(z))) \\ ={}& m(r, Q(z, w(z)))\end{aligned}$$

$$+ m\left(r, \sum a_{(i)}(z)\,(w(z))^{\lambda_i}\left(\frac{w'}{w}\right)^{i_1}\cdots\left(\frac{w^{(n)}}{w}\right)^{i_n}\right)$$

$$\leqslant (q+\lambda)m(r, w)$$

$$+ O\left\{\sum_{j=0}^{q}\left[\ \ (r, b_j) + m\left(r, \frac{1}{b_j}\right)\right]\right.$$

$$\left. + \sum_{(i)} m(r, a_{(i)}) + \sum_{\alpha=1}^{n} m\left(r, \frac{w^{(\alpha)}}{w}\right)\right\}.$$

上面两式相加便有

$$T(r, Q(z, w(z))\Omega(z, w(z)))$$

$$\leqslant (q+\lambda)T(r, w) + \bar{\mu}\nu\bar{N}(r, w) + S_1(r, w),$$

其中

$$S_1(r, w) = O\left\{\sum T(r, a_{(i)}) + \sum_{j=0}^{q} T(r, b_j)\right.$$

$$\left. + \sum_{\alpha=1}^{n} m\left(r, \frac{w^{(\alpha)}}{w}\right)\right\}.$$

由定理 4.10 即有

$$T(r, Q(z, w(z))\Omega(z, w(z))) = T(r, P(z, w(z)))$$

$$= pT(r, w) + O\left\{\sum_{k=0}^{p} T(r, a_k)\right\}.$$

比较上面两式便得

$$pT(r, w) \leqslant (q+\lambda)T(r, w) + \bar{\mu}\nu\bar{N}(r, w) + S(r, w), \tag{4.5.24}$$

其中

$$S(r, w) = O\left\{\sum T(r, a_{(i)}) + \sum_{k=0}^{p} T(r, a_k)\right.$$

$$\left. + \sum_{j=0}^{t} T(r, b_j) + \sum_{\alpha=1}^{n} m\left(r, \frac{w^{(\alpha)}}{w}\right)\right\}.$$

类似于(4.5.19)第一个不等式的证明，可立即得到(4.5.19)的第二个不等式．定理证毕．

结合定理 4.14 和定理 4.15 即得下面的推论．

推论 若(4.5.12)存在 ν 值代数体允许解,则必有

$$q \leqslant 2\sigma(\nu-1)$$

$$p \leqslant \min\{\Delta + 2\sigma(\nu-1),\ \lambda + 2\sigma(\nu-1) + \bar{\mu}(1 - \Theta(\infty)),\ q + \lambda + \bar{\mu}\nu(1-\Theta(\infty))\}.$$

下面的例说明定理中的界能被达到.

例 1° 设 $w(z)$ 是由下述方程确定的 2 值代数体函数

$$\psi(z, w) \equiv (z\cos z)w^2 + (\sin z)w + (1+z^2)\cos z = 0.$$

容易验证, $w(z)$ 是微分方程

$$\frac{dw}{dz} = \frac{z^2w^4 + w^3 + (1+2z(1+z^2))w^2 + 2zw + (1+z^2)^2}{(1+z^2) - zw^2}$$

的允许解. 此时, $\nu = q = \Delta = 2$, $p = 4$, $\lambda = \bar{\mu} = \sigma = 1$; $\Theta(\infty) = 0$. 由定理 4.15 的推论知, q 的上界的 $2\sigma(\nu-1) = 2$, 它恰等于 q. 由于 $\Delta + 2(\nu-1)\sigma = \lambda + 2(\nu-1)\sigma + \bar{\mu} = 4$, $q + \lambda + \bar{\mu}\nu = 5$, 因此由定理 4.15 的推论, p 的上界取4, 它恰等于 p.

例 2° 代数体函数 $w(z) = \sqrt[\nu]{\operatorname{tg} z}$ 是下面方程

$$\frac{dw}{dz} = \frac{w^{2\nu}+1}{\nu w^{\nu-1}}$$

的允许解. 此时, $p = 2\nu$, $q = \nu - 1$, $\Delta = 2$, $\lambda = \sigma = \bar{\mu} = 1$ 且 $\Theta(\infty) = 0$. 因此, $\Delta + 2\sigma(\nu-1) = \lambda + 2\sigma(\nu-1) + \bar{\mu} = q + \lambda + \bar{\mu}\nu = 2\nu$, 根据定理 4.15 的推论, p 的上界为 2ν,它恰等于 p 的值.

注 §4.4 中我们曾证明,具有多项式系数的微分方程 (4.5.9) 如果存在超越亚纯解, 则本质上(4.5.9) 是定理 4.9 中所列六个典型方程之一或是它们的幂, 如果方程(4.5.9)存在 ν 值超越代数体函数解时,(4.5.9)具有多少个类型的方程的问题至今尚未解决.

第五章　复域的常微分方程的大范围解

我们知道，函数的增长性质和值的分布是一个函数的最重要的性质之一．对一个给定的常微分方程，假设它存在单值亚纯函数解或多值代数体函数解 $w(z)$，在仅知 $w(z)$ 满足所给的微分方程而不知道它的分析表达式的情形下，研究 $w(z)$ 的增长性和值的分布的工作首先是由 G. Valiron[1], H. Wittich[1], C. C. Yang[1], A. A. Гольдберг[1], S. Bank[1]-[3] 所研究的．他们指出，对于特殊类型的具有多项式系数的代数微分方程，解的增长级是有穷的．下面，我们从简单的情形开始．

§ 5.1　线性常微分方程

线性方程最一般的形式是

$$a_n(z)w^{(n)}+a_{n-1}(z)w^{(n-1)}+\cdots+a_1(z)w'+a_0(z)w=b(z).$$

由微分方程的一般理论知道，若对应的齐次方程

$$a_n(z)w^{(n)}+a_{n-1}(z)w^{(n-1)}+\cdots+a_0(z)w=0 \qquad (5.1.1)$$

的线性无关的特解 $w_1, w_2, \cdots, w_n$ 为已知，则借助常数变易法便可求出非齐次方程的通解．故在本节中我们只限于讨论齐次方程．

设方程 (5.1.1) 中的系数 $a_i(z)$ $(0\leqslant i\leqslant n)$ 为 z 的多项式．不碍一般性，我们可以假定 $a_n(z)a_0(z)\not\equiv 0$．否则，方程只是降低阶数而已．设 $w(z)$ 是 (5.1.1) 的超越整函数解，令 $z=re^{i\varphi}$，使得 $|w(z)|=M(r, w)=\max\limits_{|t|=r}|w(t)|$．当 r 充分大时，$a_i(z)=A_iz^{m_i}(1+\varepsilon_i(z))$，$A_i\neq 0$，$|\varepsilon_i(z)|<D_1r^{-1}$．若 $\nu=\nu(r)$ 是 $w(z)$ 的中心指标，由第一章的定理 1.16 有 $w^{(i)}(z)=\left[\dfrac{\nu(r)}{z}\right]^i$·

$w(z)\{1+\varepsilon_i'(z)\}$, $|\varepsilon_i'(z)|<D_2[\nu(r)]^{-\frac{1}{\delta}+\varepsilon}$. 将上面的表达式代进 (5.1.1). 两端除以 $w(z)$, 得到 ν 的代数方程

$$\sum_{i=0}^{n} A_i\nu^i z^{m_i-i}(1+\eta_i(z))=0, \tag{5.1.2}$$

其中

$$|\eta_i(z)|<D(\nu^{-\frac{1}{8}+\varepsilon}+r^{-1}),\ i=0,1,\cdots,n,$$

当 $r\to+\infty$ 时 $\nu(r)\to+\infty$. 由于代数方程 (5.1.2) 的解 ν 是其系数的连续函数,所以 (5.1.2) 的解渐近地等于

$$\sum_{i=0}^{n} A_i\nu^i z^{m_i-i}=0 \tag{5.1.3}$$

的解. (5.1.3) 的解是 z 的代数函数, 设它在 $z=\infty$ 的邻域中的主要部分为 $a(\rho)z^\rho$, 则将它代进到 (5.1.3) 时,次数最高的项包含在

$$A_0z^{m_0},\quad A_1z^{m_1-1+\rho},\cdots,\quad A_nz^{m_n-n+n\rho}$$

中. 由于 $\nu(r)$ 是 (5.1.3) 的解, 所以上面那些项中的幂至少有两个是相等的,且其系数之和为零. 因此, ρ 是线性方程组

$$m_i-i+i\rho=m_j-j+j\rho\quad(i<j;i=0,1,\cdots,n-1)$$

中一个方程的根. 我们所求的应是 $\rho>0$ 的解,故须 $(m_i-i)>(m_j-j)$. $a(\rho)$ 满足

$$A_i(a(\rho))^i+A_{i+1}(a(\rho))^{i+1}+\cdots+A_j(a(\rho))^j=0,$$

即

$$A_i+A_{i+1}(a(\rho))+\cdots+A_j(a(\rho))^{j-i}=0.$$

有一个几何方法可以迅速而简便地求得这些 ρ 值 (参见 Н. Г. Чеботарёв[1], §38). 于是 ρ 是数

$$\frac{m_i-i-m_j+j}{j-i},\quad i\neq j$$

之一, 不小于 $\frac{1}{n}$, 可能有 n 个不同的有理值, 它们是不依赖于 A_i 的. $a(\rho)$ 可有 n 个不同的值是依赖于 A_i 的. 此外 $\nu(r)$ 是实数, 故对充分大的非除外值 r, 有相应的实数 $\rho(r)$, $\alpha(r)$, $\varphi(r)$ 使得

$$\nu(r) \sim \alpha(r) r^{\rho(r)},$$

$$|w(z)| = M(r, w), \ |z| = r, \ \arg z = \varphi(r),$$

其中 $\rho(r)$ 是有理数，$\rho(r)$ 和 $\alpha(r)$ 是 n 个确定的数之一，$\varphi(r)$ 渐近地等于确定的实数．由于 $\nu(\rho)$ 不减，则当 r 属于非除外区间序列时，$\rho(r)$ 和 $\alpha(r)$ 是增加的．另一方面，如果 R 和 R' $(R < R')$ 是两个非除外值且是除外区间的端点时，则当

$$R' = R(1 + o(1))$$

时有

$$\nu(R') \sim \alpha(R') R'^{\rho(R')} \sim \alpha(R') R^{\rho(R')},$$

$$\nu(R) \sim \alpha(R) R^{\rho(R)}.$$

从 $\alpha(R') \geqslant \alpha(R)$ 得到 $\rho(R') \geqslant \rho(R)$．因此，从 r 的某个值开始，$\rho(r)$ 和 $\alpha(r)$ 是常数．对所有的值 r，有穷或否，有

$$\nu(r) \sim \alpha r^{\rho},$$

及

$$\log M(r, w) \sim \int_{r_0}^{r} \alpha x^{\rho-1} dx \sim \frac{\alpha}{\rho} r^{\rho}.$$

以上我们证明了

定理 5.1 (**G. Valiron**[1]) 方程(5.1.1)的每一个超越整函数解是有穷正有理级的．

注 如果方程 (5.1.1) 的解有下面的形式

$$w(z) = z^{\tau} F(z), \tag{5.1.4}$$

其中 τ 是实数或复数，$F(z)$ 至多以 $z = \infty$ 为极点，则称 (5.1.4) 为 (5.1.1) 在 $z = \infty$ 的正则解．如果 $F(z)$ 以 $z = \infty$ 为本性奇点且可写为形式

$$F(z) = f(z) + g(z), \tag{5.1.5}$$

其中 $g(z)$ 在 $z = \infty$ 的邻域内是全纯的且 $g(\infty) = 0$，$f(z)$ 为超越整函数．用上面同样的方法可证，$f(z)$ 是有穷有理级的．

现在我们建立一个解在奇点的邻域中增长的定理．我们先建立二个证明中需要的引理．

引理 5.1 设 $m_1, m_2, \cdots, m_n$ 是 n 个给定的实数，令

$$m = \max_{1 \leqslant j \leqslant n} \{m_j/j\},$$

则对任意选取的 n 个实数 $a_1, a_2, \cdots, a_n$ 相应的 $2n-1$ 个数

$$a_2 - a_1,\ a_3 - a_2, \cdots,\ a_n - a_{n-1},$$
$$m_1,\ m_2 - (a_n - a_{n-1}),\ m_3 - (a_n - a_{n-2}), \cdots,$$
$$m_n - (a_n - a_1)$$

的最大者不小于 m，且至少有一种 a 的选择，使其最大者等于 m.

证明 设 M 是对 a 的任一选择的相应的 $2n-1$ 个数中最大值的下确界，显然有 $M \geqslant m_1$. 若 $j \geqslant 2$，两个数

$$m_j - (a_n - a_{n-j+1}),\ a_{n-j+2} - a_{n-j+1}$$

中较大者至少等于

$$\frac{1}{2}[m_j - (a_n - a_{n-j+2})].$$

若 $j \geqslant 3$，上面这个数与 $a_{n-j+3} - a_{n-j+2}$ 之较大者至少等于

$$\frac{1}{3}[m_j - (a_n - a_{n-j+3})].$$

依次类推，于是我们得到，对于 $j = 1, 2, \cdots, n$，有 $M \geqslant m_j/j$，从而得到 $m \leqslant M$.

根据条件，至少有一个 $K(1 \leqslant K \leqslant n)$ 使得

$$m = m_K/K,$$

如果有多个 K 使上面的等式成立，则取一个最小的 K. 现在我们选取

$$a_j = (j-1)m,\ j = 1, 2, \cdots, n,$$

则有

$$m_j - (a_n - a_{n-j+1}) = m_j - (j-1)m \leqslant m.$$

此即 $M = m$ 的一个 a 的选择.

引理 5.2 (T. H. Gronwall) 设 $K \in C^+(a, b) \cap L(a, b)$，$g, f \in C^+[a, b]$. 若对所有的 $t \in [a, b]$ 有

$$f(t) \leqslant g(t) + \int_a^t K(S)f(S)dS,$$

则

$$f(t) \leqslant g(t) + \int_a^t K(S)\exp\left[\int_s^t K(u)du\right]g(S)dS.$$

证明 令 $F(t) = \int_a^t K(S)f(S)dS$，则

$$F'(t) = K(t)f(t) \leqslant K(t)g(t) + K(t)F(t),$$

$$[F'(t)-K(t)F(t)]\exp\left(-\int_a^t K(u)du\right)$$

$$\leqslant K(t)g(t)\exp\left(-\int_a^t K(u)du\right),$$

即

$$\frac{d}{dt}\left\{F(t)\exp\left[-\int_a^t K(u)du\right]\right\}$$

$$\leqslant K(t)\exp\left(-\int_a^t K(u)du\right)g(t).$$

两边从 a 到 t 积分得

$$F(t)\exp\left(-\int_a^t K(u)du\right) = F(t)\exp\left(-\int_a^t K(u)du\right) - F(a)$$

$$\leqslant \int_a^t K(S)\exp\left(-\int_a^s K(u)du\right)g(S)dS,$$

$$F(t) \leqslant \int_a^t K(S)\exp\left(-\int_t^s K(u)du\right)g(S)dS$$

$$= \int_a^t K(S)\exp\left(\int_s^t K(u)du\right)g(S)dS.$$

注意到 $f(t) - g(t) \leqslant F(t)$，便得到引理的证明。

用 $a_n(z)$ 去除 (5.1.1) 得到

$$w^{(n)} + \sum_{j=1}^{n} R(z)_{n-j}w^{(n-j)} = 0. \qquad (5.1.6)$$

对于 (5.1.6) 有

定理 5.2 (Von Koch-Perron) 设在微分方程 (5.1.6) 中，$R_{n-j}(z)$ $(j = 1, 2, \cdots, n)$ 在 $R < |z| < \infty$ 内是全纯的，$z = \infty$ 至多是它们的极点。极点的阶按下面的方法确定：若 $R_{n-j}(z) \equiv 0$，其阶 $m_j = -\infty$；其余者的阶 m_j 定义为

$$R_{n-j}(z) = z^{m_j} r_{n-j}(z),$$

其中 $r_{n-j}(z)$ 在 $z=\infty$ 的邻域内全纯且异于零. 令

$$m=\max_{1\leqslant j\leqslant n}\{m_j/j\},$$

则对于充分大的 $|z|(|\arg z|<\pi)$ 及适当选择的常数 B 和 K, (5.1.6) 的每一个解都满足

$$|w(z)|\leqslant\begin{cases}B\exp(K|z|^{1+m}), & m>-1\\ B|z|^K, & m\leqslant-1\end{cases}\tag{5.1.7}$$

证明 令

$$W_j=z^{-(j-1)m}w^{(j-1)},\quad j=1,2,\cdots,n,$$

于是 (5.1.6) 化为方程组,写成向量的形式为

$$W'(z)=A(z)W(z).\tag{5.1.8}$$

矩阵 $A(z)$ 的元素为

$$a_{j,j}(z)=-(j-1)m/z,\quad a_{j,j+1}(z)=z^m,$$
$$j=1,2,\cdots,n-1,$$
$$a_{n,j}(z)=-z^{-(n-j)m}R_{j-1}(z),\quad j=1,2,\cdots,n-1,$$
$$a_{n,n}(z)=-(n-1)\frac{m}{z}-R_{n-1}(z),$$

其余的元素为零.

$A(z)$ 的前 $n-1$ 行的元素及主对角线上的元素在 $z=\infty$ 的极点的阶至多为 m. $a_{n,j}(z)$ 在 $z=\infty$ 的极点的阶, 根据引理 5.1 为

$$m_{n-j+1}-(n-j)m\leqslant m,$$

故可找到 $M>0$, 使得 $a_{j,k}(z)$ 于 $R<|z|<\infty$, $|\arg z|<\pi$ 内是全纯的,且有

$$|a_{j,k}(z)|\leqslant M|z|^m.$$

我们定义矩阵 A 的范数为

$$\|A\|=\max_{1\leqslant j\leqslant n}\left\{\sum_{K=1}^{n}|a_{j,k}|\right\},$$

得到

$$\|A(z)\|\leqslant nM|z|^m,\quad R<|z|<\infty,\quad |\arg z|<\pi.$$

现在选取 z_0, $R<|z_0|<\infty$, $|\arg z_0|<\pi$, 对任意给定的初

始值 $W(z_0)$，积分 (5.1.8) 得到

$$W(z)=W(z_0)+\int_{z_0}^{z}A(S)W(S)dS,$$

其中 $|z_0|<|z|$，$|\arg z|<\pi$. 因此

$$\|W(z)\|\leqslant\|W(z_0)\|+nM\int_{z_0}^{z}|S|^m\|W(S)\||dS|.$$

因为 $|z_0|$ 充分大，对于 $m\leqslant-1$ 时有

$$\|W(z)\|\leqslant\|W(z_0)\|+nM\int_{z_0}^{z}\|W(S)\|/|S||dS|,$$

对上述两式分别应用 Gronwall 引理得到

$$\|W(z)\|\leqslant\|W(z_0)\|\exp\left\{\frac{nM}{1+m}(|z|^{1+m}-|z_0|^{1+m})\right\},\quad m>-1$$

或

$$\|W(z)\|\leqslant\|W(z_0)\||z|^{nM}/|z_0|^{nM},\quad m\leqslant-1.$$

分别令

$$K=\frac{nM}{1+m},\quad B=\max_{\theta}\{\|W(r_0e^{i\theta})\|\exp(-Kr_0^{1+m})\},\quad m>-1$$

和

$$K=nM,\quad B=\max_{\theta}\{\|W(r_0e^{i\theta})\|/r_0^K\},\quad m\leqslant-1$$

计及 $|w(z)|\leqslant\|W(z)\|$，便得到 (5.1.7).

注 1° 常系数的线性方程 ($m=0$) 表明，除去常数因子不计外，定理的界可被达到.

2° 在方程 (5.1.1) 中，若 $\deg[a_n(z)]>\max\limits_{0\leqslant i\leqslant n-1}\{\deg[a_i(z)]\}$ ($m\leqslant-1$)，则 (5.1.1) 的任一亚纯函数解必为有理函数. 这可看作是 Halphen 定理 (参见 Ince[1]，§15.5) 的一个补充.

从定理 5.2 不难见到，若(5.1.1)的系数全为多项式，则(5.1.1)的任一亚纯函数解，其级为有穷的有理数(极点的个数为有穷).但多项式系数的方程 (5.1.1) 是有可能存在有理函数特解的. 如方程

$$z^2w'' + z^2w' - 2w = 0$$

有解 $w_1 = 1 - \frac{2}{z}$ 和 $w_2 = e^{-z}\left(1 + \frac{2}{z}\right)$. 为研究存在有理函数特解的情形,我们先建立以下的引理.

引理 5.3 设 $w_1, \cdots, w_n$ 为开平面 C 内线性无关的亚纯函数,令

$$u_{0,j} = w_j, \quad 1 \leqslant j \leqslant n,$$
$$u_{i,j} = (u_{i-1,j}/u_{i-1,i})', \quad (1 \leqslant i < j \leqslant n),$$

则

$$T(r, u_{i,j}) \leqslant O\left\{\sum_{l=1}^{j} T(r, w_l)\right\} + O(\log r) \quad (r \to \infty).$$

此不等式当某个 w_l 的级为无穷时,可能要除去某个其线测度为有穷的区间序列 I, 简记为 $r\bar{\in}I$.

证明 用数学归纳法. 对于 $i = 1$,

$$u_{1,j} = (w_j/w_1)', \quad 1 < j \leqslant n.$$

由于 $w_1, \cdots, w_n$ 是线性无关的, 则 $\{u_{1,j}\}$ $(2 \leqslant j \leqslant n)$ 也是线性无关的, $\{u_{i,j}\}$ $(i < j \leqslant n)$ 是线性无关的. $u_{i,j} \not\equiv 0$ $(i < j)$, $u_{i,j}$ 是亚纯函数. 由 $m(r, f)$ 及 $N(r, f)$ 的性质得

$$\begin{aligned}T(r, u_{1,j}) &\leqslant 2T(r, w_j/w_1) + m(r, w_j'/w_j) \\ &\quad + m(r, w_1'/w_1) + \log 2 \\ &\leqslant 2T(r, w_j) + 2T(r, w_1) + O\{\log rT(r, w_j) \\ &\quad + \log rT(r, w_1)\} \\ &\leqslant O\left\{\sum_{l=1}^{j} T(r, w_l)\right\} + O(\log r) \\ &\qquad (r\bar{\in}I_1, r \to \infty),\end{aligned}$$

即当 $i = 1$ 时引理成立. 设当 $i = m - 1$ $(m < n)$ 时引理成立,即有

$$T(r, u_{m-1,j}) \leqslant O\left\{\sum_{l=1}^{j} T(r, w_l)\right\} + O(\log r)$$
$$(r\bar{\in}I_{m-1}, r \to \infty),$$

而

$$
\begin{aligned}
u_{m,j} &= (u_{m-1,j}/u_{m-1,m})' \\
T(r, u_{m,j}) &\leqslant 2T(r, u_{m-1,j}) + 2T(r, u_{m-1,m}) \\
&\quad + O\{\log r T(r, u_{m-1,j}) \\
&\quad + \log r T(r, u_{m-1,m})\} \\
&\qquad (r \bar{\in} I_m = I_{m-1} \cup I,\ r \to \infty) \\
&\leqslant O\left\{\sum_{l=1}^{i} T(r, w_l)\right\} + O(\log r) \\
&\qquad (r \in I_m,\ r \to \infty),
\end{aligned}
$$

故对所有的 $i < n$，引理成立.

注 特别，当 $w_1, \cdots, w_n$ 全为有理函数时，$u_{i,j}$ 也是有理函数.

引理 5.4 若线性方程 (5.1.1) 中的系数 $a_i(z)$ $(0 \leqslant i \leqslant n)$ 为整函数 (包括多项式)，其 $p(1 \leqslant p \leqslant n-1)$ 个线性无关的亚纯函数解为已知,则 (5.1.1) 可降低 p 阶

$$
\begin{aligned}
a_n u_p^{(n-p)} &+ A_{p,n-p-1} u_p^{(n-p-1)} + \cdots \\
&+ A_{p,1} u_p' + A_{p,0} u_p = 0,
\end{aligned}
$$

其中

$$
A_{p,n-p-i} = \sum_{l=n-i}^{n} B^{l}_{p,n-p-i} \cdot a_l.
$$

$B^{l}_{p,n-p-i}$ 是关于 $w_1^{(l_0)}/w_1$, $u_{1,2}^{(l_1)}/u_{1,2}, \cdots, u_{p-1,p}^{(l_{p-1})}/u_{p-1,p}$ 的常系数多项式,且 $B^{n-i}_{p,n-p-i} = 1$, $u_{k-1,k}$ $(2 \leqslant k \leqslant p)$ 同引理 5.3.

证明 当 $p = 1$ 时,因为

$$
w = w_1 \cdot \frac{w}{w_1} = w_1 \cdot u,
$$

由 Newton-Liebniz 公式有

$$
w^{(k)} = \sum_{m=0}^{k} C_K^m w_1^{(m)} u^{(k-m)} \quad (k = 1, 2, \cdots, n),
$$

其中 C_k^m 为二项式系数. 将上式代进 (5.1.1) 得到

$$
a_n u^{(n)} w_1 + u^{(n-1)}[C_n^1 a_n w_1' + a_{n-1} w_1] + \cdots
$$

$$+ u^{(n-i)}[C_n^i a_n w_1^{(i)} + C_{n-1}^{i-1} a_{n-1} w_1^{(i-1)} + \cdots + a_{n-i} w_1]$$

$$+ \cdots + u'[C_n^{n-1} a_n w_1^{(n-1)} + \cdots + a_1 w_1]$$

$$+ u[a_n w_1^{(n)} + \cdots + a_1 w_1' + a_0 w_1] = 0. \qquad (5.1.9)$$

由于 $w_1 \not\equiv 0$ 是 (5.1.1) 的解，故 w 的系数为零，(5.1.9)式除以 w_1，令 $u' = u_1$ 得到

$$a_n u_1^{(n-1)} + A_{1,n-2} u_1^{(n-2)} + \cdots + A_{1,1} u_1' + A_{1,0} u_1 = 0,$$

其中

$$A_{1,n-1-i} = \sum_{j=n-i}^{n} C_j^{i+j-n} \frac{w_1^{(i+j-n)}}{w_1} a_j.$$

因此，$p = 1$ 时引理为真. 设 $p = k-1$ $(2 \leqslant k \leqslant n-1)$ 时引理成立，

$$a_n u_{k-1}^{(n-k+1)} + A_{k-1,n-k} u_{k-1}^{(n-k)} + \cdots$$

$$+ A_{k-1,0} u_{k-1} = 0, \qquad (5.1.10)$$

其中 $A_{k-1,n-k+1-i}$ 满足引理的条件. 而

$$u_{k-1} = u_{k-1,k} \cdot \frac{u_{k-1}}{u_{k-1,k}} = u_{k-1,k} \cdot v,$$

$$u_{k-1}^{(l)} = \sum_{m=0}^{l} C_l^m u_{k-1,k}^{(m)} v^{(l-m)}$$

$$(l = 1, 2, \cdots, n-k+1).$$

将这个表达式代进 (5.1.10)，经并项得到

$$a_n v^{(n-k+1)} u_{k-1,k} + v^{(n-k)}[C_{n-k+1}^1 a_n u'_{k-1,k}$$

$$+ A_{k-1,n-k} u_{k-1,k}] + \cdots + v[a_n u_{k-1,k}^{(n-k+1)}$$

$$+ A_{k-1,n-k} u_{k-1,k}^{(n-k)} + \cdots + A_{k-1,0} u_{k-1,k}] = 0.$$

由微分方程的理论可知(见 B. B. Степанов[1]，§ 5.2)，$u_{k-1,k}$ 为 (5.1.10) 的解，故 v 的系数为零. 上式除以 $u_{k-1,k}$ 令 $v' = u_k$ 得到

$$a_n u_k^{(n-k)} + A_{k,n-k-1} u_k^{(n-k-1)} + \cdots + A_{k,0} u_k = 0.$$

不难验证，$A_{k,n-k-i}$ 满足引理的条件. 引理证毕.

引理 5.5 若 $w(z)$ 为有理函数，对于 $k \geqslant 1$ 有

$$\lim_{|z| \to \infty} |w^{(k)}(z)/w(z)| = 0.$$

证明 设 $w(z)=p(z)/q(z)$，$p(z)$ 及 $q(z)$ 为不可约的多项式

$$w'(z)/w(z)=p'(z)/p(z)-q'(z)/q(z),$$

$p'(z)$，$q'(z)$ 也是多项式，$\deg p(z)=1+\deg p'(z)$，$\deg q(z)=1+\deg q'(z)$ 得到

$$\begin{aligned}\lim_{|z|\to\infty}|w'(z)/w(z)| \leqslant \lim_{|z|\to\infty}|p'(z)/p(z)|\\ +\lim_{|z|\to\infty}|q'(z)/q(z)|=0,\end{aligned}$$

而

$$w^{(k)}/w\equiv\frac{w^{(k)}}{w^{(k-1)}}\cdot\frac{w^{(k-1)}}{w^{(k-2)}}\cdots\frac{w'}{w},$$

w'，w''，$\cdots$，$w^{(k-1)}$ 都是有理函数，因此

$$\lim_{|z|\to\infty}|w^{(k)}(z)/w(z)|=\lim_{|z|\to\infty}\left|\frac{w^{(k)}(z)}{w(z)}\cdots\frac{w'(z)}{w(z)}\right|=0.$$

定理 5.3 若方程 (5.1.1) 的系数 $a_i(z)$ $(0\leqslant i\leqslant n)$ 全为多项式，$a_p(z)$ $(p\leqslant n-1)$ 是其中次数最高的第一个系数（依照 $a_0(z)$，$\cdots$，$a_{n-1}(z)$ 的次序）. 当 (5.1.1) 有多于 p 个线性无关的亚纯函数特解时，至多有 p 个有理函数特解.

证明 1° 假定 $a_0(z)$ 是系数中次数最高的多项式，此时须证明，(5.1.1) 的任一非平凡的亚纯函数解必为超越的. 用反证法. 设 (5.1.1) 有一个非平凡的有理函数特解 $w(z)$，有

$$\begin{aligned}-1=\frac{a_n(z)}{a_0(z)}\frac{w^{(n)}}{w}+\frac{a_{n-1}(z)}{a_0(z)}\frac{w^{(n-1)}}{w}+\cdots\\ +\frac{a_1(z)}{a_0(z)}\frac{w'}{w}.\end{aligned} \tag{5.1.11}$$

根据假定有

$$\lim_{|z|\to\infty}|a_i(z)/a_0(z)|=b_i<+\infty\quad(1\leqslant i\leqslant n),$$

又根据引理 5.5 有

$$\lim_{|z|\to\infty}\left|\sum_{i=1}^{n}\frac{a_i(z)}{a_0(z)}\frac{w^{(i)}}{w}\right|=0.$$

这与(5.1.11)矛盾.

2° 假定 $a_p(z)$ $(1\leqslant p\leqslant n-1)$ 为次数最高的第一个系数，(5.1.1)至少有 $p+1$ 个线性无关的亚纯函数特解. 设 $w_1(z)$, $w_2(z),\cdots,w_p(z)$ 为有理函数(若不足 p 个,定理成立). 根据引理 5.4, 方程(5.1.1)可降低 p 阶

$$a_n u_p^{(n-p)}+A_{p,n-p-1}u_p^{(n-p-1)}+\cdots+A_{p,0}u_p=0, \quad (5.1.12)$$

其中 $A_{p,n-p-i}$ 如引理 5.4 中所述. 将上式改写为

$$-1=\frac{a_n}{a_p}\frac{u_p^{(n-p)}}{u_p}+\frac{A_{p,n-p-1}}{a_p}\frac{u_p^{(n-p-1)}}{u_p}+\cdots$$

$$+\frac{A_{p,1}}{a_p'}\frac{u_p'}{u_p}+\sum_{l=p+1}^{n}B_{p,0}^{l}\frac{a_l}{a_p}. \quad (5.1.13)$$

由于 $p+1\leqslant l\leqslant n$, 故 $B_{p,0}^l$ 不含常数项.

现在证明(5.1.12)的任一亚纯函数解必为超越的. 否则,若(5.1.12)至少有一个有理函数特解 $u_p(z)$, 则由引理 5.3 可知, $u_{i-1,i}(z)$ $(1\leqslant i\leqslant p)$ 为有理函数. 根据假定及引理 5.4 和引理 5.5 得到

$$\lim_{|z|\to\infty}|a_l(z)/a_p(z)|=b_l<+\infty \quad (l=p+1,\cdots,n),$$

$$\lim_{|z|\to\infty}\left|\frac{A_{p,n-p-i}(z)}{a_p(z)}\right|=d_i<+\infty \quad (1\leqslant i\leqslant n-p),$$

$$\lim_{|z|\to\infty}|B_{p,0}^l(z)|=0. \quad (p+1\leqslant l\leqslant n),$$

$$\lim_{|z|\to\infty}|u_p^{(n-p-i)}(z)/u_p(z)|=0 \quad (0\leqslant i\leqslant n-p-1).$$

对(5.1.13)的两端的模取极限得到

$$1=\lim_{|z|\to\infty}\left|\frac{a_n(z)}{a_p(z)}\frac{u_p^{(n-p)}(z)}{u_p(z)}+\sum_{i=1}^{n-p-1}\frac{A_{p,n-p-i}(z)}{a_p(z)}\right.$$

$$\left.\cdot\frac{u_p^{(n-p-i)}(z)}{u_p(z)}+\sum_{l=p+1}^{n}B_{p,0}^l\frac{a_l(z)}{a_p(z)}\right|=0,$$

得到的矛盾便证明了定理.

例 1° 方程

$$z^2w''+3z^2w'-6w=0$$

中 $3z^5$ 的次数最高 ($p=1$)。它有一个有理函数解 $w_1 = 1 - \frac{1}{z^2}$ 和一个超越亚纯函数解 $w_2 = \left(1 - \frac{1}{z^2}\right)\int_0^z \frac{\zeta^4 e^{-\frac{3}{2}\zeta^2} d\zeta}{(\zeta^2 - 1)}$，定理的界可以达到。

例 2° 方程

$$
\begin{aligned}
z^2(1 + 2z + 2z^2 + z^4)w^{(3)} \\
+ (1 + 6z + 6z^2 - 3z^4 - 2z^6)w^{(2)} \\
- (2 + 12z + 15z^2 + 6z^5 - z^6)w' \\
+ (1 + 6z + 8z^2 + 4z^5 + z^4)w = 0,
\end{aligned}
$$

$p=1$，它有两个超越整函数解 $w_1 = e^z$ 和 $w_2 = ze^z$ 和一个以 $z=0$ 为本性奇点的单值解 $w_3 = e^{\frac{1}{z}}$。

注 1° 本定理改进了萧修治[2]的一个结果。

2° 将定理 5.3 与关于正则奇点的著名的 Fuchs 定理（见 B. B. Гогубев[1] 第四章 § 4）作一比较是有趣的。$z=\infty$ 是 (5.1.1) 的一个固定奇点。若 (5.1.1) 的解可表示为 $w(z) = z^r[f_1(z) + f_2(z)\log z]$ 的形状，其中 $f_1(z)$ 和 $f_2(z)$ 在 $z=\infty$ 的邻域内是单值的。若 $f_1(z)$ 和 $f_2(z)$ 至多以 $z=\infty$ 为极点时，$z=\infty$ 称为 (5.1.1) 的解的正则奇点，相应的解称为正则积分。正则积分在 $z=\infty$ 的邻域内有引理 5.5 的性质。如定理 5.3 的证明一样，(5.1.1) 以 $z=\infty$ 为正则奇点，则必须

$$
\deg a_n(z) > \max_{0 \leqslant i \leqslant n-1} \{\deg a_i(z)\}.
$$

这与 Fuchs 所给的条件相合。当此条件不满足时，则存在 $p<n$，使得 $a_p(z)$ 是第一个次数最高的系数，(5.1.1) 至少有 $n-p$ 个非正则的积分。例 2° 说明 $n-p$ 这个界可以达到。

在亚纯函数值分布论中，用 $T(r, f')$ 来界囿 $T(r, f)$ 是比较困难的，但若 $f(z)$ 是线性微分方程的解时，却有简单的形式。

定理 5.4 若方程 (5.1.1) 的系数全为多项式，则 (5.1.1) 的非平凡亚纯解 $w(z)$ 满足不等式

$$
T(r, w) \leqslant T(r, w') + O(\log r) \quad (r \to \infty). \tag{5.1.14}
$$

证明 将 (5.1.1) 写为

$$-a_0w=a_nw^{(n)}+a_{n-1}w^{(n-1)}+\cdots+a_1w'$$
$$=w'\left[a_n\frac{w^{(n)}}{w'}+a_{n-1}\frac{w^{(n-1)}}{w'}+\cdots+a_1\right],$$

由对数平均值的性质得

$$m(r,a_0w)\leqslant m(r,w')+\sum_{i=2}^{n}m\left(r,\frac{w^{(i)}}{w'}\right)$$
$$+\sum_{i=1}^{n}m(r,a_i)+\log n.$$

由定理 5.2 可知，$w(z)$ 的级有穷，且 $a_i(z)$ 为多项式，得到

$$\sum_{i=2}^{n}m\left(r,\frac{w^{(i)}}{w'}\right)+\sum_{i=1}^{n}m(r,a_i)=O(\log r)\quad(r\to\infty),$$

从而得到

$$m(r,a_0w)\leqslant m(r,w')+O(\log r)\quad(r\to\infty).$$

而

$$m(r,w)=m(r,a_0w/a_0)\leqslant m(r,a_0w)+m\left(r,\frac{1}{a_0}\right)$$
$$\leqslant m(r,w')+O(\log r)\quad(r\to\infty),$$

注意到

$$N(r,w')=N(r,w)+\bar{N}(r,w),$$

便得到 (5.1.14)。

若方程 (5.1.1) 的系数至少有一个超越整函数，这时不再有类似于定理 5.2 的上界了。而有

定理 5.5 (S. B. Bank[4]) 设 $\psi(r)$ 是 $(0,+\infty)$ 内的任一正增函数，σ 是任一非负实数。假如 $\{r_n\}$ 是 $[1,+\infty)$ 内以 σ 为收敛指数的任一严格增加的无穷序列，则存在一个亚纯函数 $h(z)$，其零点和极点位于圆周 $|z|=r_n$ 上，使得 h'/h 有级 σ，且对于所有的 $r>2r_1$，有

$$T(r,h)>\psi(r).\tag{5.1.15}$$

为证明这个定理，先证明

引理 5.6 设 $\{z_n\}$ 是位于圆 $|z| < R\ (0 < R \leqslant +\infty)$ 内的非零复数序列,对每个 n, $|z_n| < |z_{n+1}|$, 且当 $n \to \infty$ 时 $|z_n| \to R$. 设 $\{p_n\}$ 是任意的正整数序列, 则存在 $(0, 1)$ 内仅依赖于序列 $\{z_n\}$ 和 $\{p_n\}$ 的实数序列 $\{\delta_n\}$, 具有下述性质:

1°. 若 $\{\varepsilon_n\}$ 是任一实数序列,对每个 n 有

$$0 < \varepsilon_n \leqslant \delta_n, \tag{5.1.16}$$

和 $|z| < R$ 内的任一序列 $\{w_n\}$, 对每个 n 有

$$0 < |z_n - w_n| < \varepsilon_n, \tag{5.1.17}$$

则无穷乘积

$$f(z) = \prod_{n=1}^{\infty} \left(\frac{z - w_n}{z - z_n} \right)^{p_n} \tag{5.1.18}$$

在 $|z| < R$ 内收敛于一个亚纯函数. 此外, 函数 $f(z)$ 分别在 w_n 和 z_n 有 p_n 阶零点和极点 (没有其它的零点和极点), 且在从圆 $|z| < R$ 中去掉所有的圆 $|z - z_n| < \alpha_n$ 所得到的域 D 中满足

$$\frac{1}{2} < |f(z)| < 2 \quad 及 \quad |f'(z)/f(z)| < 1, \tag{5.1.19}$$

其中

$$\alpha_n = 2^{n+1} p_n (\varepsilon_n)^{\frac{1}{2}}. \tag{5.1.20}$$

2° 若 F 是所有区间 $[|z_n| - \alpha_n, |z_n| + \alpha_n]$ 之并,则

(a) F 含在 $[0, R)$ 内;

(b) 若 $R = +\infty$, 则 F 的测度为有穷;

(c) 若 $R < +\infty$, 则 $\int_F \frac{dt}{R - t}$ 是有穷的.

证明 我们令

$$b_n = 2^{-(2n+4)} p_n^{-2} (n + 1)^{-4}, \quad n = 1, 2, \cdots. \tag{5.1.21}$$

现在我们定义序列 $\{\delta_n\}$ 如下:

$$\delta_n = \min\{b_n, |z_n|^2 2^{-(2n+4)} p_n^{-2}\}, \quad R = +\infty \tag{5.1.22}$$

或

$$\delta_n = \min\{b_n, (R - |z_n|)^2 b_n, |z_n|^2 2^{-(2n+4} p_n^{-2}\}, \quad R < +\infty. \tag{5.1.23}$$

设 $\{\varepsilon_n\}$ 和 $\{w_n\}$ 是满足 (5.1.16) 和 (5.1.17) 的序列，考虑乘积 (5.1.18) 有

$$\frac{z-w_n}{z-z_n}=1+\frac{z_n-w_n}{z-z_n}. \tag{5.1.24}$$

设 G 是从圆 $|z|<R$ 中去掉所有的点 z_n 所得到的域，且对每个 n，令 $A_n(z)=p_n(z_n-w_n)/(z-z_n)$。若 G_1 是 G 中的紧致集，则由于当 $n\to\infty$ 时 $|z_n|\to R$，所以有一个仅依赖于 G_1 的正常数 K，使得对所有的 $z\in G_1$ 及所有的 n，有 $|z-z_n|\geqslant K$。从 (5.1.16)，(5.1.17)，(5.1.21) 和 (5.1.22)（或 (5.1.23)）得到，级数 $\Sigma p_n\varepsilon_n$ 收敛。从 (5.1.17) 得到，$\Sigma|A_n(z)|$ 在 G_1 上一致收敛，从而无穷乘积 (5.1.18) 在 G 内收敛于全纯函数 $f(z)$，且在 w_n 有 p_n 阶零点而无另外的零点。显然，$f(z)$ 的孤立奇点 z_n 是 p_n 阶的极点。

对于 D 内一点 z，由 (5.1.18) 和 (5.1.24) 利用不等式 $\log(1+x)\leqslant x$ 得到

$$\log|f(z)|\leqslant\sum_{n=1}^{\infty}p_n\left|\frac{z_n-w_n}{z-z_n}\right|,$$

$z\in D$，$|z-z_n|\geqslant\alpha_n$，$\log|f(z)|\leqslant\sum\limits_{n=1}^{\infty}2^{-(2n+3)}\,p_n^{-1}(n+1)^{-2}<\log 2$，得到 $|f(z)|<2$。类似地，从

$$\log\left|\frac{1}{f(z)}\right|\leqslant\sum_{n=1}^{\infty}p_n\left|\frac{w_n-z_n}{z-w_n}\right|$$

得到 $\dfrac{1}{|f(z)|}<2$，即 $\dfrac{1}{2}<|f(z)|$。

由于 $\log f(z)$ 在 D 内是全纯的，故

$$\frac{f'(z)}{f(z)}=\sum_{n=1}^{\infty}p_n(w_n-z_n)/(z-z_n)(z-w_n). \tag{5.1.25}$$

由于 $z\in D$，有 $|z-z_n|\geqslant\alpha_n$，$|z-w_n|\geqslant\alpha_n/2$，则从 (5.1.16)，(5.1.17)，(5.1.22)（或 (5.1.23)）和 (5.1.25) 得到 $|f'(z)/f(z)|\leqslant\dfrac{1}{24}$。

由 α_n 的定义不难得到，F 含在 $[0, R]$ 内．若 $R=+\infty$，F 的测度至多为 $2\sum_{n=2}^{\infty} n^{-2}<+\infty$．若 $R<+\infty$，由于 $\log \frac{1}{R-t} \leqslant \frac{1-R+t}{R-t}$，有 $\int_F \frac{dt}{R-t} \leqslant \sum_{n=1}^{\infty} \frac{2\alpha_n}{R-(|z_n|+\alpha_n)}<+\infty$.

定理 5.5 的证明．对于 $r \geqslant 2r_1$，定义函数 $\Phi(r)$ 如下：它的图象是顺序连接点 $(2r_n, \psi(2r_n))(n=1,2,\cdots)$ 的折线，则 $\Phi(r)$ 为正增函数．对每个 n，选取一个正整数 p_n 使得

$$p_n>2\Phi(2r_n). \tag{5.1.26}$$

设 $z_n=r_n$，$\{\delta_n\}$ 是由 $\{z_n\}$ 和 $\{p_n\}$ 所确定的序列，满足 (5.1.22)．取 $\varepsilon_n=\delta_n$，选取序列 $\{w_n\}$ 满足 (5.1.17) 及 $|w_n|=r_n$．设 $h(z)$ 就是无穷乘积 (5.1.18)．

对任一 $r>0$，有

$$\begin{aligned} N(2r, h) &= \int_{r_0}^{2r} \frac{n(t, h)}{t} dt+n(0, h)\log(2r) \\ &\geqslant \int_r^{2r} \frac{n(t, h)}{t} dt \\ &\geqslant n(r, h)\log 2 \geqslant n(r, h)/2. \end{aligned}$$

由于 $n(r_m, h)=\sum_{n=1}^{m} p_n>p_m$，从 (5.1.26) 得到

$$N(2r_m, h)>\Phi(2r_m). \tag{5.1.27}$$

若 $r>2r_1$，则存在正整数 m，使得 $2r_m \leqslant r<2r_{m+1}$．由于 $T(r, h)$ 为 r 的增函数，从 (5.1.27) 得到

$$T(r, h)>\Phi(2r_m)=\psi(2r_{m+1}) \geqslant \psi(r)$$

证明了 (5.1.15)．

设 F 是引理 5.6 中定义的集合，则由 (5.1.19) 得到

$$m(r, h'/h)=0, \quad r \in \{[0,+\infty)\backslash F\}, \tag{5.1.28}$$

h'/h 仅在点 $z_1, w_1, z_2, w_2, \cdots$ 有单极点．由于序列 $\{r_1, r_1, r_2, r_2, \cdots\}$ 与原序列 $\{r_n\}$ 有相同的收敛指数 σ，即对任一 $\varepsilon>0$，

$$\int_0^{\infty} \{N(t, h'/h)/t^{\sigma+1+\varepsilon}\}dt < +\infty,$$

因此存在 $R_2 > 0$，使得对于 $r > R_2$ 有

$$\int_r^{\infty} \{N(t, h'/h)/t^{\sigma+1+\varepsilon}\}dt \leqslant 1,$$

从而有

$$N(r, h'/h) \leqslant (\sigma + \varepsilon)r^{\sigma+\varepsilon}, \quad r > R_2. \tag{5.1.29}$$

从 (5.1.28) 和 (5.1.29) 得到

$$\begin{aligned} &T(r, h'/h) \leqslant (\sigma + \varepsilon)r^{\sigma+\varepsilon}, \\ &r \in \{[0, +\infty)\backslash(F \cup [0, R_2])\}, \end{aligned} \tag{5.1.30}$$

令 $b = \text{mes}(F \cup [0, R_2]) < +\infty$，则对任一 $t \geqslant b + 1$，区间 $[t, 2t]$ 内至少有一点 r 使得 (5.1.30) 成立. 因此,

$$T(t, h'/h) < (\sigma + \varepsilon)(2t)^{\sigma+\varepsilon}, \quad t \geqslant b + 1,$$

故 h'/h 的级至多为 σ. 另外，h'/h 的极点的收敛指数 σ 不超过 h'/h 的级，故 h'/h 的级就是 σ. 定理证毕.

注 取 $\sigma = 0$，h'/h 可写为两个零级超越整函数的商 g_1/g_2，则一阶方程 $g_2w' - g_1w = 0$ 的系数为零级超越整函数，但却存在有任意增长速度的亚纯函数解.

定理 5.6 若线性方程 (5.1.1) 中的系数 $a_i(z)$ $(0 \leqslant i \leqslant n-1)$ 至少有一个为超越整函数，$a_p(z)$ $(0 \leqslant p \leqslant n-1)$ 是满足条件

$$\varlimsup_{\substack{r \to \infty \\ r \in I}} \left\{ m(r, a_p) \Big/ \sum_{j=p+1}^{n} m(r, a_j) \right\} > 1 \tag{5.1.31}$$

的第一个系数(依照 $a_0, a_1, \cdots, a_{n-1}$ 的次序)，其中 I 是某个测度为有穷的区间序列. 则 (5.1.1) 至多存在 p 个线性无关的、满足条件

$$\varlimsup_{\substack{r \to \infty \\ r \in I}} \{\log T(r, w)/m(r, a_p)\} = 0 \tag{5.1.32}$$

的亚纯函数特解 $w(z)$.

证明 设有 p 个线性无关的满足条件 (5.1.32) 的亚纯函数

特解 $w_1(z), \cdots, w_p(z)$ (若不足 p 个，定理成立).根据引理 5.4，方程 (5.1.1) 可降低 p 阶，得到 (5.1.12). 此时我们要证明，(5.1.12) 的任一亚纯函数解 $u_p(z)$ 必不满足条件 (5.1.32). 如其不然，设 (5.1.12) 有一亚纯函数解 $u_p(z)$ 满足条件 (5.1.32)，将 (5.1.12) 按 $a_j(z)$ 并项,得到

$$-a_p = C_n a_n + C_{n-1} a_{n-1} + \cdots + C_{p+1} a_{p+1},$$

其中 C_K 是关于 $u_1^{(l_0)}/u_1, u_{1,2}^{(l_1)}/u_{1,2}, \cdots, u_p^{(l_{p-1})}{}_{1,p}/u_{p-1,p}, u_p^{(l_p)}/u_p$ 的常系数的多项式,由对数平均值的性质得

$$m(r, a_p) \leqslant \sum_{j=p+1}^{n} m(r, a_j) + \sum_{j=p+1}^{n} m(r, C_j) + O(1). \tag{5.1.33}$$

根据引理 5.3 有

$$\sum_{j=p+1}^{n} m(r, C_j) \leqslant O\left\{\sum_{t=1}^{p} \log T(r, w_t) + \log T(r, u_p) + \log r\right\} \quad (r \bar{\in} I).$$

满足条件 (5.1.31) 的 $a_p(z)$ 必为超越整函数，因此当 $r \to \infty$ 时，$m(r, a_p) \to \infty$ 且 $\log r/m(r, a_p)$ 的上极限为零. (5.1.33) 的两端除以 $m(r, a_p)$ 然后取下极限得到

$$\begin{aligned}
1 &\leqslant \varliminf_{r\to\infty} \left\{\frac{O(1)}{m(r, a_p)} + \sum_{j=p+1}^{n} [m(r, a_j) + m(r, C_j)]/m(r, a_p)\right\} \\
&\leqslant \varliminf_{\substack{r\to\infty \\ r \bar{\in} I}} \left\{\sum_{j=p+1}^{n} [m(r, a_j) + m(r, C_j)]/m(r, a_p)\right\} + \varlimsup_{r\to\infty} \frac{O(1)}{m(r, a_p)} \\
&\leqslant \varliminf_{\substack{r\to\infty \\ r \bar{\in} I}} \left\{\sum_{j=p+1}^{n} m(r, a_j)/m(r, a_p)\right\} + \varlimsup_{r\to\infty} \frac{O(\log r)}{m(r, a_p)}
\end{aligned}$$

$$+\overline{\lim_{\substack{r\to\infty\\ r\bar{\in} I}}}\frac{O\left[\log T(r,u_p)+\sum_{i=1}^{p}\log T(r,w_i)\right]}{m(r,a_p)}$$

$$<1.$$

此矛盾便证明了定理.

推论 方程

$$w^{(n)}+a_{n-1}(z)w^{(n-1)}+\cdots+a_1(z)w'+a_0(z)w=0$$

中的系数 $a_i(z)(0\leqslant i\leqslant n-1)$ 为整函数,若其通解为有穷级的整函数,则 $\{a_i(z)\}$ 为多项式.

证明 假定此结论不真,则 $a_i(z)$ 中至少有一个超越整函数,一定存在 $p(0\leqslant p\leqslant n-1)$ 使得(5.1.31)成立,(5.1.1)至少有 $n-p$ 个线性无关的无穷级整函数解,与假设矛盾.

注 1° 定理 5.6 首先是由 M. Frei[1],[2] 证明的,这里叙述的是其改进的形式(见萧修治[2]),它改善了原来的结果. 如方程

$$w^{(n)}+ze^zw^{(n-1)}+a_{n-2}(z)w^{(n-2)}+\cdots$$
$$+a_1(z)w'+e^{3z}w=0,$$

其中 $a_1,a_2,\cdots,a_{n-2}$ 都是 z 的多项式,满足条件(5.1.31)$(p=0)$. 按定理 5.6,此方程的任一解都是无穷级的整函数. 而按 Frei 原先的结果,此方程可能有 $n-1$ 个有穷级的特解. 这种形式的方程的例子是

$$w''-(2e^z+1)w'+e^{2z}w=0.$$

这个方程的解为 $w_1=\exp(e^z)$, $w_2=z\exp(e^z)$, 级都是无穷.

2° 定理中条件(5.1.31)的不等号是严格的. 若等号成立,定理不一定为真. 如方程

$$(\sin z\cdot\cos z-z)w''+2\sin^2 z\cdot w'$$
$$-(\sin z\cdot\cos z+z)w=0$$

有 $m(r,a_1)/m(r,a_2)\doteq 1$,而解为 $w_1=\sin z$, $w_2=z\cos z$,它们的级都是 1,满足条件(5.1.32).

3° 在定理的条件下,$z=\infty$ 是方程(5.1.1)的非正则奇点,按条件(5.1.32)对非正则积分作了某种分类.

现在我们只假定方程 (5.1.1) 中系数 $a_i(z)$ $(0 \leqslant i \leqslant n)$ 为整函数,类似于定理 5.4 有

定理 5.7 设 $a_i(z)$ $(0 \leqslant i \leqslant n)$ 为整函数,则对 (5.1.1) 的任一非平凡的亚纯函数解 $w(z)$ 有

$$T(r, w) \leqslant T(r, w') + \sum_{i=0}^{n} T(r, a_i) + O\{\log r T(r, w')\} \quad (r \bar{\in} I, r \to \infty). \tag{5.1.34}$$

证明 将 (5.1.1) 写为

$$-w = \frac{1}{a_0}[a_n w^{(n)} + a_{n-1} w^{(n-1)} + \cdots + a_1 w'] = \frac{w'}{a_0}\left[a_n \frac{w^{(n)}}{w'} + a_{n-1}\frac{w^{(n-1)}}{w'} + \cdots + a_1\right],$$

类似于定理 5.4 的推导即得到 (5.1.34)。

对于值的分布,我们有

定理 5.8 若 $w(z)$ 是方程 (5.1.1) 的亚纯允许解,则对于 $\alpha \neq 0, \infty$ 有

$$\delta(\alpha, w) = 0.$$

证明 将 (5.1.1) 写为

$$w = -[a_1(z)w' + a_2(z)w'' + \cdots + a_n(z)w^{(n)}]/a_0(z),$$

则有

$$\frac{1}{w-\alpha} = -\frac{1}{\alpha} - \left[a_1(z)\frac{w'}{w-\alpha} + a_2(z)\frac{w''}{w-\alpha} + \cdots + a_n(z)\frac{w^{(n)}}{w-\alpha}\right]\Big/\alpha a_0(z),$$

从而得到

$$m\left(r, \frac{1}{w-\alpha}\right) \leqslant \sum_{i=0}^{n} T(r, a_i) + O\{\log r T(r, w)\} \quad (r \bar{\in} I).$$

$$\delta(\alpha, w) = \varliminf_{r\to\infty} \frac{m\left(r, \frac{1}{w-\alpha}\right)}{T(r, w)} \leqslant \varliminf_{\substack{r\to\infty \\ r \bar{\in} I}} \frac{\sum_{i=0}^{n} T(r, a_i)}{T(r, w)}$$

$$+\varlimsup_{r\to\infty}\frac{O(\log r)}{T(r, w)}+\varlimsup_{r\to\infty}\frac{O(\log T(r, w))}{T(r, w)}$$

$$=0.$$

§ 5.2 Riccati 方程的亚纯解

Riccati 方程

$$w'=a_0(z)+a_1(z)w+a_2(z)w^2 \tag{5.2.1}$$

是最简单的非线性方程．研究它的解的性质是具有代表性的．

首先我们有

定理 5.9 设方程 (5.2.1) 中的系数全为 z 的有理函数，则它的超越亚纯解是有穷正级．

证明 令 $w=\frac{u}{a_2(z)}-\frac{a_1(z)}{2a_2(z)}-\frac{a_2'(z)}{2a_2^2(z)}$，若 $a_2(z)\equiv 0$，则 (5.2.1) 即为线性方程，此时不需要作此变换和下面的变换．当 $a_2(z)\not\equiv 0$ 时，(5.2.1) 成为

$$u'=A(z)+u^2, \tag{5.2.2}$$

其中

$$A(z)=a_0(z)a_2(z)-\frac{a_1^2(z)}{4}-\frac{a_1'(z)}{2}-\frac{3}{4}\left(\frac{a_2'(z)}{a_2(z)}\right)^2-\frac{a_1(z)a_2'(z)}{2a_2(z)}-\frac{a_2''(z)}{2a_2(z)}.$$

再令 $u=\frac{V'}{V}-\frac{a_2'(z)}{2a_2(z)}$，(5.2.2) 成为

$$V''-\frac{a_2'(z)}{a_2(z)}V'+B(z)V=0, \tag{5.2.3}$$

其中

$$B(z)=a_0(z)a_2(z)-\frac{a_1^2(z)}{4}+\frac{a_1'(z)}{2}-\frac{a_1(z)a_2'(z)}{2a_2(z)}.$$

此即表示 $V(z)$ 满足有理系数的线性方程 (5.2.3)．

由 §5.1 的 Valiron 定理可知，$V(z)$ 的级 ρ_V 是有穷正数．但因

$$m(r, w)=m\left(r, \frac{V'}{V}-\frac{a_2'}{2a_2}\right)=O(\log r),$$

和

$$N(r, w) = \bar{N}\left(r, \frac{1}{V}\right) + O(\log r)$$

$$= T(r, V) + O(\log r),$$

从而有

$$T(r, w) = T(r, V) + O(\log r),$$

因此 $w(z)$ 的级 $\rho_w = \rho_V$ (参看 Hille. E[2]).

有理系数 Riccati 方程亚纯解为有穷级的结论还能由球面特征函数得到简明的证明.

定理 5.10 具有有理系数的方程 (5.2.1), 它的每一个亚纯解是有穷级的.

证明 设 $w(z)$ 是 (5.2.1) 的亚纯解,则有

$$|w'(z)| \leqslant |a_0(z)|^2 + 2|a_0(z)a_1(z)||w(z)| + \cdots + |a_2(z)|^2|w(z)|^4.$$

由于

$$\frac{|w(z)|^j}{(1+|w(z)|^2)^2} < 1, \quad j = 0, 1, \cdots, 4,$$

于是

$$\frac{|w'(z)|^2}{(1+|w(z)|^2)^2} \leqslant |a_0(z)|^2 + \cdots + |a_2(z)|^2$$

$$\leqslant K|z|^\rho \quad (|z| \to \infty),$$

其中 ρ 是整数,可假定 $-1 \leqslant \rho < +\infty$, 则

$$A(r, w) = \frac{1}{\pi} \iint\limits_{|z| \leqslant r} \frac{|w'(z)|^2}{(1+|w(z)|^2)^2} d\sigma,$$

$$\leqslant K_1 r^{1+\rho} \quad (r \to \infty),$$

从而得到

$$\mathring{T}(r, w) \leqslant \begin{cases} K_1 \log r, & \rho = -1 \\ \dfrac{K_1}{1+\rho} r^{1+\rho}, & \rho > -1 \end{cases}$$

这就说明 $w(z)$ 的级有穷.

如果 (5.2.1) 中的系数至少有一个为超越亚纯函数,解的增长不可能有上述估计. 我们有

定理 5.11 若 (5.2.1) 的系数 $a_2(z)\not\equiv 0$, $a_i(z)$ $(0\leqslant i\leqslant 2)$ 为亚纯函数,则对 (5.2.1) 的亚纯函数解 $w(z)$ 有

$$T(r,w)\leqslant \overline{N}(r,w)+\sum_{i=0}^{2}T(r,a_i)$$
$$+O\{\log rT(r,w)\}\quad (r\bar{\in}I,\ r\to\infty).\qquad(5.2.4)$$

证明 将 (5.2.1) 写为

$$a_2(z)w^2=w'-a_1(z)w-a_0(z)$$
$$=w\left[\frac{w'}{w}-a_1(z)\right]-a_0(z),$$

从而得到

$$2m(r,w)=m(r,a_2w^2/a_2)\leqslant m(r,w)+m\left(r,\frac{w'}{w}\right)$$
$$+m(r,a_0)+m(r,a_1)+m\left(r,\frac{1}{a_2}\right)+2\log 2.$$

又由

$$2N(r,w)\leqslant N(r,w')+N(r,a_0)$$
$$+N(r,a_1)+N\left(r,\frac{1}{a_2}\right),$$

便得

$$2T(r,w)\leqslant T(r,w)+\overline{N}(r,w)+\sum_{i=0}^{2}T(r,a_i)$$
$$+m\left(r,\frac{w'}{w}\right)+O(1),$$

即得 (5.2.4).

推论 1° 在定理的假定下,若还有

$$\overline{N}(r,w)=O\left\{\sum_{i=0}^{2}T(r,a_i)\right\}+O(\log r)\quad (r\bar{\in}I),\qquad(5.2.5)$$

则有

$$T(r,w)=O\left\{\sum_{i=0}^{2}T(r,a_i)\right\}+O(\log r)$$

$$(r\bar{\in} I,\ r\to\infty).$$

证明 将 (5.2.5) 代进 (5.2.4) 便得.

推论 2° 在定理的假定下有

$$2T(r,w)\leqslant T(r,w')+2\sum_{i=0}^{2}T(r,a_i)$$
$$+O\{\log rT(r,w)\}\quad (r\bar{\in} I,\ r\to\infty).$$

在 (5.2.4) 中注意到 $2\bar{N}(r,w)\leqslant N(r,w')\leqslant T(r,w')$ 便得.

注 若 $a_2(z)\not\equiv 0$, $w(z)$ 是 (5.2.1) 的允许解，则从上式得到 $\overline{\lim\limits_{r\to\infty}}\dfrac{T(r,w')}{T(r,w)}=2$.

下面关于解的值分布的结果，实质上是由 (5.2.4) 提供的.

定理 5.12 设 (5.2.1) 中的系数 $a_2(z)\not\equiv 0$, $w(z)$ 是 (5.2.1) 的允许解，则有

$$\Theta(w,\infty)=1-\overline{\lim_{r\to\infty}}\frac{\bar{N}(r,w)}{T(r,w)}=0. \tag{5.2.6}$$

对于 $C\neq\infty$, 若 $\delta(w,C)>0$, 则 C 为 $w(z)$ 的 Picard 例外值.

证明 由 (5.2.4) 有

$$1\leqslant \underline{\lim_{\substack{r\to\infty\\ r\bar{\in} I}}}\frac{\sum\limits_{i=0}^{2}T(r,a_i)}{T(r,w)}+\overline{\lim_{\substack{r\to\infty\\ r\bar{\in} I}}}\frac{O\{\log rT(r,w)\}}{T(r,w)}$$
$$+\overline{\lim_{r\to\infty}}\frac{\bar{N}(r,w)}{T(r,w)}=\overline{\lim_{r\to\infty}}\frac{\bar{N}(r,w)}{T(r,w)}\leqslant 1,$$

即得 (5.2.6).

对于后一部分，我们令 $w=C+\dfrac{1}{u}$, 有

$$u'=-a_2(z)-[a_1(z)+2Ca_2(z)]u$$
$$-[a_0(z)+Ca_1(z)+C^2a_2(z)]u^2.$$

若

$$\Theta(u,\infty)\geqslant\delta(u,\infty)=\delta(w,C)>0,$$

则必

$$a_0(z)+Ca_1(z)+C^2a_2(z)\equiv 0.$$

于是 (5.2.1) 成为

$$w'=(w-C)[a_1(z)+Ca_2(z)+a_2(z)w],$$

此方程有常数解 $w=C$。根据开拓的唯一性定理，此方程的非常数解必以 C 为 Picard 例外值，允许解必为非常数，定理证完。

推论 1° 在定理的假定下，若存在 $C_1, C_2\in\mathbb{C}$, $C_1\neq C_1$, 使得

$$\delta(w, C_1)\cdot\delta(w, C_2)>0,$$

则必 $\delta(w', 0)=1$。

证明 由定理的结果可知，在所述条件下，C_1 和 C_2 为 $w(z)$ 的 Picard 例外值，从而

$$\sum_{\alpha\neq\infty}\delta(w, \alpha)=\delta(w, C_1)+\delta(w, C_2)=2;$$

而对任一亚纯函数有

$$2\delta(w', 0)\geqslant\sum_{\alpha\neq\infty}\delta(w, \alpha)=2,$$

因此即得 $\delta(w', 0)=1$。

推论 2° 在定理的假定下，若 $a_2(z)/a_1(z)\neq\text{const}$, 且对某一 $\alpha\neq\infty$ 有 $\delta(w, \alpha)>0$, 则有 $\Phi_e\geqslant 1$, 其中

$$\Phi_e=\varlimsup_{r\to\infty}\left\{N\left(r, \frac{1}{w'}\right)\Big/T(r, w)\right\}.$$

证明 由定理可知，α 为 $w(z)$ 的 Picard 例外值。此时，(5.2.1) 可写为

$$w'=(w-\alpha)[a_1(z)+\alpha a_2(z)+a_2(z)w].$$

令 $F(z)=a_1(z)+\alpha a_2(z)+a_2(z)w$, 则知 F 满足方程

$$F'=C_0(z)+C_1(z)F+F^2,$$

其中

$$C_0(z)=a_2(z)(a_1(z)/a_2(z))',$$

$$C_1(z)=a_2'(z)/a_2(z)-a_1(z)-2\alpha a_2(z).$$

由假设 $C_0(z)\not\equiv 0$, 可知上面的方程的允许解 $F(z)$ 不以 0 为 Picard 例外值，从而 $\delta(F, 0)=0$。故有

$$m\left(r, \frac{1}{F}\right) = S(r, F) = S(r, w).$$

对于 $F(z)$ 的零点,由 $w' = (w - \alpha)F$ 得

$$N\left(r, \frac{1}{F}\right) \leqslant N\left(r, \frac{1}{w'}\right),$$

于是

$$\begin{aligned} T(r, w) &= T(r, (F - \alpha a_2 - a_1)/a_2) \\ &\leqslant T(r, F) + O\{T(r, a_1) + T(r, a_2)\} \\ &= T\left(r, \frac{1}{F}\right) + O\{T(r, a_1) + T(r, a_2)\} \\ &\leqslant N\left(r, \frac{1}{w'}\right) + O\{T(r, a_1) + T(r, a_2)\} \\ &\quad + S(r, w) \\ &= N\left(r, \frac{1}{w'}\right) + S(r, w). \end{aligned}$$

由于 $\varliminf\limits_{r \to \infty} \dfrac{S(r, w)}{T(r, w)} = 0$, 上式两端除以 $T(r, w)$ 并且取下极限就得到证明.

§ 5.3 一阶代数微分方程

一阶代数微分方程的一般形状为

$$\begin{aligned} &A_0(z, w)(w')^n + A_1(z, w)(w')^{n-1} + \cdots \\ &\quad + A_{n-1}(z, w)w' + A_n(z, w) = 0, \end{aligned} \tag{5.3.1}$$

其中 $A_j(z, w) = \sum\limits_{l=0}^{p_j} a_{j,l}(z) w^l$, $j = 0, 1, \cdots, n$, 系数 $\{a_{j,l}(z)\}$ 是 z 的有理函数.

设 (5.3.1) 有一超越整函数解,改写 (5.3.1) 为

$$\begin{aligned} &A_0(z, w)\left(\frac{w}{z}\right)^n\left(\frac{zw'}{w}\right)^n + A_1(z, w)\left(\frac{w}{z}\right)^{n-1}\left(\frac{zw'}{w}\right)^{n-1} \\ &\quad + A_{n-1}(z, w)\frac{w}{z} \cdot \frac{zw'}{w} + A_0(z, w) = 0. \end{aligned}$$

令 $m = \max\limits_{0 \leqslant j \leqslant n} \{p_j + n - j\}$，两端除以 w^m，上式可写为

$$\varphi\left(\frac{zw'}{w}, z\right) + \psi\left(\frac{1}{w}, \frac{zw'}{w}, z\right) = 0,$$

其中 $\varphi\left(\frac{zw'}{w}, z\right)$ 是 $\frac{zw'}{w}$ 的多项式，系数为 z 的有理函数，$\psi\left(\frac{1}{w}, \frac{zw'}{w}, z\right)$ 是 $\frac{1}{w}$ 及 $\frac{zw'}{w}$ 的多项式，系数为 z 的有理函数，且不含 $\frac{1}{w}$ 的项归入 φ 中. 选取 z 使得 $|w(z)| = M(r, w)$. 对于充分大的 $|z|$，由于

$$\left|\frac{1}{w^s}\left(\frac{zw'}{w}\right)^t z^\mu\right| < 2\nu^t |z|^\mu / [M(r, w)]^s \quad (s > 0),$$

故存在正常数 K 及 H 使得

$$\left|\psi\left(\frac{1}{w}, \frac{zw'}{w}, z\right)\right| < H|z|^{-K},$$

于是得到 $\nu(r)$ 的代数方程

$$\sum_{i=0}^{n} A_i[1 + \varepsilon_i(z)]\nu^i z^{m_i} = 0,$$

其中

$$|\varepsilon_i(z)| < H'\nu^{-\frac{1}{8}+\varepsilon} + H''|z|^{-1}.$$

仿定理 5.1 的证明得到

定理 5.13 (**G. Valiron**[4]) 方程 (5.3.1) 的每一个超越整函数解的级为有穷的有理数.

从第三章的定理 3.10 知道，如果条件

$$p_j \leqslant 2j, \ j = 0, 1, \cdots, n \tag{5.3.2}$$

不满足，(5.3.1) 的积分便有流动的临界点. 很自然地我们只讨论满足条件 (5.3.2) 的方程 (5.3.1) 的亚纯函数解. 此时恒可设 $A_0(z, w) \equiv 1$. 我们有

定理 5.14 (**A. A. Гольдберг**[11]) 设方程 (5.3.1) 满足条件 (5.3.2)，其系数 $\{a_{j,l}(z)\}$ 在 $z = \infty$ 的阶为 $\alpha_{j,l}$，并令

$$p = \max_{1 \leqslant j \leqslant n} \left\{\frac{1}{j} \max_{1 \leqslant l \leqslant p_j} \{\alpha_{j,l}\}\right\},$$

则对 (5.3.1) 的任一亚纯解 $w(z)$ 有

$$\mathring{T}(r, w)=\begin{cases}O(\log r), & p<-1\\ O((\log r)^2), & p=-1\\ O(r^{2p+2}), & p>-1\end{cases} \tag{5.3.3}$$

证明 设 $w(z)$ 为 (5.3.1) 的任一亚纯函数解. 则由对非负实数的 Jensen 不等式

$$\cdot\left(\sum_{j=1}^{n} a_j\right)^{\frac{2}{m}} \leqslant \sum_{j=1}^{n} a_j^{\frac{2}{m}},\quad m \geqslant 2 \text{ 整数}$$

及 Cauchy 不等式

$$\left(\sum_{j=1}^{n} a_j\right)^2 \leqslant n \sum_{i=1}^{n} a_i^2$$

得到

$$A(r, w)=\frac{1}{\pi} \iint_{|z|<r} \frac{|w'(z)|^2 d\sigma_z}{(1+|w(z)|^2)^2}$$

$$=\frac{1}{\pi} \iint_{|z|<r} \frac{\left|\sum_{j=1}^{n} A_j(z, w)(w')^{n-j}\right|^{\frac{2}{n}} d\sigma_z}{(1+|w(z)|^2)^2}$$

$$\leqslant \frac{1}{\pi} \iint_{|z|<r} \frac{\left(\sum_{j=1}^{n} |A_j(z, w)(w')^{n-j}|\right)^{\frac{2}{n}} d\sigma_z}{(1+|w(z)|^2)^2}$$

$$\leqslant \sum_{j=1}^{n} \frac{1}{\pi} \iint_{|z|<r} \frac{|A_j(z, w)|^{\frac{2}{n}} |w'|^{\frac{2(n-j)}{n}} d\sigma_z}{(1+|w(z)|^2)^2},$$

其中 $d\sigma_z$ 为面积元素. $n>1$ 时, 上式右端用 Schwarz 不等式便得

$$A(r, w) \leqslant \sum_{j=1}^{n}\left(\frac{1}{\pi} \iint_{|z|<r} \frac{|w'|^2 d\sigma_z}{(1+|w|^2)^2}\right)^{\frac{n-j}{n}}$$

$$\cdot\left(\frac{1}{\pi} \iint_{|z|<r} \frac{|A_j(z, w)|^{\frac{2}{j}} d\sigma_z}{(1+|w|^2)^2}\right)^{\frac{j}{n}}.$$

对每一个固定的 r, 上式右端相加项中至少有一项为最大, 令其相

应的指标为 $j(r)$，即得

$$A(r,w)\leqslant n\left(\frac{1}{\pi}\iint\limits_{|z|<r}\frac{|w'|^2 d\sigma_z}{(1+|w|^2)^2}\right)^{\frac{n-j(r)}{n}}$$

$$\cdot\left(\frac{1}{\pi}\iint\limits_{|z|<r}\frac{|A_{j(r)}(z,w)|^{\frac{2}{j(r)}}d\sigma_z}{(1+|w|^2)^2}\right)^{\frac{j(r)}{n}}$$

$$=nA(r,w)^{\frac{n-j(r)}{n}}\left(\frac{1}{\pi}\iint\limits_{|z|<r}\frac{|A_{j(r)}(z,w)|^{\frac{2}{j(r)}}d\sigma_z}{(1+|w|^2)^2}\right)^{\frac{j(r)}{n}}.$$

于是有

$$A(r,w)\leqslant n^{\frac{n}{j(r)}}\cdot\frac{1}{\pi}\iint\limits_{|z|<r}\frac{|A_{j(r)}(z,w)|^{\frac{2}{j(r)}}d\sigma_z}{(1+|w|^2)^2},$$

对任意的 r，我们得到

$$A(r,w)\leqslant n^n\sum_{j=1}^{n}\frac{1}{\pi}\iint\limits_{|z|<r}\frac{|A_j(z,w)|^{\frac{2}{j}}d\sigma_z}{(1+|w|^2)^2}.$$

注意到由于 $p_j\leqslant 2j$，对 $j\geqslant 2$ 再次应用 Jensen 不等式得

$$|A_j(z,w)|^{\frac{2}{j}}\leqslant\left(\sum_{l=0}^{p_j}|a_{j,l}(z)||w(z)|^l\right)^{\frac{2}{j}}$$

$$\leqslant\sum_{l=0}^{2j}|a_{j,l}(z)|^{\frac{2}{j}}|w(z)|^{\frac{2l}{j}}.$$

如果 $z\in\mathbf{C}$，注意到 $2l\leqslant 4j$，有 $|w|^{2l/j}/(1+|w|^2)^2\leqslant 1$，因而导出

$$\frac{|A_j(z,w)|^{\frac{2}{j}}}{(1+|w|^2)^2}\leqslant\sum_{l=0}^{2j}|a_{j,l}(z)|^{\frac{2}{j}}.$$

对 $j=1$，直接计算可得

$$\left(\frac{|A_1(z,w)|}{1+|w|^2}\right)^2\leqslant[|a_{1,0}(z)|+|a_{1,1}(z)|+|a_{1,2}(z)|]^2.$$

综上各式，并计及 p 的定义，对于 $t>t_0$ 有

$$\int_0^{2\pi}\frac{|A_j(te^{i\varphi},w)|^{\frac{2}{j}}d\varphi}{(1+|w|^2)^2}\leqslant 3\int_0^{2\pi}\sum_{l=0}^{p_j}|a_{j,l}(te^{i\varphi})|^{\frac{2}{j}}d\varphi$$

$$\leqslant C_j t^{2p}.$$

从而得到

$$A(r, w) \leqslant n^n \sum_{j=1}^{n} \frac{1}{\pi} \int_0^r \int_0^{2\pi} \frac{|A_j(te^{i\varphi}, w)|^{\frac{2}{j}}}{(1+|w|^2)^2} t\,dt\,d\varphi$$

$$= \begin{cases} O(1), & p < -1 \\ O(\log r), & p = -1 \\ O(r^{2p+2}), & p > -1. \end{cases}$$

根据球面特征函数的定义便得到 (5.3.3).

§ 5.4 高阶代数微分方程解析解的增长性

前面三节中我们对特殊形状的方程，在对系数作了某种限制后得到解的一些增长性的估计．本节中我们将对较为一般的代数微分方程且对系数不加限制的情形下，寻求多值解的增长性，而亚纯解作为其特殊情形而得到．

为了下面的需要，我们先证明下述引理，它本质上是属于 F. Bureau 的．这里叙述的是庄圻泰在[1]中一个引理的改写．

引理 5.7 设 $U(r)$ 和 $H(r)$ 是 $r \in [0, \infty)$ 的两个非负非减函数，并且当 $r \to \infty$ 时，$H(r) \to \infty$．a 和 b 为两个正数，$H(r_0) \geqslant \max\{(a+b)\log 2, 2^{2+b/a}a(a+b)\}$，假设对于所有的 r 和 t，$0 < r_0 \leqslant r < t$，有

$$U(r) < a\log U(t) + b\log\frac{t}{t-r} + H(r), \qquad (5.4.1)$$

则于 $0 < r_0 \leqslant r < t$ 上有

$$U(r) < (a+b)\log\frac{t}{t-r} + 2H(t). \qquad (5.4.2)$$

证明 若 r 和 t 使得下式成立

$$U(r) \geqslant (a+b)\log\frac{t}{t-r} + 2H(t), \qquad (5.4.3)$$

我们将证明对于 $r' = \frac{1}{2}(t+r)$ 和 t 下式成立

$$U(r') \geqslant (a+b)\log \frac{t}{t-r'} + 2H(t). \qquad (5.4.4)$$

事实上，根据 (5.4.1) 并注意到 $r'-r=\frac{1}{2}(t-r)=t-r'$，便有

$$U(r) \leqslant a\log^{+} U(r') + b\log \frac{r'}{r'-r} + H(r)$$

$$< a\log^{+} U(r') + b\log \frac{t}{t-r'} + H(t). \qquad (5.4.5)$$

结合 (5.4.3) 和 (5.4.5) 便得到

$$(a+b)\log \frac{t}{2(t-r')} + 2H(t) < a\log^{+} U(r')$$

$$+ b\log \frac{t}{t-r'} + H(t),$$

从而有

$$a\log^{+} U(r') > a\log \frac{t}{t-r'} + (a+b)\log \frac{1}{2} + H(t),$$

即

$$\log^{+} U(r') > \log \left[\frac{t}{t-r'} e^{H(t)/a} \cdot 2^{-(1+b/a)}\right].$$

由假设

$$H(t) \geqslant H(r_0) \geqslant (a+b)\log 2,$$

得到

$$\frac{t}{t-r'} \exp\left[\frac{H(t)}{a}\right] 2^{-(1+b/a)} > \exp\left[\frac{H(t)}{a}\right] 2^{-(1+b/a)} \geqslant 1,$$

即有 $\log^{+} U(r') = \log U(r')$. 于是

$$U(r') > \frac{t}{t-r'} \exp\left[\frac{H(t)}{a}\right] 2^{-(1+b/a)}. \qquad (5.4.6)$$

现在证明

$$\frac{t}{t-r'} \exp\left[\frac{H(t)}{a}\right] 2^{-(1+b/a)}$$

$$> (a+b)\log\frac{t}{t-r'} + 2H(t), \tag{5.4.7}$$

从而可得到(5.4.4). 首先对固定的 t, 令 $H(t) = H$ 和

$$\varphi(x) = e^{H/a}x - (a+b)2^{1+b/a}\log x - 2^{2+b/a}H,$$

我们有 $\varphi(2) > 0$. 这是由于 $H \geqslant H(r_0) \geqslant 2^{2+b/a}a(a+b)$, 从而有

$$\begin{aligned} 2e^{H/a} &= 2\left(1 + \frac{H}{a} + \frac{1}{2!}\left(\frac{H}{a}\right)^2 + \cdots\right) \geqslant \left(1 + \frac{H}{a}\right)^2 \\ &\geqslant 2^{2+b/a}(a+b)\left(1 + \frac{H}{a}\right) > 2^{2+b/a}(a+b) + 2^{2+b/a}H \\ &> 2^{1+b/a}(a+b)\log 2 + 2^{2+b/a}H, \end{aligned}$$

上式表明

$$\varphi(2) = 2e^{H/a} - (a+b)2^{1+b/a}\log 2 - 2^{2+b/a}H > 0.$$

同时,对 $x \geqslant 2$ 有

$$\varphi'(x) = e^{H/a} - (a+b)2^{1+b/a}/x \geqslant e^{H/a} - (a+b)2^{b/a} > 0,$$

此即当 $x \geqslant 2$ 时 $\varphi(x)$ 是 x 的增函数. 今置

$$x = \frac{t}{t-r'}\left(> \frac{t-r}{t-r'} = 2\right),$$

更有 $\varphi\left(\frac{t}{t-r'}\right) > 0$, 即得到(5.4.7).

现在令 $r_n = \frac{1}{2}(r_{n-1} + t)$, $n = 1, 2, \cdots$,反复应用(5.4.4)便有

$$U(t) \geqslant U(r_n) > (a+b)\log\frac{t}{t-r_n} + 2H(t),$$

上式表明,当 $n \to \infty$ 时右端趋于 $+\infty$, 导致矛盾. 引理证毕.

现在我们考虑微分方程

$$\Omega(z, w) = \sum_{k=0}^{p} a_k(z)w^k \Big/ \sum_{j=0}^{q} b_j(z)w^j, \tag{5.4.8}$$

其中 $\Omega(z, w)$ 是 w 的微分多项式, 系数为 z 的亚纯函数. 对于(5.4.8)的多值解的增长性,我们有

定理 5.15 设 $w(z)$ 是 (5.4.8) 的 ν 值代数体解，且设 $p > q+\lambda$，则对于任意给定的 $\sigma>1$，存在常数 K 和 $r_0 \geqslant 1$，使得对于 $r \geqslant r_0$ 有

$$T(r, w) \leqslant KF(\sigma r), \tag{5.4.9}$$

其中

$$F(r) = \bar{N}(r, w) + \sum T(r, a_{(i)}) + \sum_{k=0}^{p} T(r, a_k) + \sum_{j=0}^{q} T(r, b_j) + 1,$$

λ 是第四章 (4.2.4) 中定义的量.

本定理说明方程 (5.4.8) 的解的特征在一定条件下能由微分方程的系数的特征和解的极点的数目函数所控制.

定理的证明. 若 $w(z)$ 使得

$$\sum_{k=0}^{p} a_k(z) w^k \equiv 0,$$

则由定理 4.10 知道，存在正常数 K，使得

$$T(r, w) \leqslant K \sum_{k=0}^{p} T(r, a_k) \leqslant KF(r).$$

当 $\sum_{k=0}^{p} a_k(z) w^k \not\equiv 0$ 时，在定理 4.13 的证明中我们已经得到 (4.5.24)，它可以写为下面的形式

$$pT(r, w) < (q+\lambda) T(r, w) + \bar{\mu}\nu \bar{N}(r, w) + K_1 \left\{ F_1(r) + \sum_{\alpha=1}^{n} m\left(r, \frac{w^{(\alpha)}}{w}\right) \right\},$$

其中 $F_1(r) = F(r) - \bar{N}(r, w)$. 注意到 $p > q+\lambda$，便得到

$$T(r, w) < \frac{\bar{\mu}\nu}{p-(q+\lambda)} \bar{N}(r, w) + \frac{K_1}{p-(q+\lambda)} \cdot \left\{ F_1(r) + \sum_{\alpha=1}^{n} m\left(r, \frac{w^{(\alpha)}}{w}\right) \right\}.$$

应用推广形式的对数导数引理于上式求和中的各项，得到

$$T(r, w) < a \log T(t, w) + b \log \frac{t}{t-r} + H(r), \quad (5.4.10)$$

其中 a 和 b 为两个常数,并且

$$H(r) = \frac{\bar{\mu}\nu}{p-(q+\lambda)} \bar{N}(r, w) + \frac{K_1}{p-(q+\lambda)} F_1(r).$$

应用引理 5.7 到 (5.4.10) 便得

$$T(r, w) < (a+b) \log \frac{t}{t-r} + 2H(t).$$

取 $t = \sigma r, \sigma > 1$, 便得到 (5.4.9).

现在考虑次之亚纯系数的代数微分方程

$$\Omega(z, w) \equiv \sum a_{(i)}(z) w^{i_0} \cdots (w^{(n)})^{i_n} = 0, \quad (5.4.11)$$

并以 $\Omega_l(z, w)$ 表示 $\Omega(z, w)$ 的总次数为 l 的齐次部分,即

$$\Omega_l(z, w) \equiv \sum_{\lambda_i = l} a_{(i)}(z) w^{i_0} \cdots (w^{(n)})^{i_n},$$

其中 $\lambda_i = i_0 + i_1 + \cdots + i_n$. 则我们有

定理 5.16 设 $w(z)$ 是方程 (5.4.11) 的代数体解, 并且它不同时满足所有齐次方程 $\Omega_l(z, w) = 0, l = 1, 2, \cdots, \lambda$. 则对任意的 $\sigma > 1$, 存在常数 K 和 r_0, 使得对所有的 $r \geqslant r_0$ 有

$$T(r, w) \leqslant KH(\sigma r), \quad (5.4.12)$$

其中

$$H(r) = \bar{N}(r, w) + \bar{N}\left(r, \frac{1}{w}\right) + N_x(r, w) + \sum T(r, a_{(i)}) + 1,$$

$N_x(r, w)$ 为 $w(z)$ 的分枝点密指量.

证明 首先将 (5.4.11) 改写为

$$\Omega(z, w) \equiv \sum_{l=0}^{\lambda} \Omega_l(z, w) = 0.$$

令 $m = \max\{l, \Omega_l(z, w(z)) \neq 0\}$,于是将 $w(z)$ 代入 (5.4.11) 得

$$\sum_{l=0}^{m} \Omega_l(z, w) \equiv \sum_{l=0}^{m} F_l(z, w) w^l = 0,$$

其中 $F_l(z,w)=\sum_{i_j=l}a_{(i)}(z)\left(\frac{w'}{w}\right)^{i_1}\cdots\left(\frac{w^{(n)}}{w}\right)^{i_n}$，或者

$$w^m F_m(z,w)=-\sum_{l=0}^{m-1}F_l(z,w)w^l.$$

应用第一基本定理得到

$$\begin{aligned}mT(r,w)&\leqslant T(r,w^mF_m(z,w))+T\left(r,\frac{1}{F_m(z,w)}\right)\\&=T\left(r,\sum_{l=0}^{m-1}F_l(z,w)w^l\right)\\&\quad+T(r,F_m(z,w))+K_0.\end{aligned}$$

由于

$$|F_l(z,w)w^l|\leqslant\begin{cases}|w|^{m-1}|F_l(z,w)|, & |w|>1\\|F_l(z,w)|, & |w|\leqslant 1\end{cases}$$

因此

$$\begin{aligned}m\left(r,\sum_{l=0}^{m-1}F_l(z,w)w^l\right)&\leqslant(m-1)m(r,w)\\&\quad+\sum_{l=0}^{m-1}m(r,F_l(z,w))+K_1.\end{aligned}$$

此外，$\sum_{l=0}^{m-1}F_l(z,w)w^l$ 的每一极点 z_0 由某些相加项 $F_l(z,w)w^l$ 的极点产生，所以，若以 $\tau(z_0,\alpha(z))$ 表示 $\alpha(z)$ 以 z_0 为极点的重级，则 $\tau\left(z_0,\sum_{l=0}^{m-1}F_l(z,w)w^l\right)\leqslant\max_{0\leqslant l\leqslant m-1}\{\tau(z_0,F_l(z,w)w^l\}\leqslant$ $(m-1)\tau(z_0,w)+\sum_{l=0}^{m-1}\tau(z_0,F_l(z,w))$.因此，

$$\begin{aligned}N\left(r,\sum_{l=0}^{m-1}F_l(z,w)w^l\right)&\leqslant(m-1)N(r,w)\\&\quad+\sum_{l=0}^{m-1}N(r,F_l(z,w)),\end{aligned}$$

于是得到

$$mT(r, w) \leqslant (m-1)T(r, w) + \sum_{l=0}^{m} T(r, F_l(z, w)) + K_2,$$

或

$$T(r, w) \leqslant \sum_{l=0}^{m} T(r, F_l(z, w)) + K_2.$$

现在对上式右端求和各项进行进一步的估计，首先容易得到

$$m(r, F_l(z, w)) = m\left(r, \sum_{\lambda_i = l} a_{(i)}(z)\left(\frac{w'}{w}\right)^{i_1} \cdots \left(\frac{w^{(n)}}{w}\right)^{i_n}\right)$$

$$\leqslant \sum_{\lambda_i = l} m(r, a_{(i)}) + \sum_{\lambda_i = l} \sum_{\alpha=1}^{n} i_\alpha m\left(r, \frac{w^{(\alpha)}}{w}\right) + K_3.$$

因此，

$$\sum_{l=0}^{m} m(r, F_l(z, w)) \leqslant K_4 \left\{\sum m(r, a_{(i)}) + \sum_{\alpha=1}^{n} m\left(r, \frac{w^{(\alpha)}}{w}\right) + 1\right\}. \tag{5.4.13}$$

为了估计 $\sum_{l=0}^{m} N(r, F_l(z, w))$，我们注意到 $F_l(z, w) = \sum a_{(i)}(z)\left(\frac{w'}{w}\right)^{i_1} \cdots \left(\frac{w^{(n)}}{w}\right)^{i_n}$ 的极点产生于下列四种情形：(i) 系数 $a_{(i)}(z)$ 的极点；(ii) $w(z)$ 的零点；(iii) $w(z)$ 的极点；(iv) 某些 $w^{(\alpha)}(z)$ 的极点但不是 $w(z)$ 的极点者，即由某些分枝点所产生者。

显然对于情形 (i)，它在 $N(r, F_l(z, w))$ 中的贡献至多为 $\sum N(r, a_{(i)})$。

对于情形 (ii)，设 z_0 是 $w(z)$ 的零点，其重级记为 $\tau\left(z_0, \frac{1}{w}\right)$，即 $w(z)$ 有 $\beta(1 \leqslant \beta \leqslant \nu)$ 个分枝在 z_0 点取 $w = 0$ 为值，此时在 z_0 的邻域内有

$$w(z) = (z - z_0)^{\tau\left(z_0, \frac{1}{w}\right)/\beta} g(z), \quad g(z_0) \neq 0, \infty,$$

从而

$$w^{(\alpha)}(z)=(z-z_0)^{\frac{\tau\left(z_0,\frac{1}{w}\right)-\alpha\beta}{\beta}}g_\alpha(z),\quad g_\alpha(z_0)\neq 0,\ \infty.$$

这就表明 z_0 为 $F_l(z, w)$ 的极点,其重级为

$$\tau(z_0, F_l(z, w))=\max\{i_1\beta+2i_2\beta+\cdots+ni_n\beta\}\leqslant\bar{\mu}\nu,$$

其中 $\bar{\mu}=\max\left\{\sum_{\alpha=1}^{n}\alpha i_\alpha\right\}$. 因此,由情形 (ii) 产生的 $F_l(z, w)$ 之极点在 $N(r, F_l(z, w))$ 中的贡献至多为 $\bar{\mu}\nu\bar{N}\left(r, \frac{1}{w}\right)$.

类似地可得对于情形 (iii) 所产生的极点在 $N(r, F_l(z, w))$ 中的贡献至多为 $\bar{\mu}\nu\bar{N}(r, w)$.

对于情形 (iv), 我们假设 $w(z)$ 有 β 个分枝在 z_0 点取 $a\neq 0, \infty$ 为值,其重级为 $\tau\left(z_0, \frac{1}{w-a}\right)$, 于是在 z_0 的邻域内有

$$w(z)=a+(z-z_0)^{\tau\left(z_0, \frac{1}{w-a}\right)/\beta}g(z),\quad g(z_0)\neq 0,\ \infty$$

和

$$w^{(\alpha)}(z)=(z-z_0)^{\frac{\tau\left(z_0,\frac{1}{w-a}\right)-\alpha\beta}{\beta}}g_\alpha(z),\quad g_\alpha(z_0)\neq 0,\ \infty.$$

若 α 使得 $\tau\left(z_0, \frac{1}{w-a}\right)-\alpha\beta<0$, 则 z_0 成为 $F_l(z, w)$ 的一个极点,其重级为

$$\begin{aligned}\tau(z_0, F_l(z, w))&=\max\left\{\sum_{\alpha=1}^{n}i_\alpha\left[\alpha\beta-\tau\left(z_0, \frac{1}{w-a}\right)\right]^+\right\}\\&\leqslant\max\left\{\sum_{\alpha=1}^{n}i_\alpha(\alpha\beta-1)\right\}\\&\leqslant\max\left\{(\beta-1)\left(\sum_{\alpha=1}^{n}i_\alpha(2\alpha-1)\right)\right\}\\&\leqslant\sigma(\beta-1),\end{aligned}$$

其中 $(k)^+=\max\{k, 0\}$, $\sigma=\max\left\{\sum_{\alpha=1}^{n}i_\alpha(2\alpha-1)\right\}$. 因此,由情形 (iv) 产生的极点在 $N(r, F_l(z, w))$ 中的贡献至多为 $\sigma N_x(r,$

w)。

综上诸式便得

$$\sum_{l=0}^{m} N(r, F_l(z, w)) \leqslant K_5 \left\{ \overline{N}(r, w) + \overline{N}\left(r, \frac{1}{w}\right) + N_x(r, w) + \sum N(r, a_{(i)}) \right\}.$$

将此式与 (5.4.13) 相加便有

$$T(r, w) \leqslant K_5 \left\{ \overline{N}(r, w) + \overline{N}\left(r, \frac{1}{w}\right) + N_x(r, w) + \sum T(r, a_{(i)}) + \sum_{\alpha=1}^{n} m\left(r, \frac{w^{(\alpha)}}{w}\right) + 1 \right\}. \quad (5.4.14)$$

以下仿定理 5.15 的证明便得到 (5.4.12)。

注 当 $w(z)$ 为方程 (5.4.11) 的亚纯函数解时，$N_x(r, w) = 0$，即为 S. Bank[5] 的一个结果。

对于方程 (5.4.11) 的解同时满足所有齐次方程的情形，我们先证明下面的引理。

引理 5.8 设 $G(r)$ 和 $H(r)$ 为两个定义在 $(0, R)$ 内的非减实函数。

(i) 对于 $R = +\infty$ 的情形，若除去一个有穷测度的集合 E 外有

$$G(r) \leqslant H(r), \quad (5.4.15)$$

则对任意的 $\alpha > 1$，存在 r_0 使得对所有的 $r \geqslant r_0$ 有

$$G(r) \leqslant H(\alpha r).$$

(ii) 对于 $R < +\infty$ 的情形，若除去一个集合 E，且

$$\int_E \frac{dt}{R-t} = \beta < +\infty,$$

对于 $r \bar{\in} E$ 有 (5.4.15) 成立，则有正数 $b < 1$，使得对所有的 r 有

$$G(r) \leqslant H(S(r)), \quad (5.4.16)$$

其中 $S(r) = R - b(R - r)$。

证明 由假设有一集合 E，且 $\operatorname{mes} E = \int_E dt = \beta < +\infty$，

使得当 $r\bar{\in}E$ 时 (5.4.15) 成立．而对任意的 r，区间 $[r, r+\beta+1]$ 的长度为 $\beta+1>\text{mes}E$．因此，它不能包含在 E 之中，即存在 $S\in[r, r+\beta+1]$，使得 $G(S)\leqslant H(S)$．由 $G(r)$ 和 $H(r)$ 的单调性有

$$G(r)\leqslant G(S)\leqslant H(S)\leqslant H(r+\beta+1).$$

对于 $\alpha>1$，我们取 $r_0\geqslant\frac{\beta+1}{\alpha-1}$，则当 $r\geqslant r_0$ 时有

$$G(r)\leqslant H(r+(\alpha-1)r_0)\leqslant H(\alpha r).$$

(ii) 令 $\varphi(r)=(R-r)(1-e^{-(\beta+1)})$，则对任意的 $r\in(0, R)$，$r+\varphi(r)=R-(R-r)e^{-(\beta+1)}<R$，即区间 $J_r=[r, r+\varphi(r)]$ 属于 $[0, R)$，并且

$$\int_{J_r}\frac{dt}{R-t}=\int_r^{r+\varphi(r)}\frac{dt}{R-t}=\beta+1.$$

因此，J_r 不能包含在 E 之中，故存在 $t\in[r, r+\varphi(r)]$，使得 $G(t)\leqslant H(t)$．由单调性得到

$$G(r)\leqslant G(t)\leqslant H(t)\leqslant H(r+\varphi(r)).$$

现令 $b=e^{-(\beta+1)}$，则 $r+\varphi(r)=S(r)$，进而导出 (5.4.16)．

下面的引理和定理是何育赞与 I. Laine[1] 所得，亚纯函数情形为 S. Bank[3] 所获得．

引理 5.9 设 $w(z)$ 为代数体函数，设 $y(z)=w'(z)/w(z)$．对任意的 $\alpha>1$，存在正常数 K, K_1 和 r_0，使得对所有的 $r\geqslant r_0$ 有

$$T(r, w)\leqslant K\{rN(\alpha r, w)+r^2\exp[K_1\phi(\alpha r)]\}, \tag{5.4.17}$$

其中

$$\phi(r)=T(r, y)+N(r, y)\log r+N(r, y)\log^+ N(r, y).$$

证明 设 $y(z)$ 满足次之方程

$$B_\nu(z)y^\nu+B_{\nu-1}(z)y^{\nu-1}+\cdots+B_0(z)=0,$$

其中 $B_j(z)$ $(j=0, 1, \cdots, \nu)$ 是整函数．令 $f_j(z)=B_j(z)/B_\nu(z)$，$j=0, 1, \cdots, \nu-1$，由 Poisson-Jensen 公式有

$$\log|f_j(z)| = \frac{1}{2\pi}\int_0^{2\pi} \log|f_j(Re^{i\theta})| \frac{R^2 - r^2}{R^2 - 2Rr\cos(\theta-\phi) - r^2}\, d\theta$$

$$+ \sum_{|b_m|<R} \log\left|\frac{R^2 - \bar{b}_m z}{R(z - b_m)}\right|$$

$$- \sum_{|a_n|<R} \log\left|\frac{R^2 - \bar{a}_n z}{R(z - a_n)}\right|,$$

其中 $\{a_n\}$ 和 $\{b_m\}$ 分别是 $B_j(z)$ 和 $B_\nu(z)$ 的零点[1]. 现令 $R = \sigma r$, $\sigma = \sqrt[3]{\alpha} > 1$, 并设 $|z| = r \neq |b_m|$, 我们进一步得到

$$\log|f_j(z)| \leqslant \frac{\sigma+1}{\sigma-1} m(\sigma r, f_j) + \sum_{|b_m|<\sigma r} \log(2\sigma r)$$

$$+ \sum_{|b_m|<\sigma r} \log \frac{1}{|r - |b_m||}. \qquad (5.4.18)$$

若 $S \geqslant e/\sigma \geqslant 1$, 定义

$$N(\sigma S, y) = \frac{1}{\nu}\int_0^{\sigma S} \frac{n\left(t, \frac{1}{B_\nu}\right) - n\left(0, \frac{1}{B_\nu}\right)}{t}\, dt$$

$$+ \frac{1}{\nu} n\left(0, \frac{1}{B_\nu}\right)\log(\sigma S)$$

$$\geqslant \frac{1}{\nu} n\left(S, \frac{1}{B_\nu}\right)\log\sigma > \frac{\sigma-1}{\nu\sigma} n\left(S, \frac{1}{B_\nu}\right),$$

即有

$$n\left(S, \frac{1}{B_\nu}\right) = n(S, y) < \frac{\nu\sigma}{\sigma-1} N(\sigma S, y). \qquad (5.4.19)$$

现设 $\{b_m\}$ 非空，且按模从小到大排列. 若此序列为无穷，取 $m_0 \geqslant 1$, 使得当 $m \geqslant m_0$ 时 $|b_m| > e/\sigma$; 若此序列为有穷，则取 m_0 为其个数. 于是对任意的 m, 都有 $n(|b_m|, y) \geqslant m$. 对于 $m > m_0$, 令 $\alpha_m = [N(\sigma|b_m|, y)]^{-\sigma}$, 由于 $\sigma > 1$, 计及 (5.4.19) 便有

---

1) 对于 $B_j(z)$ 和 $B_\nu(z)$ 的公共零点且其重级相同时，将不是 $f_j(z)$ 的零点和极点，此时右端两个求和项的差将互相抵消.

$$\sum_{m>m_0}\alpha_m=\sum_{m>m_0}[N(\sigma|b_m|,y)]^{-\sigma}$$
$$<\left(\frac{\nu\sigma}{\sigma-1}\right)^{\sigma}\sum_{m>m_0}n(|b_m|,y)^{-\sigma}$$
$$<\left(\frac{\nu\sigma}{\sigma-1}\right)^{\sigma}\sum_{m>m_0}m^{-\sigma}<+\infty.$$

现在，令 E 是 $\left\{\bigcup_{m>m_0}[|b_m|-\alpha_m,|b_m|+\alpha_m]\right\}\cup[0,|b_{m_0}|+1]\cup\{|a_n|\}$ 和分枝点相应的 $\cup\{|C_l|\}$ 之并集，其测度为有穷．现在来估计 (5.4.18) 式右端最后一个相加项．设 $r\bar{\in}E$，当 $m>m_0$ 时 $|r-|b_m||>\alpha_m$；当 $m\leqslant m_0$ 时 $|r-|b_m||>1$，从而

$$\left(\sum_{\substack{m\leqslant m_0\\|b_m|<\sigma r}}+\sum_{\substack{m>m_0\\|b_m|<\sigma r}}\right)\left(\log\frac{1}{|r-|b_m||}\right)\leqslant\sum_{m>m_0}\log\frac{1}{\alpha_m}$$
$$=\sum_{m>m_0}\sigma\log N(\sigma|b_m|,y)\leqslant\sigma n(\sigma r,y)\log N(\sigma^2 r,y).$$

因此，当 $r\bar{\in}E$ 时，对 $|z|=r$ 有

$$\log|f_j(z)|\leqslant\frac{\sigma+1}{\sigma-1}T(\sigma r,f_j)+n(\sigma r,y)\log(2\sigma r)$$
$$+\sigma n(\sigma r,y)\log N(\sigma^2 r,y).$$

根据第二章的 (2.3.6) 有

$$T(\sigma r,f_j)\leqslant\nu T(\sigma r,y)+\nu\log 2,$$

(5.4.18) 成为

$$\log\left|\frac{B_j(z)}{B_\nu(z)}\right|=\log|f_j(z)|\leqslant\frac{\nu(\sigma+1)}{\sigma-1}[T(\sigma r,y)+\log 2]$$
$$+n(\sigma r,y)\log(2\sigma r)$$
$$+\sigma n(\sigma r,y)\log N(\sigma^2 r,y).\qquad(5.4.20)$$

今设 $y_k(z)$ $(k=1,2,\cdots,\nu)$ 为 $y(z)$ 的各个分枝，则当 z 使得 $|y_k(z)|\geqslant 1$ 时

$$|y_k(z)|=\frac{|B_{\nu-1}(z)(y_k(z))^{\nu-1}+\cdots+B_0(z)|}{|B_\nu(z)(y_k(z))^{\nu-1}|}$$
$$\leqslant\frac{\nu B(z)}{|B_\nu(z)|},$$

其中 $B(z)=\max\limits_{0\leqslant j\leqslant \nu-1}\{|B_j(z)|\}$。显然上式对 $|y_k(z)|<1$ 仍然成立. 注意到 (5.4.20) 的右端与 i 无关,我们得到

$$\log|y_k(z)|\leqslant\frac{\nu(\sigma+1)}{\sigma-1}T(\sigma r,y)+n(\sigma r,y)\log(2\sigma r)$$
$$+\sigma n(\sigma r,y)\log^+ N(\sigma^2 r,y)+\frac{\nu(\sigma+1)}{\sigma-1}\log 2$$
$$+\log\nu=V(r),\ k=1,2,\cdots,\nu. \quad (5.4.21)$$

令 ε 为一正数,使得在 $0<|z|<\varepsilon$ 内 $w(z)$ 没有零点和极点. 由第一基本定理

$$T\left(r,\frac{1}{w}\right)=T(r,w)+\varepsilon(0,r),$$

其中 $|\varepsilon(0,r)|\leqslant\frac{1}{\nu}\log^+\left|\frac{A_\nu(0)}{A_0(0)}\right|+\log 2=\lambda_0$.

下面我们将进一步证明,当 $|z|=r\bar{\in}E$ 时,

$$\log^+|w_k(\tilde{z})|\leqslant C(r), \quad (5.4.22)$$

其中 $\tilde{z}$ 是 z 在 $w(z)$ 的 Riemann 曲面上的点,

$$C(r)=\frac{r}{\nu\varepsilon}\{n(r,w)+r\exp V(r)\}+\lambda_0$$
$$+\frac{1}{\nu}n\left(0,\frac{1}{w}\right)\log r+2\pi r\exp V(r).$$

事实上,假设 (5.4.22) 不成立, 则存在 $r\bar{\in}E$ 和一点 $z_0=re^{i\theta_0}$, 使得 $\log^+|w(\tilde{z}_0)|>C(r)>0$, 更有

$$\log|w_k(z_0)|>C(r)>2\pi r\exp V(r)>0. \quad (5.4.23)$$

今取圆周 $\Gamma:\{z;|z|=r\}$ 上另一点 $z_1=re^{i\theta_1}$, 并令 Γ_0 为T 上连接 z_0 和 z_1 的弧段. 由集合 E 的构造和 $r\bar{\in}E$ 的事实, $y_{\tilde{\Gamma}_0}(\tilde{z})$ 在 $\Gamma_{\tilde{\Gamma}_0}$ 上无零点、极点或分枝点,因此 $w(\tilde{z})$ 在包含 Γ_k 的某个单连通区域内全纯且无零点. 因此,我们能在此区域内取 $\log w(\tilde{z})$ 的一个全纯分枝且

$$\log w(\tilde{z}_0)-\log w(\tilde{z}_1)=\int_{\tilde{\Gamma}_0}y(\zeta)\,d\zeta.$$

于是

$$|w(\tilde{z}_0)| \leqslant |w(\tilde{z}_1)|\,|\exp\int_{\tilde{\Gamma}_0} y(\zeta)d\zeta|$$
$$\leqslant |w(\tilde{z}_1)| \exp\left\{\int_{\tilde{\Gamma}_0} |y(\zeta)|\,|d\zeta|\right\}$$
$$\leqslant |w(\tilde{z}_1)|\{\exp[2\pi r e^{V(r)}]\}.$$

根据 (5.4.23)，对所有 $\tilde{\Gamma}$ 上的 $\tilde{z}_1$ 便有

$$\log|w(\tilde{z}_1)| \geqslant \log|w(\tilde{z}_0)| - 2\pi r \exp V(r)$$
$$> C(r) - 2\pi r e^{V(r)} > 0.$$

由此可知，在 Γ 上 $|w_k(z)| > 1$，从而

$$m\left(r, \frac{1}{w}\right) = \frac{1}{2\pi\nu}\sum_{k=1}^{\nu}\int_0^{2\pi} \log^+ \frac{1}{|w_k(re^{i\theta})|}d\theta = 0,$$

和

$$m(r, w) = \frac{1}{2\pi\nu}\sum_{k=1}^{\nu}\int_0^{2\pi} \log^+|w_k(re^{i\theta})|d\theta$$
$$> C(r) - 2\pi r e^{V(r)}. \tag{5.4.24}$$

下面，我们将证明一个与 (5.4.24) 相反的不等式，这就导致矛盾．事实上，由密指量的定义和数 ε 的定义有

$$N\left(r, \frac{1}{w}\right) \leqslant \frac{r}{\nu\varepsilon} n\left(r, \frac{1}{w}\right) + \frac{1}{\nu} n\left(0, \frac{1}{w}\right)\log r.$$

但由幅角原理

$$n\left(r, \frac{1}{w}\right) - n(r, w) = \frac{1}{2\pi\nu}\int_{\tilde{\Gamma}} y(\zeta)d\zeta,$$

以上 $\tilde{\Gamma}$ 和 $\tilde{\Gamma}_0$ 表示 Γ 和 Γ_0 在 $w(z)$ 的 Riemann 曲面上的曲线，再由 (5.4.21) 得到

$$n\left(r, \frac{1}{w}\right) \leqslant n(r, w) + \frac{1}{2\pi\nu}\int_0^{2\pi}\sum_{k=1}^{\nu}|y_k(\zeta)|\,|d\zeta|$$
$$\leqslant n(r, w) + r\exp V(r).$$

综上各式得到

$$m(r, w) \leqslant N\left(r, \frac{1}{w}\right) + \lambda_0 \leqslant \frac{r}{\nu\varepsilon} n\left(r, \frac{1}{w}\right)$$

$$+\frac{1}{\nu}n\left(0,\frac{1}{w}\right)\log r+\lambda_0$$

$$\leqslant\frac{r}{\nu\varepsilon}n(r,w)+\frac{1}{\nu}n\left(0,\frac{1}{w}\right)\log r$$

$$+\lambda_0+\frac{r^2}{\nu\varepsilon}e^{V(r)}$$

$$=C(r)-2\pi re^{V(r)}.$$

这与 (5.4.24) 矛盾. 这就表明了 (5.4.22) 成立. 因此, 当 $r\bar{\in}E$ 时

$$m(r,w)\leqslant C(r).$$

由 $C(r)$ 的定义,容易指出,存在 $r_1>0$ 使得 $r\bar{\in}E$ 且 $r\geqslant r_1$ 时

$$C(r)\leqslant\frac{r}{\nu\varepsilon}n(r,w)+\frac{4r^2}{\varepsilon}e^{V(r)}.$$

注意到 (5.4.19) 和 $V(r)$ 的定义, 存在 K_1 和 r_2, 使得 $r\bar{\in}E$ 且 $r\geqslant r_2$ 时有

$$V(r)\leqslant\frac{\sigma+1}{\sigma-1}\nu T(\sigma r,y)+\frac{\nu\sigma}{\sigma-1}N(\sigma^2r,y)\log(2\sigma r)$$

$$+\frac{\nu\sigma^2}{\sigma-1}N(\sigma^2r,y)\log^+N(\sigma^2r,y)+\delta$$

$$\leqslant K_1\phi(\sigma^2r),$$

从而得到

$$m(r,w)\leqslant\frac{\nu\sigma}{\varepsilon(\sigma-1)}N(\sigma r,w)+\frac{4r^2}{?}\exp\{K_1\phi(\sigma^2r)\}.$$

上式两边加上 $N(r,w)$, 则知存在 K_2 和 r_3, 使得当 $r\bar{\in}E$ 和 $r\geqslant r_3$ 时有

$$T(r,w)\leqslant K_2\{rN(\sigma r,w)+r^2\exp(K_1\phi(\sigma^2r))\}.$$

但由于 E 的测度为有穷, 根据引理 5.8, 对于 $\sigma>1$ 存在 K 和 r_0, 使得对所有的 $r\geqslant r_0$ 有

$$T(r,w)\leqslant K\{rN(\alpha r,w)+r^2\exp[K_1\phi(\alpha r)]\},$$

其中 $\alpha=\sigma^3$.

引理 5.9 还可改写为

引理 5.10 设 $w(z)$ 为 ν 值代数体函数, 令 $y(z)=w'(z)/$

$w(z)$，则对任意的 $\alpha>1$，存在常数 K，K_1 和 $r_0\geqslant 1$，使得当 $r\geqslant r_0$ 时有

$$T(r,w)\leqslant K\{rN(\alpha r,w)+r^2\exp[K_1T(\alpha r,y)\cdot\log(rT(\alpha r,y))]\}.\qquad(5.4.25)$$

现设 $A_l(z)$ 是 $\Omega_l(z,w)$ 中相应于权达最大者的系数 $a_{(i)}(z)$ 之和，即令 $k=\max\limits_{\lambda_i=l}\{\bar{\mu}_i\}$，其中 $\bar{\mu}_i=i_1+2i_2+\cdots+ni_n$，$\lambda_i=i_0+i_1+\cdots+i_n$，

$$A_l(z)=\sum_{\substack{\lambda_i=l\\ \bar{\mu}_i=k}}a_{(i)}(z).$$

我们有下述定理

定理 5.17 设 $w(z)$ 是方程 (5.4.11) 的代数体解，它满足所有的齐次方程 $\Omega_l(z,w)=0$，$l=1,2,\cdots,\lambda$. 若对某个 l，$\Omega_l(z,w)\not\equiv 0$，相应的 $A_l(z)\not\equiv 0$. 则对任意的 $\sigma>1$，存在常数 K, K_1 和 r_0，使得对所有的 $r\geqslant r_0$ 有

$$T(r,w)\leqslant K(rN(\sigma r,w)+r^3\exp\{K_1H(\sigma r)\log[rH(\sigma r)]\}),\qquad(5.4.26)$$

其中

$$H(r)=\bar{N}(r,w)+\bar{N}\left(r,\frac{1}{w}\right)+N_x(r,w)+\phi(r),$$

$$\phi(r)=\sum T(r,a_{(i)})+1.$$

证明 令 $y(z)=w'(z)/w(z)$，则由递推关系易知，$w^{(j)}(z)/w(z)$ 能表示为 $y(z),y'(z),\cdots,y^{(j-1)}(z)$ 的常系数多项式. $\Omega_l(z,w)/w^l$ 能表示为 $y(z),y'(z),\cdots,y^{(n-1)}(z)$ 的多项式，其系数为 $\Omega_l(z,w)$ 的系数的线性组合，且写为

$$\Omega_l(z,w)=(A_l(z)y^k+Q_{k-1}(z,y))w^l=0,$$

其中 $Q_{k-1}(z,y)$ 是 $y(z),y'(z),\cdots,y^{(n-1)}(z)$ 的多项式，其次数至多为 $k-1$. 系数是 $\Omega_l(z,w)$ 原来的系数 $\{a_{(i)}(z)\}$ 的线性组合. 显然可以假设

$$A_l(z)y^k+Q_{k-1}(z,y)=0.$$

根据引理 4.11，即得

$$m(r, y) \leqslant K\left(\sum m(r, a_{(i)}) + \sum_{\alpha=1}^{n-1} m\left(r, \frac{y^{(\alpha)}}{y}\right)\right).$$

另外,我们容易有

$$N(r, y) \leqslant \bar{N}(r, w) + \bar{N}\left(r, \frac{1}{w}\right) + N_x(r, w),$$

然则

$$T(r, y) \leqslant \bar{N}(r, w) + \bar{N}\left(r, \frac{1}{w}\right) + N_x(r, w)$$

$$+ K\left\{\sum T(r, a_{(i)}) + \sum_{\alpha=1}^{n-1} m(r, y^{(\alpha)}/y)\right\}.$$

应用定理 2.18 的推论于上式右端的 $m(r, y^{(\alpha)}/y)$, 并且应用引理 5.8, 则对任意的 $\beta > 1$, 存在 K_1 和 r_1, 使得对所有的 $r \geqslant r_1$ 有

$$T(r, y) \leqslant K\left\{\bar{N}\left(\beta r, \frac{1}{w}\right) + \bar{N}(\beta r, w)\right.$$

$$\left. + N_x(\beta r, w) + \phi(\beta r)\right\}.$$

再由引理 5.10, 将上式代进 (5.4.25) 的右端各项即得 (5.4.26).

推论 设 $w(z)$ 为下述线性方程的 ν 值代数体解

$$a_n(z)w^{(n)} + a_{n-1}(z)w^{(n-1)} + \cdots + a_0(z)w = 0, \quad (5.4.27)$$

其中 $a_j(z)$ $(j = 0, 1, \cdots, n)$ 是 z 的亚纯函数, 且有 $a_n(z)a_0(z) \not\equiv 0$, 则对任意的 $\sigma > 1$, 存在常数 K, K_1 和 r_0, 使得当 $r \geqslant r_0$ 时有

$$T(r, w) \leqslant K\{rN(\sigma r, w) + r^2\exp[K_1H_1(\sigma r)\log(rH_1(\sigma r))]\}, \quad (5.4.28)$$

其中

$$H_1(r) = \bar{N}\left(r, \frac{1}{w}\right) + N_x(r, w) + \sum_{i=0}^{n} T(r, a_i) + 1.$$

证明 显然,若 $w(z)$ 是 (5.4.27) 的平凡解,则 (5.4.28) 成立. 故可设 $w(z)$ 是非平凡解,其不计重级的极点必须包含在 $\{a_j(z)\}$ $(j = 0, 1, \cdots, n)$ 的零点和极点之中,换言之, 存在 K_0 和 r_1, 当 $r \geqslant r_1$ 时有

$$\bar{N}(r, w) \leqslant K_0 \sum_{j=0}^{n} \left\{ N\left(r, \frac{1}{a_j}\right) + N(r, a_j) \right\}$$

$$\leqslant 2K_0 \sum_{j=0}^{n} T(r, a_j).$$

在 (5.4.26) 中 $\bar{N}(r, w)$ 代以 $2K_0 \sum_{j=0}^{n} T(r, a_j)$，即得 (5.4.28).

具有代数体函数解的线性方程是大量存在的. 现列举若干例如下

例 1° 由方程

$$zw^2 - 1 = 0$$

所确定的 2 值代数函数满足线性方程

$$2z \frac{dw}{dz} + w = 0.$$

2° 由方程

$$(\sin z)w^\nu - 1 = 0$$

所确定的 ν 值代数体函数满足线性方程

$$\frac{dw}{dz} + \frac{1}{\nu}(\mathrm{ctg} z)w = 0.$$

3° Bessel 函数 $w(z) = \mathrm{J}_m(z)$，其中阶 $m = j/\nu$，j 和 ν 互质时，是 ν 值代数体函数，满足线性方程

$$z^2 \frac{d^2 w}{dz^2} + z \frac{dw}{dz} + (z^2 - m^2)w = 0.$$

注 1° 若所有的 $A_l(z) \equiv 0$，(5.4.27) 式可能不成立. 如方程

$$(w''w)^2 - 2w''(w')^2 w + (w')^4 + (w'w)^2 - w^4 = 0$$

有解 $w(z) = \exp(\sin z)$.

2° 估计 (5.4.11) 的解 $w(z)$ 的增长时可能有三种情形:

a) 有一 l，使得 $\Omega_l(z, w(z)) \not\equiv 0$.

b) $w(z)$ 满足所有的齐次方程 $\Omega_l(z, w) = 0$，但有一 l，使得 $\Omega_l(z, w) \not\equiv 0$，$A_l(z) \not\equiv 0$.

c) $w(z)$ 满足所有的齐次方程,且所有的 $A_l(z) \equiv 0$.

若 a) 或 b) 成立，由定理 5.16 和定理 5.17 可分别估计解的**增长**. 若 c) 成立,令 $y = w'/w$, 则有 y 的 $n-1$ 阶方程 $\Lambda_1(y)=0$. 若对 y 及 Λ_1, a) 或 b) 成立,上述的定理可估计 $T(r, y)$,再应用引理 5.10, 可估计 $T(r, w)$. 若 c) 对 y 及 Λ_1 成立，则有关于 y'/y 的 $n-2$ 阶方程 $\Lambda_2(y'/y)=0$. 重复此过程，若 c) 继续成立,最后得到一阶方程 $\Lambda_{n-1}(u)=0$，这时 c) 显然不再成立了.

§5.5 高阶代数微分方程解析解的值分布

类似于 Riccati 方程和线性方程的值分布，这里我们来研究高阶代数微分方程

$$\Omega(z, w) = P(z, w)/Q(z, w) \tag{5.5.1}$$

的 ν 值代数体解的值分布. $\Omega(z, w)$ 是 w 的微分多项式，其系数为 z 的亚纯函数，且不包含只有 w 的项; $P(z, w)$ 和 $Q(z, w)$ 是系数为 z 的亚纯函数的 w 的多项式,次数分别为 p 和 q, 且它们是互质的. 我们有

定理 5.18 若 $w(z)$ 是方程 (5.5.1) 的 ν 值代数体允许解,则当 $p > q + \lambda$ 时有

$$\delta(w, \infty) = 0 \quad 和 \quad \Theta(w, \infty) \leqslant 1 - \frac{p-(q+\lambda)}{\bar{\mu}\nu}, \tag{5.5.2}$$

又设 $\alpha \in \mathbf{C}$ 使得 $P(z, \alpha) \neq 0$, 则当 $\alpha \neq 0$ 时,有

$$\delta(w, \alpha) = 0 \quad 和 \quad \Theta(w, \alpha) \leqslant 1 - \frac{\min\{i_1 + \cdots + i_n\}}{\bar{\mu}\nu}, \tag{5.5.3}$$

当 $\alpha = 0$ 时，有

$$\Theta(w, 0) \leqslant 1 - \frac{\min\{i_0 + i_1 + \cdots + i_n\}}{\bar{\mu}\nu}. \tag{5.5.4}$$

证明 由于 $w(z)$ 是 (5.5.1) 的解,则有

$$Q(z, w(z))\Omega(z, w(z)) = P(z, w(z)), \tag{5.5.5}$$

由第四章的 (4.1.3) 有

$$m(r, P(z, w)) \geqslant pm(r, w) - S(r, w),$$
$$m(r, Q(z,w)) \leqslant qm(r,w) + S(r,w),$$
又由第四章的 (4.5.4)，有
$$m(r, \Omega(z, w)) \leqslant \lambda m(r, w) + S(r, w),$$
综上三式得
$$(p-(q+\lambda))m(r, w) \leqslant S(r, w).$$
根据允许解的定义，上式两边除以 $T(r, w)$，再取下极限便得 $\delta(w, \infty)=0$. 至于 (5.5.2) 的第二个不等式，由定理 4.13 的证明过程即可得到.

为证明 (5.5.3) 和 (5.5.4)，令 $w=\alpha+\frac{1}{u}$，此时方程 (5.5.1) 的右端可写为
$$u^{q-p}\frac{P(z, \alpha)u^p+\cdots+A_p(z)}{Q(z, \alpha)u^q+\cdots+B_q(z)},$$
由于
$$w^{(j)}=\frac{\hat{P}_j(u, u', \cdots, u^{(j)})}{u^{j+1}}, \quad j=1, 2, \cdots, n,$$
其中 $\hat{P}_j(u, u', \cdots, u^{(j)})$ 是其变元的 j 次齐次多项式. 于是 $\Omega(z, w)$ 的通项可写为
$$a_{(i)}(z)(w)^{i_0}\cdots(w^{(n)})^{i_n}=a_{(i)}(z)\left(\frac{\alpha u+1}{u}\right)^{i_0}\cdots$$
$$\cdot\left(\frac{\hat{P}_n(u, u', \cdots, u^{(n)})}{u^{n+1}}\right)^{i_n}$$
$$=P_{(i)}(z; u, \cdots, u^{(n)})u^{-(i_0+2i_1+\cdots+(n+1)i_n)},$$
因此方程 (5.5.1) 的左端成为
$$\hat{\Omega}(z; u, \cdots, u^{(n)})u^{-\Delta}.$$
由此，方程 (5.5.1) 成为
$$\sum\hat{a}_{(i)}(z)(u)^{i_0}(u')^{i_1}\cdots(u^{(n)})^{i_n}=\sum_{k=0}^{q+\lambda+l}\hat{a}_k(z)u^k\Big/\sum_{j=0}^{q}\hat{b}_j(z)u^j,$$
其中 $\hat{a}_{q+\lambda+l}(z)=P(z, \alpha)\neq 0$，并且当 $\alpha\neq 0$ 时，
$$l \geqslant \min\{i_1+\cdots+i_n\};$$

当 $\alpha=0$ 时 $l \geqslant \min\{i_0+i_1+\cdots+i_n\}$. 注意到 $\delta(u,\infty)=\delta(w,\alpha)$ 和 $\Theta(u,\infty)=\Theta(w,\alpha)$，应用 (5.5.2) 即得 (5.5.3) 和 (5.5.4).

下面的例说明定理中的界能被达到

例 1° Weierstrass 椭圆函数 $\mathfrak{f}(z)$ 是方程

$$(w')^2=4(w-e_1)(w-e_2)(w-e_3)$$

的允许解，其中 e_1, e_2, e_3 为常数，是方程右端的单根. 此时 $\bar{u}=\lambda=2, q=0, p=3, \Delta=4$. 由 $\mathfrak{f}(z)$ 的性质可得

$$\Theta(\mathfrak{f},\infty)=\Theta(\mathfrak{f},e_i)=\frac{1}{2},\ i=1,2,3,$$

$$\delta(\mathfrak{f},\alpha)=0,\ \alpha\in\hat{\mathbf{C}},\ \Theta(\mathfrak{f},\alpha)=0,\ \alpha\in\mathbf{C}\Big\backslash\bigcup_{i=0}^{3}\{e_i\}.$$

例 2° 设 $w=w(z)$ 是

$$z=\int_0^w (t-\alpha)^{\frac{1}{m}-1}(t-\beta)^{\frac{1}{n}-1}(t-\gamma)^{\frac{1}{k}-1}dt$$

的反函数，它满足微分方程

$$(w')^{mnk}=(w-\alpha)^{mnk-nk}(w-\beta)^{mnk-mk}(w-\gamma)^{mnk-mn},$$

其中 m, n, k 是正整数，且 $\frac{1}{m}+\frac{1}{n}+\frac{1}{k}=1$，$\alpha,\beta,\gamma$ 是判别的实数，它们是方程右端的重根. 此时 $\lambda=\bar{u}=mnk$，$q=0$，$p=\Delta=2mnk$. 我们有

$$\Theta(w,\alpha)=1-\frac{1}{m},\ \Theta(w,\beta)=1-\frac{1}{n},$$

$$\Theta(w,\gamma)=1-\frac{1}{k},$$

并且对 $a\neq\alpha,\beta,\gamma$ 有

$$\Theta(w,a)=0$$

对于 $a\in\hat{\mathbf{C}}$ 有

$$\delta(w,a)=0.$$

§ 5.6 常微分方程亚纯解的因子分解

亚纯函数因子分解理论是研究一个给定的亚纯函数 $w(z)$ 能

否以及如何表示为其它一些函数的复合的理论. 一般地，如果 $w(z)=f(g(z))$，其中 $f(\zeta)$ 为亚纯函数，$g(z)$ 为整函数，则可能有下列情形出现. 1°. f 为分式线性函数，g 为一般整函数；2°. g 为整线性函数，f 为一般亚纯函数；3°. f 为有理函数，g 为整函数；4°. g 为多项式，f 为亚纯函数；5°. f 和 g 分别为超越亚纯函数和整函数. 如果 $w(z)$ 的每一分解都出现 1° 和 2° 的情形，则称 $w(z)$ 是素的（或质的）；如果出现 3° 和 4° 的情形，则称 $w(z)$ 是拟素的；情形 5° 称为可分解的. f 和 g 分别称为 $w(z)$ 的左因子和右因子. 许多研究工作是寻求素的或拟素的函数类，以及研究左因子或右因子的形式. 对于满足某些类型的微分方程的亚纯函数，它们的因子分解有特殊的性质. 特别是 E. Mues[1]，N. Steinmetz[3] 曾给出很普遍的定理，由此可以得到一批拟素函数，且一些已有的结果可以作为其简单的推论而得到. 本节我们将介绍这方面的基本内容.

首先，我们给出下面的定理，它是由 A. Edrei 和 W. H. J. Fuchs[2] 给出的，它在亚纯函数因子分解理论中有重要的应用. 它能叙述为下面的形式.

定理 5.19 设 $f(\zeta)$ 为亚纯函数，其级 $\rho_f>0$，又设 $g(z)$ 为超越整函数，则 $w(z)=f(g(z))$ 的级 $\rho_w=\infty$.

为了证明定理 5.19，我们需要下列引理.

引理 5.11 设 $g(z)=\sum\limits_{n=0}^{\infty}c_nz^n$ 在 $|z|\leqslant R$ 上全纯，且 $g(z)\neq w$，$w\neq 0$. 如果 $r(<R)$ 满足次之条件

$$\max\{2|g(0)|,4\}<2M(r,g)\leqslant |w|,$$

则对 $n=1,2,\cdots$，有

$$|c_n|r^n<6|w|\left(\frac{r}{R}\right)^n\log M(R,g)+\frac{M^2(r,g)}{|w|}. \quad (5.6.1)$$

证明 令

$$h(z)=\log\left(1-\frac{g(z)}{w}\right)=\sum_{n=0}^{\infty}b_nz^n.$$

由引理条件可知，$h(z)$ 在 $|z| \leqslant R$ 上全纯，并且有

$$A(R, h) = \max_{|z| \leqslant R} \left\{ \log \left| 1 - \frac{g(z)}{w} \right| \right\} \leqslant \log \left(1 + \frac{M(R, g)}{|w|} \right),$$

由定理 1.3 得

$$|b_n| R^n \leqslant 4 \log \left(1 + \frac{M(R, g)}{|w|} \right) - 2 \log \left| 1 - \frac{g(0)}{w} \right|.$$

再由假设条件有

$$1 + \frac{M(R, g)}{|w|} \leqslant \frac{1}{2} M(R, g) + \frac{1}{4} M(R, g) < M(R, g),$$

和

$$-2 \log \left| 1 - \frac{g(0)}{w} \right| \leqslant \log 4 \leqslant 2 \log M(R, g),$$

于是

$$|b_n| R^n \leqslant 6 \log M(R, g).$$

由于当 $|z| < r$ 时有 $\frac{|g(z)|}{|w|} \leqslant \frac{1}{2}$，因此

$$\begin{aligned} h(z) &= -\frac{g(z)}{w} - \left\{ \frac{1}{2} \left(\frac{g(z)}{w} \right)^2 + \frac{1}{3} \left(\frac{g(z)}{w} \right)^3 + \cdots \right\} \\ &= -\frac{g(z)}{w} - u(z), \end{aligned} \tag{5.6.2}$$

其中 $u(z) = \sum_{k=2}^{\infty} \frac{1}{k} \left(\frac{g(z)}{w} \right)^k = \sum_{n=0}^{\infty} d_n z^n$，并有

$$\begin{aligned} |u(z)| &\leqslant \left| \frac{g(z)}{w} \right|^2 \left\{ \frac{1}{2} + \frac{1}{3} \left| \frac{g(z)}{w} \right| + \frac{1}{4} \left| \frac{g(z)}{w} \right|^2 + \cdots \right\} \\ &\leqslant \frac{M^2(r, g)}{|w|^2}. \end{aligned}$$

由 Cauchy 公式便得

$$|d_n| r^n \leqslant \frac{M^2(r, g)}{|w|^2}.$$

注意到 $b_n = -d_n - c_n/w$，便有

$$|c_n| r^n \leqslant |w| (|b_n| + |d_n|) r^n \leqslant |w| \left\{ 6 \log M(R, g) \left(\frac{r}{R} \right)^n \right.$$

$$+\frac{M^2(r,g)}{|w|^2}\Big\}.$$

引理 5.12 设 $g(z)=\sum_{n=0}^{\infty}c_nz^n$ 为超越整函数，对于 $|w|>K_0(g)$ 又设 r 满足

$$|w|=\frac{2M^2(r,g)}{\mu(r)},$$

其中 $\mu(r)$ 为最大项，并且在 $|z|\leqslant R(>r)$ 内，$g(z)\neq w$，则

$$1\leqslant 96R^2r^n\log M(R,g)(1+\log M(R,g))^2/R^n(R-r)^2. \qquad (5.6.3)$$

证明 取 $r\geqslant r_0$ 使得 $\mu(r)>1$ 且中心指标 $n=\nu(r)>1$. 由引理 5.11 便得

$$\mu(r)\leqslant 6|w|\left(\frac{r}{R}\right)^n\log M(R,g)+\frac{M^2(r,g)}{|w|}$$
$$=\frac{12M^2(r,g)}{\mu(r)}\left(\frac{r}{R}\right)^n\log M(R,g)+\frac{1}{2}\mu(r),$$

从而有

$$1\leqslant\frac{24M^2(r,g)}{\mu^2(r)}\left(\frac{r}{R}\right)^n\log M(R,g).$$

再由定理 1.10 的推论即得 (5.6.3).

引理 5.13 设 $g(z)$ 为有穷级整函数，对任给 $\varepsilon>0$，存在 $K_0=K_0(g,\varepsilon)$，使得对于 $|w|>K_0\geqslant|g(0)|$ 和合于 $M(t,g)=|w|$ 的 t，方程 $g(z)=w$ 在 $|z|<t^{1+\varepsilon}$ 内有解.

证明 用反证法证明之.若引理结论不成立，则有 w_k 和 $t_k\to\infty$，使得 $g(z)=w_k$ 在圆 $|z|<t_k^{1+\varepsilon}$ 内无解，其中 $t_k\geqslant r_k$，并且 r_k 满足 $M(r_k,g)=|w_k|$，$r_k\to\infty$. 今取 $r=r_k$，$R=r_k^{1+\varepsilon}$，并设 $g(z)$ 的级 $\rho_g<\hat{\rho}<\infty$，则应用引理 5.12 便得

$$1\leqslant Ar_k^{3\hat{\rho}(1+\varepsilon)-n\varepsilon}(1-r_k^{-\varepsilon})^{-2},$$

其中 A 为常数. 由于 $r_k\to\infty$，从而 $n=\nu(r_k)\to\infty$. 这便导出上式右端为零. 这个矛盾证明了引理.

推论 设 f 和 g 为超越整函数，并设 f 的零点的收敛指数 $\Lambda_f(0)>0$，则 $f(g(z))$ 的零点的收敛指数 $\Lambda_{f(g)}(0)=\infty$.

事实上，若 $\rho_g=\infty$，则知对 $w\in\mathbf{C}$，$g(z)-w$ 的零点的收敛指数 $\Lambda_g(w)=\infty$，至多除去一个为例外，今对 $f(w)=0$ 的两个判别的零点 w_1 和 w_2，$g(z)-w_1$ 和 $g(z)-w_2$ 的零点收敛指数至少有一个为无穷，设 $\Lambda_g(w_1)=\infty$. 但知 $g(z)-w_1$ 的零点必是 $f(g(z))$ 的零点，因此 $\Lambda_{f(g)}(0)=\infty$.

其次，设 $\rho_g<\infty$. 取 $\varepsilon=1$，并令 $q(t)$ 表示 $f(w)$ 在圆环 $D_t=\{w, K_0(g,1)\leqslant|w|\leqslant M(t,g)\}$ 内零点的个数. 由于 $f(w)$ 的零点收敛指数为正，故存在 $\tau>0$，使得对足够大的 t，有

$$q(t)>(M(t,g))^\tau.$$

因为 $g(z)$ 是超越的，故对任意 $k>0$，有

$$M(t,g)>t^k.$$

今由引理 5.13 可知，$g(z)$ 在 $|z|<t^2$ 的取值盖满 D_t，于是 $f(g(z)$ 在 $|z|<t^2$ 内的零点数 $\geqslant q(t)\geqslant(M(t,g))^\tau>t^{k\tau}$. 再以 t 代 t^2 即得

$$n\left(t,\frac{1}{f(g)}\right)>t^{\frac{1}{2}k\tau}.$$

由于 k 是任意的，故有 $\Lambda_{f(g)}(0)=\infty$.

定理 5.19 的证明.

已知对于 $a\in\hat{\mathbf{C}}$，有 $\Lambda_f(a)=\rho_f>0$，至多有两个为例外. 今设 a 不是 $f(w)$ 的例外值，则知 $f(w)-a$ 的零点收敛指数 $\Lambda_f(a)>0$. 令

$$f(w)-a=\frac{f_1(w)}{f_2(w)},$$

其中 $f_1(w)$ 和 $f_2(w)$ 为两个整函数，并且 $f_1(w)$ 的零点的收敛指数 $\Lambda_{f_1}(0)>0$. 由推论便得 $\Lambda_{f_1(g)}(0)=\infty$，从而 $f(g(z))-a$ 的零点收敛指数 $\Lambda_{f(g)}(a)=\infty$. 由 $\Lambda_{f(g)}(a)\leqslant\rho_{f(g)}$ 即得 $f(g(z))$ 的级为 ∞.

注 在一些问题的应用中，常需要 Edrei-Fuchs 定理的下述

形式:

设 $w(z)$ 是有穷级亚纯函数，若 $w(z)=f(g(z))$，并且 $\rho_f>0$，则必 $g(z)$ 为一多项式.

下面的重要定理是 N. Steinmetz 在 [3] 中给出的.

定理 5.20 设 $F_j(\zeta)$ 和 $h_j(z)(j=0,1,\cdots,m)$ 为非恒等于零的亚纯函数，$g(z)$ 为非常数整函数，并且满足

$$\sum_{j=0}^{m} T(r,h_j)\leqslant KT(r,g)+S(r,g), \tag{5.6.4}$$

其中 K 为一正常数，且除去一个线测度为有穷的 r 值集有

$$S(r,g)=o\{T(r,g)\}.$$

若下述关系成立

$$F_0(g(z))h_0(z)+F_1(g(z))h_1(z)+\cdots + F_m(g(z))h_m(z)\equiv 0, \tag{5.6.5}$$

则存在不全为零的多项式 $P_j(\zeta)(j=0,1,\cdots,m)$，使得

$$P_0(g(z))h_0(z)+P_1(g(z))h_1(z)+\cdots + P_m(g(z))h_m(z)\equiv 0. \tag{5.6.6}$$

证明 首先选取一无穷点集 $\{\tau\}\subset \mathbf{C}$，使得它满足:

(i) 对 $\tau\in\{\tau\}$，有 $F_j(\tau)\neq 0,\infty$ $(j=0,1,\cdots,m)$;

(ii) 对 $\tau\in\{\tau\}$，$g(z)-\tau$ 的零点不是 $h_j(z)$ $(j=0,1,\cdots,m)$ 之极点.

现对 $\tau_{\mu_1}\in\{\tau\}$，作辅助函数

$$H_{\mu_1}(z)=\frac{\sum_{j=0}^{m} F_j(\tau_{\mu_1})h_j(z)}{g(z)-\tau_{\mu_1}}=\frac{\sum_{j=0}^{m} P_{j\mu_1}(g(z))h_j(z)}{Q_{\mu_1}(g(z))},$$

其中 $P_{j\mu_1}(\zeta)=F_j(\tau_{\mu_1})$，$Q_{\mu_1}(\zeta)=\zeta-\tau_{\mu_1}$. 容易验证有以下的性质:

(i) $P_{j\mu_1}(\tau_{\mu_1})=F_j(\tau_{\mu_1})\neq 0,\infty$;

(ii) $P_{j\mu_1}(\zeta)$ 对 ζ 的次数 $\deg P_{j\mu_1}(\zeta)=0$，$j=0,1,\cdots,m$;

(iii) 若 z_0 是 $H_{\mu_1}(z)$ 分母的 p 重零点，则 z_0 至多是 $H_{\mu_1}(z)$ 的 $p-1$ 重极点. 事实上，此时由方程 (5.6.5) 知

$$\sum_{j=0}^{m} F_j(\tau_{\mu_1})h_j(z_0) = \sum_{j=0}^{m} F_j(g(z_0))h_j(z_0) = 0,$$

即 z_0 亦是 $H_{\mu_1}(z)$ 的分子的零点。

当 τ_{μ_1} 历遍 $\{\tau\}$ 时可得一族函数，记为

$H_1 = \{H_{\mu_1}(z),\ \tau_{\mu_1} \in \{\tau\}\}$.

下面对判别的 $\tau_{\mu_1},\ \tau_{\mu_2} \in \{\tau\}$ 作

$$H_{\mu_1\mu_2}(z) = H_{\mu_1}(z) - a_{\mu_2}H_{\mu_2}(z) = \frac{\sum_{j=0}^{m} P_{j\mu_1}(g(z))h_j(z)}{Q_{\mu_1}(g(z))} - a_{\mu_2}\frac{\sum_{j=0}^{m} P_{j\mu_2}(g(z))h_j(z)}{Q_{\mu_2}(g(z))} = \frac{\sum_{j=0}^{m} P_{j\mu_1\mu_2}(g(z))h_j(z)}{Q_{\mu_1\mu_2}(g(z))},$$

其中 $Q_{\mu_1\mu_2}(\zeta) = (\zeta-\tau_{\mu_1})(\zeta-\tau_{\mu_2})$, $P_{j\mu_1\mu_2}(\zeta) = P_{j\mu_1}(\zeta)Q_{\mu_2}(\zeta) - a_{\mu_2}P_{j\mu_2}(\zeta)Q_{\mu_1}(\zeta) = F_j(\tau_{\mu_1})(\zeta - \tau_{\mu_2}) - a_{\mu_2}F_j(\tau_{\mu_2})(\zeta - \tau_{\mu_1})$; 取 $a_{\mu_2} = F_m(\tau_{\mu_1})/F_m(\tau_{\mu_2})$. 当 τ_{μ_1}, τ_{μ_2} 历遍 $\{\tau\}$ 时得到无穷多个 $H_{\mu_1\mu_2}(z)$, 它们的全体记为 $H_2 = \{H_{\mu_1\mu_2}(z)\}$. 可以验证，它们具有如下的性质:

(i) $P_{j\mu_1\mu_2}(\tau_{\mu_2}) = -a_{\mu_2}(\tau_{\mu_2} - \tau_{\mu_1})F_j(\tau_{\mu_1}) \neq 0$;

(ii) 对固定的 j ($j = 0, 1, \cdots, m$), 可从 $\{\tau\}$ 中选出无穷子集仍记为 $\{\tau\}$, 使得 $\deg_\zeta P_{j\mu_1\mu_2}(\zeta)$ 与 τ_{μ_1}, τ_{μ_2} 之选取无关;

(iii) 若 z_0 是 $H_{\mu_1\mu_2}(z)$ 的分母的 p 重零点，则它至多是 $H_{\mu_1\mu_2}(z)$ 的 $p-1$ 重极点。

一般地，若对 s 个判别的 $\tau_{\mu_1}, \cdots, \tau_{\mu_s} \in \{\tau\}$, 相应地有

$$H_{\mu_1\cdots\mu_s}(z) = \sum_{j=0}^{m} P_{j\mu_1\cdots\mu_s}(g(z))h_j(z)/Q_{\mu_1\cdots\mu_s}(g(z)),$$

其中 $Q_{\mu_1\cdots\mu_s}(\zeta) = (\zeta - \tau_{\mu_1})\cdots(\zeta - \tau_{\mu_s})$, $P_{j\mu_1\cdots\mu_s}(\zeta)$ 是 ζ 的多项

式，且其次数 $\leqslant s-1$，它们满足

（i）$P_{j\mu_1\cdots\mu_s}(\tau_{\mu_s})\neq 0$；

（ii）对固定的 $j\,(j=0,1,\cdots,m)$，$\delta_{js}=\deg_\zeta P_{j\mu_1\cdots\mu_s}(\zeta)$ 与 $(\tau_{\mu_1},\cdots,\tau_{\mu_s})$ 在 $\{\tau\}$ 中选取无关；

（iii）若 z_0 是 $H_{\mu_1\cdots\mu_s}(z)$ 的分母的 p 重零点，则 z_0 至多是 $H_{\mu_1\cdots\mu_s}(z)$ 的 $p-1$ 重极点.

所有这些函数的全体记为 $H_s=\{H_{\mu_1\cdots\mu_s}(z)\}$. 我们定义

$$
\begin{aligned}
H_{\mu_1\cdots\mu_{s+1}}(z)&=H_{\mu_1\cdots\mu_s}(z)-a_{\mu_{s+1}}H_{\mu_1\cdots\mu_{s-1}\mu_{s+1}}(z)\\
&=\sum_{j=0}^{m}P_{j\mu_1\cdots\mu_{s+1}}(g(z))h_j(z)/Q_{\mu_1\cdots\mu_{s+1}}(g(z)),
\end{aligned}
$$

其中 $a_{\mu_{s+1}}$ 是如下方式确定的常数，即若 $\delta_{j_0s}=\max\{\delta_{js}\}$，则选 $a_{\mu_{s+1}}$ 使得多项式

$$P_{j_0\mu_1\cdots\mu_s}(\zeta)(\zeta-\tau_{\mu_{s+1}})-a_{\mu_{s+1}}P_{j_0\mu_1\cdots\mu_{s-1}\mu_{s+1}}(\zeta)(\zeta-\tau_{\mu_s})$$

的最高次的系数为 0. 此时 $H_{s+1}=\{H_{\mu_1\cdots\mu_{s+1}}(z)\}$ 有如下的性质：

（i）$P_{j\mu_1\cdots\mu_{s+1}}(\tau_{\mu_{s+1}})\neq 0$. 事实上，$P_{j\mu_1\cdots\mu_{s+1}}(\tau_{\mu_{s+1}})=-a_{\mu_{s+1}}\cdot P_{j\mu_1\cdots\mu_{s-1}\mu_{s+1}}(\tau_{\mu_{s+1}})(\tau_{\mu_{s+1}}-\tau_{\mu_s})\neq 0$.

（ii）能从 $\{\tau\}$ 中选取无穷子集并仍记为 $\{\tau\}$，使得对固定的 $j\,(j=0,1,\cdots,m)$，$\delta_{js+1}=\deg_\zeta P_{j\mu_1\cdots\mu_{s+1}}(\zeta)$ 与 $(\tau_1,\cdots,\tau_{\mu_{s+1}})$ 在 $\{\tau\}$ 之选取无关. 事实上，由于 $\deg_\zeta P_{j\mu_1\cdots\mu_{s+1}}(\zeta)$ 是 $0,1,\cdots,s$ 中某一个，因此必有无穷多个 $\{(\tau_{\mu_1},\cdots,\tau_{\mu_{s+1}})\}$ 使得相应的 $\deg_\zeta P_{m\mu_1\cdots\mu_{s+1}}(\zeta)=\delta_{ms+1}$，$0\leqslant\delta_{ms+1}\leqslant s$ 且是固定的；然后从这个 $\{\tau\}$ 出发作同样的讨论，可得 $\{\tau\}$ 的无穷子集并仍记为 $\{\tau\}$，使得对任意 $(\tau_{\mu_1},\cdots,\tau_{\mu_{s+1}})$ 有固定的 $\delta_{m-1s+1}=\deg_\zeta P_{m-1\mu_1\cdots\mu_{s+1}}(\zeta)$. 如此继续，即可得所要求的性质.

（iii）若 z_0 是 $H_{\mu_1\cdots\mu_{s+1}}(z)$ 分母的 p 重零点，则它至多是 $H_{\mu_1\cdots\mu_{s+1}}(z)$ 的 $p-1$ 重极点. 事实上，由

$$H_{\mu_1\cdots\mu_{s+1}}(z)=\frac{\sum\limits_{j=0}^{m}P_{j\mu_1\cdots\mu_s}(g(z))h_j(z)}{Q_{\mu_1\cdots\mu_s}(g(z))}$$

$$- a_{\mu_{s+1}} \frac{\sum_{j=0}^{m} P_{j\mu_1\cdots\mu_{s-1}\mu_{s+1}}(g(z))h_j(z)}{Q_{\mu_1\cdots\mu_{s-1}\mu_{s+1}}(g(z))}$$
$$= H_{\mu_1\cdots\mu_s}(z) - a_{\mu_{s+1}} H_{\mu_1\cdots\mu_{s-1}\mu_{s+1}}(z)$$

可知，如 z_0 为 $H_{\mu_1\cdots\mu_{s+1}}(z)$ 的分母 $Q_{\mu_1\cdots\mu_{s+1}}(g(z)) = \prod_{j=1}^{s+1}(g(z) - \tau_{\mu_j})$ 的 p 重零点，即是某个 $g(z) - \tau_{\mu_j}$ $(j = 1, 2, \cdots, s+1)$ 的 p 重零点。若 $j \leqslant s-1$，则 z_0 至多是 $H_{\mu_1\cdots\mu_s}(z)$ 和 $H_{\mu_1\cdots\mu_{s-1}\mu_{s+1}}(z)$ 的 $p-1$ 重极点；若 $j = s$（或 $s+1$），则 z_0 至多是 $H_{\mu_1\cdots\mu_s}(z)$（或 $H_{\mu_1\cdots\mu_{s-1}\mu_{s+1}}(z)$）的 $p-1$ 重极点。因此，z_0 至多是 $H_{\mu_1\cdots\mu_{s+1}}(z)$ 的 $p-1$ 重极点。

现证明，若 $q > 2K+2$，则当 $s \geqslant qm + q - m$ 时，$\delta_{is} \leqslant s - q$。事实上，由 $H_{\mu_1\cdots\mu_s}(z)$ 的构造可知，$\delta_{i(q-1)(m+1)+1} \leqslant (q-1)\cdot(m-1)+1$，因此当 $s \geqslant (q-1)(m+1)+1$ 时，$\delta_{is} \leqslant (q-1)(m-1)+1 \leqslant s-q$。

最后证明，若 $q > 2K+2$，且 $s \geqslant qm + q - m$ 时，$H_s(z) = H_{\mu_1\cdots\mu_s}(z) \equiv 0$，从而便得所求的关系式

$$\sum_{j=0}^{m} P_{j\mu_1\cdots\mu_s}(g(z))h_j(z) = \sum_{j=0}^{m} P_j(g(z))h_j(z) \equiv 0.$$

为证明上式，令

$$Q_{\mu_1\cdots\mu_s}(\zeta) = A(\zeta)B(\zeta),$$

其中 $A(\zeta) = \prod_{j=1}^{q}(\zeta - \tau_{\mu_j})$，$B(\zeta) = \prod_{j=q+1}^{s}(\zeta - \tau_{\mu_j})$。继令

$$F(z) = A(g(z)),\quad G(z) = H_s(z)F(z).$$

若 $H_s(z) \not\equiv 0$，则由定理 4.10

$$qT(r, g) = T(r, A(g(z))) + O(1) = T(r, F) + O(1)$$
$$\leqslant T(r, G) + T(r, H_s) + O(1).$$

下面分别估计 $T(r, G)$ 和 $T(r, H_s)$。首先，根据 $H_s(z)$ 的表示式知，$H_s(z)$ 之极可能产生于下述两种情形：(i) $H_s(z)$ 的分子之极点，即 $h_j(z)$ $(j = 0, 1, \cdots, m)$ 之极，这种极点在 $N(r, H_s)$

中的贡献至多是 $\sum_{j=0}^{m} N(r, h_j)$；(ii) $H_s(z)$ 的分母之零点，由上面的分析这些点在 $N(r, H_s)$ 中的贡献至多是 $\sum_{i=1}^{s} N_1\left(r, \frac{1}{g-\tau_i}\right)$，其中 $N_1\left(r, \frac{1}{g-\tau}\right)$ 表示 $g(z)$ 的重 τ 值点密指量，p 重值点只计算 $p-1$ 次。从而有

$$N(r, H_s) \leqslant \sum_{j=1}^{s} N_1\left(r, \frac{1}{g-\tau_{\mu_j}}\right) + \sum_{j=0}^{m} N(r, h_j) + O(1).$$

类似地，根据 $G(z)$ 的表示式可得

$$N(r, G) \leqslant \sum_{j=q+1}^{s} N_1\left(r, \frac{1}{g-\tau_{\mu_j}}\right) + \sum_{j=0}^{m} N(r, h_j) + O(1).$$

为计算 $m(r, H_s)$ 和 $m(r, G)$，令

$$P_{j\mu_1\cdots\mu_s}(\zeta) = c_{js}(\zeta-\alpha_1)\cdots(\zeta-\alpha_{\delta_{js}}),$$

由于

$$\left|\frac{g(z)-\alpha_k}{g(z)-\tau_{\mu_k}}\right| \leqslant c_1\left(\frac{1}{|g(z)-\tau_{\mu_k}|}\right)^+,$$

其中 $|A|^+ = \max\{1, |A|\}$，并注意到 $\delta_{js} \leqslant s-q$，我们有

$$\frac{|P_{j\mu_1\cdots\mu_s}(g(z))|}{|Q_{\mu_1\cdots\mu_s}(g(z))|} \leqslant c_2 \prod_{j=1}^{s}\left(\frac{1}{|g(z)-\tau_{\mu_j}|}\right)^+.$$

于是

$$|H_s(z)| \leqslant c_3 \prod_{j=1}^{s}\left(\frac{1}{|g(z)-\tau_{\mu_j}|}\right)^+ \left(\sum_{j=0}^{m} |h_j(z)|\right),$$

因此

$$m(r, H_s) \leqslant \sum_{j=1}^{s} m\left(r, \frac{1}{g-\tau_{\mu_j}}\right)$$

$$+\sum_{j=0}^{m} m(r, h_j) + O(1).$$

注意到 $\delta_{j_s} \leqslant s-g$，同样的演证可得

$$m(r, G) \leqslant \sum_{j=q+1}^{s} m\left(r, \frac{1}{g-\tau_{\mu_j}}\right)$$

$$+\sum_{j=0}^{m} m(r, h_j) + O(1).$$

综上所述即得

$$qT(r, g) \leqslant \sum_{j=1}^{s} m\left(r, \frac{1}{g-\tau_{\mu_j}}\right) + \sum_{j=1}^{s} N_1\left(r, \frac{1}{g-\tau_{\mu_j}}\right)$$

$$+\sum_{j=q+1}^{s} m\left(r, \frac{1}{g-\tau_{\mu_j}}\right)$$

$$+\sum_{j=q+1}^{s} N_1\left(r, \frac{1}{g-\tau_{\mu_j}}\right)$$

$$+2\sum_{j=0}^{m} m(r, h_j) + O(1),$$

应用第二基本定理得

$$qT(r, g) < (2K+2)T(r, g) + S(r, g).$$

这与 $q > 2K+2$ 矛盾，因此 $H_s(z) \equiv 0$. 定理证毕.

推论 在定理 5.20 的条件下，存在非全为零的多项式 $Q_j(\zeta)$，使得

$$F_0(\zeta)Q_0(\zeta) + \cdots + F_m(\zeta)Q_m(\zeta) \equiv 0. \qquad (5.6.7)$$

事实上，应用定理 5.20 得到非全为零的多项式 $P_j^{(1)}(\zeta)(j=0, 1, \cdots, m)$ 使得

$$P_0^{(1)}(g(z))h_0(z) + \cdots + P_m^{(1)}(g(z))h_m(z) \equiv 0, \qquad (5.6.8)$$

由上式解出

$$h_m(z) = R_0^{(1)}(g(z))h_0(z) + \cdots + R_{m-1}^{(1)}(g(z))h_{m-1}(z),$$

其中 $R_j^{(1)}(\zeta) = -P_j^{(1)}(\zeta)/P_m^{(1)}(\zeta)$，并将上式代入 (5.6.5) 得

$$(F_0(g(z)) + F_m(g(z))R_0^{(1)}(g(z)))h_0(z) + \cdots$$

$$+(F_{m-1}(g(z)) + F_m(g(z))R_{m-1}^{(1)}(g(z)))h_{m-1}(z) \equiv 0,$$

或写为

$$F_0^{(1)}(g(z))h_0(z)+\cdots+F_{m-1}^{(1)}(g(z))h_{m-1}(z)\equiv 0. \tag{5.6.9}$$

如果对某个 i 有 $F_i^{(1)}(g(z))\equiv 0$，即有

$$F_m(\zeta)P_i^{(1)}(\zeta)-F_i(\zeta)P_m^{(1)}(\zeta)\equiv 0.$$

此时令 $Q_m(\zeta)=-P_i^{(1)}(\zeta)$，$Q_i(\zeta)=P_m^{(1)}(\zeta)$，并对 $k\neq j$，m 令 $Q_k(\zeta)\equiv 0$，即得所求的等式. 如果 $F_j^{(1)}(g(z))\not\equiv 0$，$j=0,1,\cdots,m-1$，则再次应用定理 5.20 于 (5.6.9) 即得

$$P_0^{(2)}(g(z))h_0(z)+\cdots+P_{m-1}^{(4)}(g(z))h_{m-1}(z)\equiv 0,$$

其中 $P_i^{(2)}(\zeta)$ 为是非全为零多项式. 由上式解出 $h_{m-1}(z)$ 并代入 (5.6.9)可得

$$F_0^{(2)}(g(z))h_0(z)+\cdots+F_{m-2}^{(2)}(g(z))h_{m-2}(z)\equiv 0,$$

其中 $F_i^{(2)}(\zeta)=F_{m-1}^{(1)}(\zeta)R_i^{(2)}(\zeta)+F_i^{(1)}(\zeta)$，$j=0,1,\cdots,m-2$. 由此可知，$F_i^{(2)}(\zeta)$ 是 $F_{m-1}^{(1)}(\zeta)$ 和 $F_i^{(1)}(\zeta)$的线性函数，从而是 $F_i(\zeta)$，$F_{m-1}(\zeta)$ 和 $F_m(\zeta)$ 的线性函数，其系数为 ζ 的有理函数. 若其中某个 $F_i^{(2)}(\zeta)\equiv 0$，即得所要求的等式

$$F_m(\zeta)Q_m(\zeta)+F_{m-1}(\zeta)Q_{m-1}(\zeta)+F_i(\zeta)Q_i(\zeta)\equiv 0.$$

如果 $F_j^{(2)}(\zeta)\not\equiv 0$，$j=0,1,\cdots,m-2$，则再次应用定理 5.20，如此继续最后可得

$$F_0^{(m-1)}(g(z))h_0(z)+F_1^{(m-1)}(g(z))h_1(z)\equiv 0. \tag{5.6.10}$$

若 $F_0^{(m-1)}(\zeta)$ 和 $F_1^{(m-1)}(\zeta)$ 中有一个恒为零，则可得非全为零的多项式 $Q_i(\zeta)$ 使得

$$F_0(\zeta)Q_0(\zeta)+\cdots+F_m(\zeta)Q_m(\zeta)\equiv 0.$$

否则，再次应用定理 5.20，得到非零多项 $P_0^{(m-1)}(\zeta)$ 和 $P_1^{(m-1)}(\zeta)$ 使得

$$P_0^{m-1)}(g(z))h_0(z)+P_1^{(m-1)}(g(z))h_1(z)\equiv 0.$$

由上式解出 $h_1(z)$ 并代入 (5.6.10)，又计及 $h_0(z)\not\equiv 0$ 即得

$$P_1^{(m-1)}(\zeta)F_0^{(m-1)}(\zeta)-P_0^{(m-1)}(\zeta)F_1^{(m-1)}(\zeta)\equiv 0.$$

但知 $F_0^{(m-1)}(\zeta)$ 和 $F_1^{(m-1)}(\zeta)$ 是 $F_j(\zeta)$ ($j=0,1,\cdots,m$) 的系数为 ζ 的有理函数的多项式，由此即得所求的等式.

定理 5.21 (Steinmetz) 设 $w(z)$ 是亚纯函数且满足有理系数的线性方程

$$L(w)\equiv w^{(n)}+a_{n-1}(z)w^{(n-1)}+\cdots+a_0(z)w=a(z), \tag{5.6.11}$$

则 $w(z)$ 是拟素的.

证明 设 $w(z)=f(g(z))$, 我们先证明左因子 $W=f(\zeta)$ 也满足有理系数的线性微分方程. 事实上,我们有

$$w=f(g),\ w'=f'g',\ w''=f''g'^2+f'g'',\cdots,$$

$$w^{(\nu)}=\sum_{j=1}^{\nu}f^{(j)}D_{\nu j}[g]$$

其中 $D_{\nu j}[g]$ 是 g 的 j 次齐次常系数微分多项式. 例如,

$$D_{\nu\nu}[g]=(g')^{\nu},$$

$$D_{\nu\nu-1}[g]=\frac{1}{2}\nu(\nu-1)(g')^{\nu-2}g'',\cdots,D_{\nu 1}[g]=g^{(\nu)}.$$

将上述诸式代入 (5.6.11), 可得

$$f^{(n)}(g)D_n[g]+\cdots+f(g)D_0[g]+D[g]\equiv 0,$$

其中

$$D[g]=-a(z),\ D_0[g]=a_0(z),$$

$$D_j[g]=a_j(z)D_{jj}[g]+\cdots$$
$$+a_{n-1}(z)D_{n-1\,j}[g]+D_{nj}[g],\ j=1,\cdots,n.$$

由于 $\{a_j(z)\}$, $a(z)$ 是 z 的有理函数, $D_{jk}[g]$ 是 g 的 k 次齐次微分多项式,因此有

$$T(r,D_j)=m(r,D_j)+N(r,D_j)$$
$$\leqslant KT(r,g)+S(r,g).$$

由定理 5.20 的推论可知, 存在非全为零的多项式 $Q_j(\zeta)$ 和 $Q(\zeta)$ 使得

$$f^{(n)}(\zeta)Q_n(\zeta)+\cdots+f(\zeta)Q_0(\zeta)+Q(\zeta)\equiv 0.$$

换言之, $W=f(\zeta)$ 满足有理系数的线性微分方程

$$\hat{L}(W)\equiv W^{(n)}+A_{n-1}(\zeta)W^{(n-1)}+\cdots+A_0(\zeta)=A(\zeta),$$

其中

$$A_j(\zeta) = Q_j(\zeta)/Q_n(\zeta),\ A(\zeta) = -Q(\zeta)/A_n(\zeta).$$

当 $A_n(\zeta) \equiv 0$ 时方程将降阶.

现根据定理 5.11 可知，如果 $w(z)$ 和 $f(\zeta)$ 是超越的，则必其级 ρ_w 和 ρ_f 为有穷正数. 此外，根据 Edrei-Fuchs 定理可知，$g(z)$ 必为多项式. 因此，$w(z)$ 是拟素的.

例 由于 m 阶 Bessel 函数 $J_m(z)$ 满足次之线性方程

$$z^2w'' + zw' + (z^2 - m^2)w = 0,$$

因此 $J_m(z)$ 是拟素函数.

设 Λ_1 是有穷级亚纯函数集合，并且每一个 $w(z) \in \Lambda_1$，则其导数 $w'(z)$ 以 0 和 ∞ 为 Picard 例外值，则我们有

推论 1° 若 $w(z) \in \Lambda_1$，则 $w(z)$ 是拟素的.

事实上，此时存在多项式 $P(z)$ 和有理函数 $R(z)$ 使得

$$w'(z) = R(z)e^{P(z)}.$$

对上式求导数即知 $w(z)$ 满足次之有理系数的线性方程

$$w'' - a(z)w' = 0,$$

其中 $a(z) = P'(z) + R'(z)/P(z)$. 根据 Steinmetz 定理可知，$w(z)$ 是拟素的.

推论 2° 设 $w_1(z),\ w_2(z) \in \Lambda_1$，则 $w(z) = w_1(z) \cdot w_2(z)$ 是拟素的.

事实上，如上一样可知，$u = w_1(z)$ 和 $v = w_2(z)$ 分别满足次之有理系数线性方程

$$u'' - a(z)u' = 0 \ \text{和}\ v'' - b(z)v' = 0.$$

我们将进一步指出 $w = w_1(z)w_2(z)$ 满足次之方程

$$c_0(z)w^{(4)} - c_1(z)w^{(3)} - \cdots - c_4(z)w = 0, \quad (5.6.12)$$

其中 $c_k(z)$ ($k = 0, 1, \cdots, 4$) 能表为 $a(z)$ 和 $b(z)$ 的常系数微分多项式的有理函数. 事实上，我们简记 $a(z) = a$，$b(z) = b$，$c_k(z) = c_k$，并将下述各式

$$w' = u'v + uv',$$

$$w'' = au'v + 2u'v' + bv'u,$$

$$w^{(3)} = (a' + a^2)u'v + 3(a + b)u'v' + (b' + b^2)v'u,$$

$$w^{(4)} = (a'' + 3aa' + a^3)u'v + 2(2a' + 2b' + 2a^2 + 2b^2 + 3ab)u'v' + (b'' + 3bb' + b^3)v'u,$$

代入 (5.6.12) 并确定 $c_k(k = 0, 1, \cdots, 4)$. 显然, $c_4 = 0$, 并且

$$\begin{cases} c_3 + ac_2 + (a' + a^2)c_1 = (a'' + 3aa' + a^3)c_0 \\ 2c_2 + 3(a + b)c_1 = 2(2a' + 2b' + 2a^2 + 2b^2 + 3ab)c_0 \\ c_3 + bc_2 + (b' + b^2)c_1 = (b'' + 3bb' + b^3)c_0 \end{cases} \tag{5.6.13}$$

上述线性方程组系数矩阵行列式为 $\Delta = 2(b' - a') + (a - b)\cdot(a + b)$. 现分两种情形讨论之:

(i) 若 $\Delta \not\equiv 0$, 则令 $c_0 \equiv 1$, 并由 (5.6.13) 解出 $c_k = \Delta_k/\Delta$, $k = 1, 2, 3$, 其中 Δ_k 是 $a(z)$ 和 $b(z)$ 的常系数微分多项式. 因此, $c_k(z)$ 是 z 的有理函数, 且 $w(z) = w_1(z)w_2(z)$ 满足方程

$$w^{(4)} - c_1(z)w^{(3)} - c_2(z)w'' - c_3(z)w' = 0.$$

(ii) 若 $\Delta \equiv 0$, 即有 $a^2 - 2a' = b^2 - 2b'$. 此时, 令 $c_0 \equiv 0$, $c_1 = 1$, 并解方程组求得 $c_2 = -\frac{3}{2}(a + b)$, $c_3 = \frac{1}{2}a^2 + \frac{3}{2}\cdot ab - a' = \frac{1}{4}(a^2 + b^2) + \frac{3}{2}ab - \frac{1}{2}(a' + b')$. 此即 $w(z) = w_1(z)w_2(z)$ 满足

$$w^{(3)}(z) + \frac{3}{2}(a(z) + b(z))w^{(2)} - \left(\frac{1}{2}a^2(z) + \frac{3}{2}a(z)b(z) - a'(z)\right)w' = 0.$$

于是, 由 Steinmetz 定理得 $w(z) = w_1(z)w_2(z)$ 是拟素的.

推论 3° 设 Λ_2 是有穷级整函数集合, 每一个 $w(z) \in \Lambda_2$ 具有两个完全重值, 则知 $w(z)$ 是拟素的.

事实上, 不妨设 $w(z)$ 以 $\pm c$ 为完全重值, 易于验证

$$\varphi(z) = \frac{(w'(z))^2}{(w(z) - c)(w(z) + c)}$$

是一有理函数, 从而导出 $w(z)$ 满足

$$w'' + a_1(z)w' + a_0(z)w = 0,$$

其中 $a_1(z) = -\dfrac{\varphi'(z)}{2\varphi(z)}$, $a_0(z)=\varphi'(z)$ 为有理函数. 由 Steinmetz 定理即得 $w(z)$ 是拟素的.

注 1° 类似于推论 2° 的证明我们可得，若 $w_1(z)$, $w_2(z)\in\Lambda_2$, 则 $w(z)=w_1(z)w_2(z)$ 是拟素的；并且若 $w_k(z)\in\Lambda_k$, $k=1,2$, 则 $w(z)=w_1(z)w_2(z)$ 是拟素的.

2° M. Ozawa[1] 曾用另外的方法证明推论 1° 和 3°.

下面的定理首先由 E. Mues[1] 所证，它亦可以从定理 5.20 得到一个简明的证明：

定理 5.22 (Mues) 设 $w(z)$ 为亚纯函数，它满足有理系数的 Riccati 方程

$$w'=a(z)w^2+b(z)w+c(z), \tag{5.6.14}$$

则 $w(z)$ 是拟素的.

证明 设 $w=f(g(z))$, 我们先证明左因子 $W=f(\zeta)$ 亦满足有理系数的 Riccati 方程. 事实上，将 $w'=f'g'$ 代入方程 (5.6.14) 得

$$\begin{aligned}&f'(g(z))g'(z)-a(z)(f(g(z)))^2\\&\quad -b(z)f(g(z))-c(z)\equiv 0.\end{aligned}$$

由于

$$T(r,g')=m(r,g')\leqslant T(r,g)+m\left(r,\frac{g'}{g}\right),$$

以及 $a(z)$, $b(z)$, $c(z)$ 为有理函数，即知满足定理 5.20 的条件，应用定理 5.20 的推论，即有多项 $Q_j(\zeta)$ 使得

$$f'(\zeta)Q_3(\zeta)+(f(\zeta))^2Q_2(\zeta)+f(\zeta)Q_1(\zeta)+Q_0(\zeta)=0.$$

这就说明 $W=f(\zeta)$ 满足有理系数的 Riccati 方程

$$W'=A(\zeta)W^2+B(\zeta)W+C(\zeta).$$

现在，一方面根据定理 5.9, 如果 $w(z)$ 和 $f(\zeta)$ 是超越的，则它们的级 ρ_w 和 ρ_f 是有穷正数，另方面根据 Edrei-Fuchs 定理必须有 $g(z)$ 是多项式，因此 $w(z)$ 是拟素的.

推论 设 $w(z)$ 为有穷级亚纯函数，若它有两个 Picard 例外

值，则 $w(z)$ 是拟素的.

事实上，设 $a, b \in \mathbb{C}$ 是 $w(z)$ 的两个 Picard 例外值，则易知

$$\phi(z) = \frac{w'(z)}{(a-b)(w(z)-a)} + \frac{w'(z)}{(b-a)(w(z)-b)}$$

是一有理函数. 由此可知 $w(z)$ 满足 Riccati 方程

$$w' = \phi(z)(w-a)(w-b),$$

则由 Mues 定理可知，$w(z)$ 是拟素的.

参 考 文 献

Ahlfors, L. V.

[1] Beiträge Zur Theorie der meromorphen Funktionen, **7**. *Congr Math. Scand. Oslo,* 1929, 84—88.

Bank, S. B.

[1] On majorants for solutions of first order algebraic differential equations in regions of the complex plane, *Pacific J. Math.,* **31**(1969), 573—582.

[2] On analytic and meromorphic functions satifying nth order algebraic differential equations in regions of the plane, *Journ. reine angew. Math.,* **253**(1972), 87—97.

[3] Some results on analytic and meromorphic solutions of algebraic differential equations, *Advances in Math.,* **15**(1975), 41—62.

[4] On the existence of meromorphic solutions of differential equations having arbitraily rapid growth, *J. reine angew. Math.,* 288(1976), 176—182.

[5] On the growth of solutions ot algebraic differential equations, *Trans. Amer. Math. Soc.,* **240**(1978), 195—212.

Bank, S. B., Frank, G. und Laine, I.

[1] Über die Nullstellen von Lösungen lineare Differentialgleichungen, *Math. Z.,* **183**(1983), 355—364.

Bank, S. B., Gundersen, G. G. and Laine, I.

[1] Meromorphic solutions of the Riccati differential equation, *Ann. Acad. Sci. Fenn. Ser. A I Math.,* **6**(1981), 369—398.

Bank, S. B and Kaufman, R.

[1] On meromorphic solutions of first order differential equations, *Comm. Math. Helv.,* **51**(1976), 289—299.

[2] On the growth of meromorphic solutions of the differential equation $(y')^m=R(z, y)$, *Acta Math.,* **144**(1980), 233—248.

[3] On Briot-Bouquet differential equations and a question of Einar Hille, *Math. Z.,* **177**(1981), 549—559.

Bank, S. B. and Laine, I.

[1] On the growth of meromorphic solutions of linear and algebraic differential equations, *Math. Scand.,* **40**(1977), 119—126.

[2] On the oscillation theory of $f''+Af=0$ where Aisentire, *Trans. Amer. Math. Soc.,* **273**(1982), 351—363.

[3] On the zeros of meromorphic solutions of second order linear differential equations, *Comm. Math. Helv.,* **58**(1983), 656—677.

Bieberbach, L.

[1] Theorie der gewöhnlichen Differentialgleichungen, Grundlehren, No. 86, Springer-Verlag, Berlin, 1953.

Boutroux, P.

[1] Leçons sur les fonctions définies par les équations différentielles du premier ordre, Gauthier-Villars, Paris, 1908.

Cartan, H.

[1] Sur la fonction de croissance attachée à une fonction méromorphe de deux variables et ses applications aux fonctions méromorphes d'une variable, *C. R. Acad. Sci. Paris,* **189**(1929), 521—523.

[2] Théorie élémentaire des fonctions analytiques d'une ou plusieurs variables complexes, Hermann, Paris, 1961; 中译本：解析函数论初步，余家荣译，高等教育出版社，1984.

Clunie, J.

[1] On integral and meromorphic functions, *J. London Math. Soc.,* **37** (1962), 17—27.

Darboux, G.

[1] Leçons sur la théorie générale des surfaces, Gauthier-Villars, Paris, 1941.

Edrei, A. and Fuchs, W. H. J.

[1] On the growth of meromorphic functions with several deficient values, *Trans. Amer. Math. Soc.,* **93**(1959), 292—328.

[2] On the zeros of $f(g(z))$, where f and g are entire functions *J. Analyse Math.,* **12**(1964), 243—255.

Frank, G.

[1] Über ganze Funktionen, die einer linearen Differentialgleichungen, *Manuscripta Math.,* **4**(1971), 225—253.

[2] Eine Vermutung von Hayman über Nullstellen meromorpher Funktionen, *Math. Z.,* **149**(1976), 29—36.

Frank, G. und Mues, E.

[1] Differentialpolynome, Oberwolfach, 1979.

Frei, M.

[1] Sur l'order des solutions entières d'une équation différentielle lineare, *C. R. Acad. Sci. Paris,* **236**(1953), 38—40.

[2] Über die Lösungen linearer Differentialgleichungen mit ganzen Funktionen als Koeffizienten, *Comm. Math. Helv.,* **35**(1961), 201—222.

Gackstatter, F. und Laine, I.

[1] Zur Theorie der gewöhnlichen Differentialgleichungen im Komplexen, *Ann. Polon. Math.,* **38**(1980), 259—287.

Gromak, V. I.

[1] Solutions of the third Painlevé equations, *Differential Equations,* **9**(1973), 1599—1600.

Hadamard, J.

[1] Sur les fonctions entières, *Bull. Sc. Math. France,* **24**(1896), 186—187.

Hayman, W. K.

[1] Meromorphic functions, Oxford, 1964.

[2] The local growth of power series; a survey of Wiman-Valiron method, *Canad. Math. Bull.,* **17**(1974), 317—358.

Hellerstein, S.

[1] On the zeros of an entire function and its second derivative, *Illinois J. Math.*, **10**(1966), 488—496.

Helmrath, W. und Nikolaus, J.

[1] Ein elementarer Beweis bei der Anwendung der Zentral-indexmethode auf Differentialgleichungen, *Complex variables Theory Appl.*, **3**(1984), 387—396.

Herod, H.

[1] Differentialgleichungen im Komplexen, Vandenhoeck & Ruprecht, Göttingen-Zürich, 1975.

Hille, E.

[1] Finiteness of the order of meromorphic sclutions of some non-linear differential equations, *Proc. Roy. Soc. Edinburgh*, (A)72: **29**(1973/74), 331—336.

[2] Ordinary differential equations in the complex domain, Wiley-Interscience, New York, 1976.

[3] On some generalizations of the Malmquist theorem, *Math. Scand.*, **39** (1976), 59—79.

[4] Non-linear differential equations: questions and some answers, *Acta Univ. Ups., Symp. Univ. Ups.*, **7**(1977), 101—108.

[5] Remarks on Briot-Bouquet differential equations, I, *Comm. Math. Helv.*, (special) **1**(1978), 119—132; II, *Math. Ancl. Appl.*, **65**(1978), 572—582.

[6] Higher order Brict-Bouquet differensial equations, *Ark. Math.*, **16**(1978), 271—286.

Ince, I.

[1] Ordinary differential equations, Dover, New York, 1956.

Jank, G. und Volkman, L.

[1] Ein elementare Beweis des Satzes von Malmquist-Yosida-Steinmetz, *Complex Variables Theory Appl.*, **2**(1983), 227—242.

Juneja, O. P.

[1] On the coefficients of an entire series, *J. Analyse Math.*, **24**(1971), 395—401.

Jurkat, W. B. and Lutz, D. A.

[1] On the order of solutions of analytic linear differential equations, *Proc. London Math. Soc.*, (3) **22**(1971), 465—482.

Künzi, H.

[1] Sur un théorème de M. J. Malmquist, *C. R. Acad. Sci. Paris*, **242**(1956), 866—868.

Laine, I.

[1] On the behaviour of the solutions of some first order differential equations, *Ann. Acad. Sci. Fenn.*, A, I **497**(1971), 26pp.

[2] Admissible solutions of Riccati differential equations, Publ. Univ. Joensun, Ser. B, **1**(1972).

[3] Admissible solutions of some generalized algebraic differential equations, Publ. Univ. Joensun, Ser. B, **10**(1974), 6pp.

Lindelöf, E.

[1] Sur la determination de la croissance des fonctions entières définies par un devoloppement de Taylor, *Dar. Bull.*, **27**(1903), 213—226.

Lukashevish, N. A.

[1] Theory of the fourth Painlevé equation, *D. E.*, **3**(1967), 395—399.

Malgrange, B.

[1] Sur les points singuliers des équations differentielles, *Enseign. Math.*, **20** (1974), 147—176.

Malmquist, J.

[1] Sur les fonctions à un nombre fini de branches définies par les équations différentielles du premier ordre, Acta Math., **36**(1913), 297—343.

[2] Sur les fonctions à un nombre fini de branches satisfaisant à une équation différentielle du premier ordre, *Acta Math.*, **42**(1920), 433—450.

[3] Sur les équations differentielles du second ordre dont l'intégrale générale a ses points critiques fixes, *Ark. Mat. Astr. Fys.*, **17**(1922—23).

[4] Sur l'étude analytique des solutions d'un système d'équations différentielle dans le voisinage d'un point singulier d'indetermination, I, *Acta Math.*, **73**(1940), 87—129; II, *ibid*, **74**(1941), 1—64; III, *ibid*, **74**(1941), 109—128.

Milloux, H.

[1] Extension d'un théorème de M. R. Nevanlinna et applications, Act. Scient. et Ind. No. 888, 1940.

Miyake, M.

[1] On the irregularity for systemes of differential equations in the complex domain, *Funkc. Ekvac.*, **26**(1983), 211—230.

de Monvel, L. B., Douady, A. et Verdier, J.-L. (editors)

[1] Mathématique et physique, Birkhäuser, Boston. Baser. Stuttgart, 1983.

Mues, E.

[1] Über faktorisierbare Lösungen von Riccatischen Differentialgleichungen. *Math. Z.*, **121**(1971), 145—156.

[2] Ordinary differential equations in complex domain, Complex analysis methods, Trends and Applications, S. 142—149. Berlin: Akademie-Verlag, 1983.

Mues, E. und Steinmetz, N.

[1] Meromorphe Funktionen, die mit ihrer Ableitung zwei Werte teilen, *Resultate Math.*, **6**(1983), 48—55.

Nevanlinna, R.

[1] Einige Eindeutigkeitssätze in der Theorie der meromorphen Funktionen. *Acta Math.*, 48(1926), 367—391.

[2] Le théorème de Picard-Borel et la théorie des fonctions méromorphes. Coll. Borel, Paris, 1929.

[3] Eindeutige analytische Funktionen, Berlin-Göttingen-Heidelberg, Springer, 1953.

[4] Uniformisierung, Springer, 1953; 中译本：单值化，陆启铿译，科学出版社，1960.

Ngoan, V. and Ostrovskii, I. V.

[1] The logarithmic derivative of a meromorphic function, *Akad. Nauk. Armjan. SSR. Dokl.*, **41**(1965), 272—277.

Niino, K.

[1] Spread relation and value distribution in an angular domain of holomorphic curves, *Kōdai Math. Sem. Rep.*, 28(1977), 361—371.

Niino, K. and Ozawa, M.

[1] Deficiencies of an entire algebroid function, *Kōdai Math. Sem. Rep.*, 22(1970), 98—113.

Ozawa, M.

[1] On the growth of algebroid functions with several deficiencies, II, *Kōdai Math. Sem. Rep.*, **22**(1970), 129—137.

Painlevé, P.

[1] Leçons sur la théorie analytique des équations différentielles, professés à Stockholm, 1896.

Pringsheim, A.

[1] Elementare Theorie der ganzen transzendenten Funktionen von endlicher Ordnung, *Math. Ann.*, **58**(1904), 257—342.

Rellich, F.

[1] Über die ganzen Lösungen einer gewöhnlichen Differentialgleichungen erster Ordnung, *Math. Ann.*, **117**(1940), 587—589.

Rémoundos, G.

[1] Extension aux fonctions algébroides multipliformes du théorème de M. Picard et de ses généralisations, Mém. Sci. Math., fasc 23, Gauthier-Villar, Paris, 1927.

Saxer, W.

[1] Über die picardschen Ausnahmewerte sukzessiver Derivierten, *Math. Z.*, **17**(1923), 206—277.

Schubart, H. und Wittich, H.

[1] Zur Wachstum Ordnung der Lösungen einer klasse nichtlinearer Differentialgleichungen, *Arch. Math.*, 9(1958), 355—359.

Selberg, H.

[1] Über die Wertverteilung der algebroiden Funktionen, *Math. Z.*, **31**(1930), 709—728.

[2] Algebroide Funktionen und Umkehrfunktionen Abelscher Integrale. *Ark. Norske Vid. Akad. Oslo*, 8(1934), 1—72.

Shimizu, T.

[1] On the theory of meromorphic functions, *Jap. J. Math.*, 6(1929), 119—171.

Steinmetz, N.

[1] Eigenschaften eindeutiger Lösungen gewöhnlicher Differentialgleichungen im Komplexen, Karlsurhe; Dissertation, 1978.

[2] Ein Malmquistscher Satz für algebraische Differentialgleichungen erster Ordnung, *J. reine angew. Math.*, **316**(1980), 44—53.

[3] Über die faktorisierbaren Lösungen gewöhnlicher Differentielgleichungen, *Math. Z.*, **170**(1980), 169—180.

[3] Über die eindeutigen Lösungen einer homogenen algebraischen Differentialgleichung zweiter Ordnung, *Ann. Acad. Sci. Fenn. Ser. AI Math.*, **7**(1982), 177—188.

Strelitz, Sh.

[1] Аналог теоремы Фукса для решений линейных уравнений в частных производных, *Мат. сб.*, **60**(1963), 121—130.

[2] On meromorphic solutions of algebraic differential equations, *Trans. Amer Math. Soc.*, **258**(1980), 431—440.

Takano, K.

[1] A 2-parameter family of solutions of Painlevé equation (V) near the point at infinity, *Funkc. Ekvac.*, **26**(1983), 79—113.

Tetsuji, M.

[1] Painlevé property of monodromy preserving deformation equations and the analyticity of τ-functions, *Publ. Res. Inst. Math. sci.*, **17**(1981), 703—721.

Toda, N.

[1] Sur les directions de Julia et de Borel des fonctions algébroïdes, *Nagoya Math. J.*, **34**(1969), 1—23.

[2] Sur un relation entre la croissance et le nombre de valeurs déficients de fonctions algébroïdes ou du systemes, *Kōdai Math. Sem. Rep.*, **22** (1970), 114—121.

[3] On algebroid functions, *Sugaku*, **24**(1972), 200—209.

Ullrich, E.

[1] Über den Einfluss der verzweigtheit einer Algebroide auf ihre Wertverteilung, *J. reine ang. Math.*, **169**(1931), 198—220.

Valiron, G.

[1] Lectures on the general theory of integral functions, Toulouse: Édouard privat, 1923.

[2] Sur la dérivée des fonctions algébroides, *Bull. Soc. Math. France*, **59** (1929), 17—39.

[3] Sur quelques propriétés des fonctions algébroïdes, *C. R. Acad. Sc. Paris*, **189**(1929), 729.

[4] Fonctions entières et équations différentielles, *Bull. Sci. Math. France*, **76**(1952), 144—148.

[5] Fonctions analytiques, Presses Univ. de France, Paris, 1954.

Wiman, A.

[1] Über den Zusammenhang zwischen dem Maximalbetrage einer analytischen Funktion und dem größten Gliede der zugehörigen Taylorschen Reihe, *Acta Math.*, **37**(1914), 305—326.

[2] Über den Zusammenhang zwischen dem Maximalbetrage einer analytischen Funktion und dem größten Betrage bei gegebenem Argumente der Funktion, *Acta Math.*, **41**(1918), 1—28.

Wittich, H.

[1] Ganze transzendente Lösungen algebraischer Differentialgleichungen, *Math. Ann.*, **122**(1950), 221—234.

[2] "Neuere Untersuchungen über eindeutige analytische Funktionen", Springer, Berlin-Göttingen-Heidelberg, 1955.

[3] Anwendungen der Wertverteilungslehre auf gewöhnliche Differentialgleichungen, *Ann. Acad. Sci. Fenn. Ser. A I Math.*, 7(1982), 89—97.

Yanagihara, N.

[1] Meromorphic solutions of some difference equations, *Funkc. Ekvac.*, **23** (1980), 309—326.

Yang, Chung-Chun（杨重骏）

[1] A note on Malmquist's theorem on first order differential equations, NRL-MRC conference on ordinary differential equations, edited by L. Weiss, Academic Press, New York, 1972, 597—607.

[2] On meromorphic solutions of generalized algebraic differential equations, *Annal. Math. pura appl.*, (IV) **91**(1972), 41—52.

Yosida, K.

[1] A generalization of a Malmquist's theorem, *Jap. J. Math.*, **9**(1933), 253—256.

[2] On algebroid-solutions of ordinary differential equations, *Jap. J. Math.*, **10**(1934), 119—208.

[3] A note on Malmquist's theorem on first order algebraic differential equations, *Proc. Japan Acad.*, **53**(1977), 120—123.

Гольдберг, А. А.

[1] Об однозначных интегралах дифференциального уравнения первого порядка, *УКР. МАТ. Ж.*, **8** (1956), 254—261.

[2] О росте мероморфных решений дифференциальных уравнений второго порядка, *Аифф. уравн.*, **14** (1978), 824—829.

Гольдберг, А. А. и Мохонько, А. Э.

[1] О скорости роста решений алгебраических дифференциальних уравнений в угловых областях, *Дифф. уравн.*, **11** (1975), 1568—1574.

Голубев, В. В.

[1] Лекций по аналитической теорий дифференциальных уравнений, ГИЛ, Москова, 1950; 中译本：微分方程解析理论讲义，路见可等译，高等教育出版社，1956.

Ерёменко, А. Э.

[1] Мероморфные решения алгебраических дифференциальных уравнений, Усп. Мат. Наук., **37** (1982), 53—82.

Мохонько, А. Э.

[1] Оценки роста ветвей алгеброидных функций и их неванлинновских характеристих, I, *Теория функций, функц. анал. и их Прил.*, Харьков, **33** (1980), 29—55; II, **35** (1981), 69—73.

Мохонько, А. Э. и Мохонько, В. Д.

[1] Оценки неванлинновских характеристих некоторых классов мероморфных функций и их приложения к дифференциальным уравнениям, *Сиб. мат. Ж.*, **15** (1974), 1305—1322.

Степанов, В. В.

[1] Курс Дифференциальных уравнений, ГИЛ. Москова, 1953; 中译本：微分方程教程，卜元震译，高等教育出版社，1956.

Чеботарёв, Н. Г.

[1] Теория алгебраических функций, ГИЛ. Москва, 1948; 中译本：代数函数论，戴执中译，高等教育出版社，1956.

顾永兴

[1] The growth of algebroid functions with several deficient values, *Contemporary Math.*, **25** (1983), 45—49.

何育赞

[1] Sur un problème d'unicite ralatif aux fonctions algébroïdes, *Sci. Sinica*, **14** (1965), 174—180.

[2] 关于代数体函数及其导数 I，数学学报，**15** (1965)，281—295；II, 500—510.

[3] 关于代数体函数的重值，数学学报，**22** (1979)，733—742.

[4] 关于常微分方程的代数体函数解，数学学报，**24** (1981)，464—471

[5] 全纯函数的线性组合及其应用，中山大学学报（自然科学版），**2** (1982)，15—21.

[6] Algebroid functions and their applications to ordinary differential equations, *contemporary Math.*, **48** (1985), 71—83.

[7] 关于常微分方程的亚纯解，科学通报，**7** (1986)，488—491.

何育赞和高仕安

[1] On algebroid functions taking the same values at the same points, *Kodai Math. Journ.*, **9** (1986), 256—265.

何育赞和 Laine, I.

[1] On the growth of algebroid solutions of algebraic differential equations, *Scand. Math.*, **58** (1986), 125—138.

何育赞和萧修治

[1] 值分布论在常微分方程中的应用，数学进展，**11** (1982)，273-289.

[2] 高阶代数微分方程的单值亚纯解和有限多分支解，中国科学，A，**6**(1983)，514—522.

[3] Admissible solutions of ordinary differential equations, *contemporary Math.*, **25** (1983), 51—61.

李鉴舜

[1] 代数微分方程组的半纯函数解；数学杂志，**3** (1983)，175—180.

李松鹰

[1] 一类函数的正规定则，福建师大学报(自然科学版)，**1**(1984)，153—158.

李松鹰和谢晖春

[1] On the normal family of meromorphic functions, 数学进展，**14**(1984)，71—73.

吕以辇

[1] 关于代数体函数的 Borel 方向，中国科学，**6** (1981)，675—680.

吕以辇和顾永兴

[1] 关于代数体函数的 Borel 方向的存在性，科学通报，**28**(1983)，264—266.

齐民友

[1] 论 Fuchs 型偏微分方程,武汉大学学报 **1** (1978), 1—6.

[2] Fuchs 型偏微分方程的非 Nilsson 解,武汉大学学报 **1** (1985), 1—10.

宋国栋和杨重骏

[1] On pseudo-primality of the combination of meromorphic functions satisfying linear differential equations, *contemporary Math.*, **25** (1983), 155—162.

孙道椿

[1] Nevanlinna 方向与公共 Borel 方向的存在性定理,武汉大学博士论文,1984.

萧修治

[1] 关于一类微分方程马耳基斯定理的推广,数学学报, **15** (1965), 397—405.

[2] 关于线性微分方程单值解的增长性,武汉大学学报, **4** (1979), 1—10.

[3] 无穷级亚纯函数的公共波莱尔方向,武汉大学学报, **4** (1980), 15—21.

[4] 海曼不等式的一种推广,数学杂志, **2** (1982), 313—318.

[5] 具有非孤立本性奇点的亚纯函数的 Weierstrass 定理,数学杂志, **5** (1985), No. 2.

萧修治和何育赞

[1] 代数微分方程的 Malmquist 定理,科学通报, **27** (1982), 583—586.

谢晖春

[1] 关于亚纯函数理论中与极点无涉的基本不等式,数学学报, **9** (1959), 281—291.

[2] Sur la limitation d'une fonctions holomorphe admettant deux valeurs exceptionnelles B, *Sci. Record. New Ser.*, **3** (1959), 225—228.

熊庆来

[1] Sur la croissance des fonctions algébroïdes en rappart avec leurs dérivées, *C. R. Acad. Sci. Paris* **242** (1956), 30—32.

[2] Sur les fonctions méromorphes et les fonctions algébroïdes, *Mem. Sci. Math.*, Gauthier-Villars, 1957.

[3] 亚纯函数的一个基本不等式及其应用 I, II, 数学学报, **8** (1958), 431—455.

[4] 亚纯函数论几个方面的近世研究,数学进展, **6** (1963), 307—320.

熊庆来和何育赞

[1] Sur les valeurs multiples des fonctions méromorphes et de leurs dérivées, *Sci. Sinica,* **10** (1961), 267—285.

杨 乐

[1] 值分布论及其新研究,科学出版社,1982.

余家荣

[1] 复变函数,人民教育出版社,1979.

[2] 余家荣论文选,华中师范学院数学系,1983.

张广厚

[1] 整函数与亚纯函数理论,科学出版社,1986.

庄圻泰

[1] 亚纯函数的奇异方向,科学出版社,1982.

名 词 索 引

《现代数学基础丛书》已出版书目

1 数理逻辑基础(上册) 1981.1 胡世华 陆钟万 著
2 数理逻辑基础(下册) 1982.8 胡世华 陆钟万 著
3 紧黎曼曲面引论 1981.3 伍鸿熙 吕以辇 陈志华 著
4 组合论(上册) 1981.10 柯 召 魏万迪 著
5 组合论(下册) 1987.12 魏万迪 著
6 数理统计引论 1981.11 陈希孺 著
7 多元统计分析引论 1982.6 张尧庭 方开泰 著
8 有限群构造(上册) 1982.11 张远达 著
9 有限群构造(下册) 1982.12 张远达 著
10 测度论基础 1983.9 朱成熹 著
11 分析概率论 1984.4 胡迪鹤 著
12 微分方程定性理论 1985.5 张芷芬 丁同仁 黄文灶 董镇喜 著
13 傅里叶积分算子理论及其应用 1985.9 仇庆久 陈恕行 是嘉鸿 刘景麟 蒋鲁敏 编
14 辛几何引论 1986.3 J.柯歇尔 邹异明 著
15 概率论基础和随机过程 1986.6 王寿仁 编著
16 算子代数 1986.6 李炳仁 著
17 线性偏微分算子引论(上册) 1986.8 齐民友 编著
18 线性偏微分算子引论(下册) 1992.1 齐民友 徐超江 编著
19 实用微分几何引论 1986.11 苏步青 华宣积 忻元龙 著
20 微分动力系统原理 1987.2 张筑生 著
21 线性代数群表示导论(上册) 1987.2 曹锡华 王建磐 著
22 模型论基础 1987.8 王世强 著
23 递归论 1987.11 莫绍揆 著
24 拟共形映射及其在黎曼曲面论中的应用 1988.1 李 忠 著
25 代数体函数与常微分方程 1988.2 何育赞 萧修治 著
26 同调代数 1988.2 周伯壎 著
27 近代调和分析方法及其应用 1988.6 韩永生 著
28 带有时滞的动力系统的稳定性 1989.10 秦元勋 刘永清 王 联 郑祖庥 著
29 代数拓扑与示性类 1989.11 [丹麦] I. 马德森 著
30 非线性发展方程 1989.12 李大潜 陈韵梅 著

31 仿微分算子引论 1990.2 陈恕行 仇庆久 李成章 编
32 公理集合论导引 1991.1 张锦文 著
33 解析数论基础 1991.2 潘承洞 潘承彪 著
34 二阶椭圆型方程与椭圆型方程组 1991.4 陈亚浙 吴兰成 著
35 黎曼曲面 1991.4 吕以辇 张学莲 著
36 复变函数逼近论 1992.3 沈燮昌 著
37 Banach 代数 1992.11 李炳仁 著
38 随机点过程及其应用 1992.12 邓永录 梁之舜 著
39 丢番图逼近引论 1993.4 朱尧辰 王连祥 著
40 线性整数规划的数学基础 1995.2 马仲蕃 著
41 单复变函数论中的几个论题 1995.8 庄圻泰 杨重骏 何育赞 闻国椿 著
42 复解析动力系统 1995.10 吕以辇 著
43 组合矩阵论(第二版) 2005.1 柳柏濂 著
44 Banach 空间中的非线性逼近理论 1997.5 徐士英 李 冲 杨文善 著
45 实分析导论 1998.2 丁传松 李秉彝 布 伦 著
46 对称性分岔理论基础 1998.3 唐 云 著
47 Gel'fond-Baker 方法在丢番图方程中的应用 1998.10 乐茂华 著
48 随机模型的密度演化方法 1999.6 史定华 著
49 非线性偏微分复方程 1999.6 闻国椿 著
50 复合算子理论 1999.8 徐宪民 著
51 离散鞅及其应用 1999.9 史及民 编著
52 惯性流形与近似惯性流形 2000.1 戴正德 郭柏灵 著
53 数学规划导论 2000.6 徐增堃 著
54 拓扑空间中的反例 2000.6 汪 林 杨富春 编著
55 序半群引论 2001.1 谢祥云 著
56 动力系统的定性与分支理论 2001.2 罗定军 张 祥 董梅芳 著
57 随机分析学基础(第二版) 2001.3 黄志远 著
58 非线性动力系统分析引论 2001.9 盛昭瀚 马军海 著
59 高斯过程的样本轨道性质 2001.11 林正炎 陆传荣 张立新 著
60 光滑映射的奇点理论 2002.1 李养成 著
61 动力系统的周期解与分支理论 2002.4 韩茂安 著
62 神经动力学模型方法和应用 2002.4 阮 炯 顾凡及 蔡志杰 编著
63 同调论—— 代数拓扑之一 2002.7 沈信耀 著
64 金兹堡-朗道方程 2002.8 郭柏灵 黄海洋 蒋慕容 著

65　排队论基础　2002.10　孙荣恒　李建平　著
66　算子代数上线性映射引论　2002.12　侯晋川　崔建莲　著
67　微分方法中的变分方法　2003.2　陆文端　著
68　周期小波及其应用　2003.3　彭思龙　李登峰　谌秋辉　著
69　集值分析　2003.8　李　雷　吴从炘　著
70　强偏差定理与分析方法　2003.8　刘　文　著
71　椭圆与抛物型方程引论　2003.9　伍卓群　尹景学　王春朋　著
72　有限典型群子空间轨道生成的格(第二版)　2003.10　万哲先　霍元极　著
73　调和分析及其在偏微分方程中的应用(第二版)　2004.3　苗长兴　著
74　稳定性和单纯性理论　2004.6　史念东　著
75　发展方程数值计算方法　2004.6　黄明游　编著
76　传染病动力学的数学建模与研究　2004.8　马知恩　周义仓　王稳地　靳　祯　著
77　模李超代数　2004.9　张永正　刘文德　著
78　巴拿赫空间中算子广义逆理论及其应用　2005.1　王玉文　著
79　巴拿赫空间结构和算子理想　2005.3　钟怀杰　著
80　脉冲微分系统引论　2005.3　傅希林　闫宝强　刘衍胜　著
81　代数学中的 Frobenius 结构　2005.7　汪明义　著
82　生存数据统计分析　2005.12　王启华　著
83　数理逻辑引论与归结原理(第二版)　2006.3　王国俊　著
84　数据包络分析　2006.3　魏权龄　著
85　代数群引论　2006.9　黎景辉　陈志杰　赵春来　著
86　矩阵结合方案　2006.9　王仰贤　霍元极　麻常利　著
87　椭圆曲线公钥密码导引　2006.10　祝跃飞　张亚娟　著
88　椭圆与超椭圆曲线公钥密码的理论与实现　2006.12　王学理　裴定一　著
89　散乱数据拟合的模型、方法和理论　2007.1　吴宗敏　著
90　非线性演化方程的稳定性与分歧　2007.4　马　天　汪宁宏　著
91　正规族理论及其应用　2007.4　顾永兴　庞学诚　方明亮　著
92　组合网络理论　2007.5　徐俊明　著
93　矩阵的半张量积:理论与应用　2007.5　程代展　齐洪胜　著
94　鞅与 Banach 空间几何学　2007.5　刘培德　著
95　非线性常微分方程边值问题　2007.6　葛渭高　著
96　戴维-斯特瓦尔松方程　2007.5　戴正德　蒋慕蓉　李栋龙　著
97　广义哈密顿系统理论及其应用　2007.7　李继彬　赵晓华　刘正荣　著
98　Adams 谱序列和球面稳定同伦群　2007.7　林金坤　著

99　矩阵理论及其应用　2007.8　陈公宁　编著
100　集值随机过程引论　2007.8　张文修　李寿梅　汪振鹏　高　勇　著
101　偏微分方程的调和分析方法　2008.1　苗长兴　张　波　著
102　拓扑动力系统概论　2008.1　叶向东　黄　文　邵　松　著
103　线性微分方程的非线性扰动(第二版)　2008.3　徐登洲　马如云　著
104　数组合地图论(第二版)　2008.3　刘彦佩　著
105　半群的 S-系理论(第二版)　2008.3　刘仲奎　乔虎生　著
106　巴拿赫空间引论(第二版)　2008.4　定光桂　著
107　拓扑空间论(第二版)　2008.4　高国士　著
108　非经典数理逻辑与近似推理(第二版)　2008.5　王国俊　著
109　非参数蒙特卡罗检验及其应用　2008.8　朱力行　许王莉　著
110　Camassa-Holm 方程　2008.8　郭柏灵　田立新　杨灵娥　殷朝阳　著
111　环与代数(第二版)　2009.1　刘绍学　郭晋云　朱　彬　韩　阳　著
112　泛函微分方程的相空间理论及应用　2009.4　王　克　范　猛　著
113　概率论基础(第二版)　2009.8　严士健　王隽骧　刘秀芳　著
114　自相似集的结构　2010.1　周作领　瞿成勤　朱智伟　著
115　现代统计研究基础　2010.3　王启华　史宁中　耿　直　主编
116　图的可嵌入性理论(第二版)　2010.3　刘彦佩　著
117　非线性波动方程的现代方法(第二版)　2010.4　苗长兴　著
118　算子代数与非交换 L_p 空间引论　2010.5　许全华　吐尔德别克　陈泽乾　著
119　非线性椭圆型方程　2010.7　王明新　著
120　流形拓扑学　2010.8　马　天　著
121　局部域上的调和分析与分形分析及其应用　2011.4　苏维宜　著
122　Zakharov 方程及其孤立波解　2011.6　郭柏灵　甘在会　张景军　著
123　反应扩散方程引论(第二版)　2011.9　叶其孝　李正元　王明新　吴雅萍　著
124　代数模型论引论　2011.10　史念东　著
125　拓扑动力系统——从拓扑方法到遍历理论方法　2011.12　周作领　尹建东　许绍元　著
126　Littlewood-Paley 理论及其在流体动力学方程中的应用　2012.3　苗长兴　吴家宏　章志飞　著
127　有约束条件的统计推断及其应用　2012.3　王金德　著
128　混沌、Mel′nikov 方法及新发展　2012.6　李继彬　陈凤娟　著
129　现代统计模型　2012.6　薛留根　著
130　金融数学引论　2012.7　严加安　著
131　零过多数据的统计分析及其应用　2013.1　解锋昌　韦博成　林金官　著

132　分形分析引论　2013.6　胡家信　著
133　索伯列夫空间导论　2013.8　陈国旺　编著
134　广义估计方程估计方程　2013.8　周　勇　著
135　统计质量控制图理论与方法　2013.8　王兆军　邹长亮　李忠华　著
136　有限群初步　2014.1　徐明曜　著
137　拓扑群引论(第二版)　2014.3　黎景辉　冯绪宁　著
138　现代非参数统计　2015.1　薛留根　著